高等院校环境科学与工程系列规划教材

水处理技术概论

● 主 编 张文启 薛 罡 饶品华

读者服务入口

U0201259

 南京大学出版社

图书在版编目(CIP)数据

水处理技术概论 / 张文启,薛罡,饶品华主编.
—南京:南京大学出版社,2017.11
高等院校环境科学与工程系列规划教材
ISBN 978-7-305-18699-8

Ⅰ. ①水… Ⅱ. ①张… ②薛… ③饶… Ⅲ. ①水处理
—高等学校—教材 Ⅳ. ①TU991.2

中国版本图书馆 CIP 数据核字(2017)第 114457 号

出版发行　南京大学出版社
社　　址　南京市汉口路 22 号　　　邮　　编　210093
出 版 人　金鑫荣

丛 书 名　高等院校环境科学与工程系列规划教材
书　　名　**水处理技术概论**
主　　编　张文启　薛罡　饶品华
责任编辑　揭维光　吴汀　　　　编辑热线　025-83597482

照　　排　南京理工大学资产经营有限公司
印　　刷　南京鸿图印务有限公司
开　　本　787×1092　1/16　印张 15　字数 360 千
版　　次　2017 年 11 月第 1 版　2017 年 11 月第 1 次印刷
ISBN　978-7-305-18699-8
定　　价　38.00 元

网　　址:http://www.njupco.com
官方微博:http://weibo.com/njupco
官方微信号:njuyuexue
销售咨询热线:(025)83594756

序　言

作为生态文明建设的首要门槛,水环境保护是建设美丽绿色中国的核心内容。在坚持"节约优先、保护优先、自然恢复为主"的方针指导下,近年来我国水污染防治工作取得了积极进展。然而,由于治理水平偏低、污染物排放总量大、产业布局不合理,以及节水和环境意识不强等原因,水环境质量差、水资源保障能力弱、水生态受损重、环境隐患多等问题依然十分突出。发挥科技引领和市场决定性作用,强化严格执法,逐步形成"政府统领、企业施治、市场驱动、公众参与"的水污染防治新机制,推动形成绿色发展方式和生活方式。

《水处理技术概论》一书从水体源头处理起始,沿水的社会循环过程,对给水、工业用水、生活污水及典型工业废水处理技术进行概论性讲述,配合典型工程案例,将水处理技术基础有机地融合在各领域的水处理工艺中,如将混凝工艺的基础理论融于以混凝为重要处理单元的给水处理工艺中,将生物处理技术融入以生化为核心技术单元的城镇污水处理领域中,将离子交换和膜分离技术的基础理论融入工业用水领域讲述,将化学沉淀技术融入电镀废水处理中等,强调了水处理技术在各领域中的实践应用,适合应用型人才的培养。

《水处理技术概论》具有综合性和简练性的特色,将各领域的水处理技术综合在一起进行概述,提炼技术精要,目的是使读者在短时间内了解水处理的全貌,为后续的深入学习起到抛砖引玉的作用。

《水处理技术概论》的三位作者均是多年从事水处理领域的教学、科研和工程应用的专业教师,有着较为丰富的理论基础和实践经验。书中的一些案例是作者亲历的科研生产课题,许多内容是作者在多年的教学科研工作中，总结、汲取国内外优秀教材、论著中的精华编写而成。

    国家水污染防治的制度及政策的加严，水污染控制领域的战略需求，推动了战略性新兴环保产业的成长与发展，而发展的核心是环保技术和人才。该书出版目的是给读者看的，不是为了卖的。希望对于普通高校环境专业学生及相关工程技术人员的学习、工程设计及应用有所裨益。

徐子飚

前　　言

水处理技术涉及领域广泛,按处理原水的类型和处理的目的,可以将水处理分为给水处理和污水处理两个方面;而给水处理又包括生活用水处理和工业用水处理;污水处理主要包括城镇污水处理和工业废水处理。

虽然水处理工艺流程组合多种多样,甚至令人困惑,但应用的基本技术都遵循相同的基本原理。水处理基本技术可以归纳为物理法、化学法、物理化学法和生物法,各工业、生活领域采用的水处理工艺都是这些基本技术的组合,只是技术组合方式和工艺操作条件有所区别。目前涉及各领域的水处理书籍较多,分类很细,这样很多技术单元就会在不同的水处理教材中重复出现,难以相互综合衔接,对于水处理技术初学者而言,难以在较短时间内通过一本教材全面了解不同领域的水处理技术,对比分析不同领域水处理工艺的变化规律。

《水处理技术概论》正是基于上述目的,将给水处理、工业用水处理、城镇污水处理及典型工业废水处理技术融为一体来进行阐述,具有水处理知识的综合性和统一性的特点,避免了同一技术理论的重复论述,适合普通高校环境类专业学生以及企业相关工程技术人员使用。

本书编写过程中,得到了上海市教委重点课程建设项目的资助。上海工程技术大学和东华大学环境工程专业教师也给予了大力的帮助,在此真诚地表示感谢。同时也感谢本书在编写过程中引用参考文献及工程设计资料的作者。

由于编者水平有限,在本书各章节内容中难免出现漏误,希望读者提出批评,以便进一步改进。

编　者

2017 年 5 月

目　　录

第1章 绪 论

水是生物维系生命的基本物质,人类的生存及人类文明的出现和进步总是和水联系在一起的。水也是工业生产的血液,在制造、加工、冷却、净化、空调、洗涤、环保等方面发挥着重要的作用,几乎参与了工业生产的所有环节。

纯净的水是由氢、氧两种元素组成的,在常温常压下为无色无味的透明液体。然而,在水的循环过程中,特别是在其社会循环过程中,水质会发生变化,影响其使用功能,同时对水环境及生态系统产生危害。因此,需要进行处理达到水的生活饮用、工业利用、循环回用及水体排放等标准要求。由于被处理原水指标差异较大,处理目标或出路也不同,需采取不同的水处理工艺或不同的操作参数。水处理技术领域包括生活饮用水处理、工业用水处理、中水回用技术、工业废水处理及城镇污水处理等。

1.1 水资源、水循环及水污染

1.1.1 水资源

地球上的"水"很多,但海水占绝大部分,淡水量不足总水量的 3%,而且多数是以冰川、冰帽的形式存在于极地,目前难以被人类利用,与人类关系密切、易于开发和直接利用的水资源不足 1%。

我国水资源总量为 27 434 亿 m^3,居世界第 6 位,但由于人口众多,人均水资源拥有量只相当于世界人均的四分之一左右,属世界上水资源紧缺的国家之一。另外,我国大部分陆地疆域地处北半球中纬地带,受季风气候的影响,水资源时空分布不均的问题十分突出,其中北方 6 区水资源总量 4 600 亿 m^3,仅占全国的 16.8%;而南方 4 区水资源总量为 22 834 亿 m^3,占全国的 83.2%。这样,全国有 45% 的国土处在降水量少于 400 mm 的干旱少水地带,且降水多集中在 6~9 月,占全年降水量的 70%~90%。集中的降雨,加之总体滞留、调蓄能力较差,大部分水量形成洪水径流而流失,难以利用。这样不仅造成严重干旱和土壤盐碱化,也导致我国水的供需矛盾日益突出,已成为制约工农业生产和城市发展的瓶颈。

水污染使水资源紧张状况更为严峻。虽然我国城市污水处理能力大幅度提高,2015 年处理能力达 1.4 亿 m^3/d,全年累计处理污水量达 410.3 亿 m^3,全国城市污水处理率达到 91.97%,但仍有部分城市污水、工业废水没有处理或达不到排放要求,加上收集、输送难度较大的面源污染,水污染状况仍在加剧,只是污染速度有所减缓。

1.1.2 水循环

《圣经·旧约·传道者书》阐述"All streams flow into the sea, yet the sea is never full. To the place the streams come from, there they return again."明确了各种形式的水在不断地循环运动。该运动对水资源量及其分布、水体纳污能力及水质产生极其深刻的影响。水循环包括自然循环和社会循环,水的自然循环如图1-1所示。

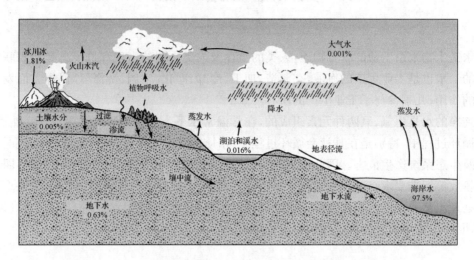

图 1-1　水的自然循环(图中的数据为不同类型水的体积百分比)
(Montgomery,C. Environmental Engineering,6th ed. McGraw—Hill, Inc. New York, 2003)

自然循环是由海洋表面蒸发的水汽,随气流带到大陆上空,形成降水落回地面,再通过径流(地表及地下的)返回海洋的过程,这是发生在海陆之间的循环过程。

水的循环在地球上起到输送热量和调节气候的作用,对地球环境的形成、演化和人类生存都有重大的影响,也形成各种壮丽的自然景观。水循环决定水资源的特点,包括水存在形式的多样性,分布的广泛性,时空变化的随机性,以及水资源分配的巨大差异性。

水在自然循环过程中,水质会发生变化,甚至会引起严重的污染,然而水循环的特性决定了水是一种可更新的资源,具有自身净化作用,靠自身的自净能力一般可以解决自然的污染。然而,不同的水体自净能力有差异,需要依据水的自然循环规律,特别是水体的更替周期来指导对水的社会循环,包括水资源的开发利用和污染物的排放。

水的社会循环是指人类为了满足生活和生产的需求而进行的取水—使用—排水的全过程。该过程包括从天然水体中取水,通过输送至自来水厂进行给水处理,之后通过配水管网送到居民区或工厂使用;经过使用,一部分水被消耗,而大部分变成生活污水或工业废水,达到纳管排放要求进入市政污水收集系统,通过污水管网送至污水处理厂进行达标处理,重新进入天然水体,也有部分处理后回用于生活和生产中(如图1-2所示)。有时,为了获得更优质的水,在使用前还需要进行深度处理(如净水装置)或工业用水处理(如水的软化、脱盐处理等)。当然,污水回用设施也可以设置在污水收集系统之前或污水管网附近,即可以采用"原位"回用,减少对污水管网及污水处理厂的负荷,同时也方便回用水的利用。

水的社会循环体系包括给水系统、污水回用系统和排水系统。给水系统主要包括取水构筑物、水处理构筑物、泵站、输水管网及调节构筑物等。其中泵站可以分为抽取原水的一

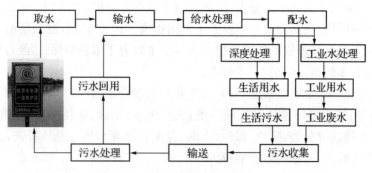

图 1-2 水的社会循环

级泵站、输送清水的二级泵站和设于管网中的增压泵站等；调节构筑物主要包括高地水池、水塔及清水池等用于贮存和调节水量的单元。

给水水源主要包括地下水源和地表水源，地下水源包括潜水（无压地下水）、自流水（承压地下水）和泉水；地表水源包括江河、湖泊、水库和海水。地下水一般水质较好，取水条件及取水构筑物构造简单，无需澄清处理，便于施工和运行管理，但对于规模较大的地下水取水工程需要较长时间的水文地质勘察；另外长期过量开采地下水可能造成地下水静水位大幅度下降，甚至还会引起地面沉陷。因此，城市、工业企业常利用地表水作为水源，这样城镇临近的水体（河流、湖库等）一般是给水系统的水源和排水系统接纳水体。

某些沿海城市采用的水源为潮汐河流，该河流往往受到海水入侵，有时含盐量很高难以使用。为了取集淡水，可以用"蓄淡避咸"措施，在河口建立蓄淡避咸水库，当河水含盐量高时，取集水库的水作为水源；含盐量低时，直接取用河水使用。

对于水源地需要设置卫生防护地带，其范围和防护措施应该按照我国《生活饮用水卫生标准》（GB5749-85）的规定，包括：

（1）取水点周围半径 100 m 的水域内严禁捕捞、停靠船只、游泳和从事可能污染水源的任何活动，并应设有明显的范围标志和严禁事项的告示牌。

（2）河流取水点上游 1 000 m 至下游 100 m 的水域内，不得排入工业废水和生活污水；其沿岸防护范围不得堆放废渣、不得设立有害化学品的仓库、堆栈或装卸垃圾、粪便和有毒物的码头等。

（3）在生产区外围不小于 10 m 的范围内，不得设置生活居住区和修建禽畜饲养场、渗水厕所等，应保持良好的卫生状况和绿化。

取之于河流，还之于河流，形成一种受人类社会活动作用的水循环。水的社会循环可以严重地改变水质指标，引起水污染，如果处理不好，会产生一系列水与生态环境的问题。生活污水和工农业生产废水的排放，是水污染的主要根源，也是水污染防治的主要对象。

1.1.3 水污染及其管理

1984 年颁布的《中华人民共和国水污染防治法》中说明：水污染即指"水体因某种物质的介入而导致其物理、化学、生物或者放射性等方面特性的改变，从而影响水的有效利用，危害人体健康或破坏生态环境，造成水质恶化的现象"。

工农业的飞速发展，带来巨大环境问题，产生一系列的严重后果，甚至是灾难性事件。

早在18世纪,英国由于只注重工业发展,而忽视了水资源保护,大量的工业废水废渣倾入江河,造成泰晤士河污染,使其当时基本丧失了利用价值。19世纪初,德国莱茵河也发生严重污染,德国政府为此运用严格的法律和投入大量资金致力于水资源保护,经过数十年不懈努力,才使莱茵河碧水畅流,达到饮用水标准。

我国水污染也与工业的发展密切相关,工业废水按行业的产品、加工对象分类:冶金、造纸、纺织、印染等;按主要污染物的性质分类:无机废水(电镀、矿物加工)有机废水(食品加工);按主要污染物成分分类:酸性、碱性、含酚、含重金属废水等。总体看来,工业废水具有多样性、危害大等特点,对水环境影响较大。

人类活动所排放的各类污水是水体主要污染源,有些污水、废水由管道收集后集中排放,称为点污染源;而大面积的农田地面径流或雨水径流也会对水体产生污染,由于其进入水体的方式是无组织的,通常被称为非点污染源,或面污染源。随着我国在点源污染治理率的大幅提高,面源污染已日益成为水环境质量改善的关键问题。据美国环保署的报告,美国江河湖海的污染负荷约三分之二来自于面源;多数学者认为我国的江河湖海来自面源污染的负荷也超过了点源。为此2015年农业部出台《农业部关于打好农业面源污染防治攻坚战的实施意见》,通过提升监测预警能力、实施化肥农药零增长行动等,深入推进农业面源污染防治工作。此外,近年来我国旧城区仍存在脏差现象,造成城市面源污染加剧,大量污染物由地表暴雨径流排入水体,由城市面源污染引起的水环境问题已经严重地制约城市的可持续发展。

为了改善我国水污染状况,在"十二五"期间,水体污染控制与治理科技重大专项(水专项)坚持"减负修复"阶段目标,共启动231个课题,中央财政资金43.62亿元。截至2015年,水专项研发突破了钢铁、石化等典型行业全过程污染控制、城市开发和黑臭河道治理、规模化种植业面源污染一体化控制模式、河湖湿地水生态修复、水生态功能四级分区、排污许可管理、水生态监测评价等关键技术。

在水污染治理的同时,必须要严格控制污水的排放,从污染源头做起。然而,目前污染排放控制仍面临许多难题,有些地区甚至引发环境事件。据统计,2009年我国环保部接报的12起重金属污染事件,致使4 035人血铅超标,182人镉超标,引发32起群体事件。2015年,环境保护部调度处置突发环境事件共82起。其中,重大事件3起(甘肃某锑业有限公司选矿厂尾矿库溢流井破裂致尾砂泄漏事件、河北省某县城区地下水污染事件、济南某地发生危险废物倾倒致人中毒死亡事件)、较大事件3起、一般事件76起。从事件起因看,生产安全事故引发的48起、交通运输事故引发的12起、自然灾害引发的9起、企业违法排污引发的4起、其他原因引发的9起。此外,在一些偏远地区,偷排现象也时有发生。

针对这种情况,需要进行环保宣传、讲道理,改变人们的环境伦理观;当环保与经济效益冲突时,必须立法加以保护水资源,强制执行。

世界水污染防治法的历史可以追溯到19世纪,英国1876年制定了《河流污染防治法》,日本1896年制定了《河川法》等。20世纪50年代以后,许多国家都加强了水污染防治方面的立法,制定了较完备的水污染防治法,如日本的《水质污染防治法》、美国的《水净化法》等。

我国在50年代开始注意水污染的防治,如1959年制定了《生活饮用水卫生规程》。70年代后《关于保护和改善环境的若干规定》、《中华人民共和国环境保护法(试行)1979》等。

1984 年 5 月全国人大常委会通过《中华人民共和国水污染防治法》。之后,该法经历 1996 年和 2008 年两次重大修改,从立法理念到制度构建都有了重大变化,对具有不同特点的水污染防治有了针对性的措施。新增了诸多实质性内容,特别是在水污染事件的应急管理、政府责任、违法界限、污染物总量控制、排污许可证管理、饮用水源地管理、处罚力度及追究民事赔偿责任等方面有了较大的强化和完善。

《中华人民共和国环境保护法》于 2014 年 4 月 24 日修订,2015 年 1 月 1 日实施。该法律的突出特点是将环境保护提高至战略地位,加大违法成本,严格法律责任,实行按日计罚,处罚无上限的原则。将环保问题与刑事事件关联,违反本法规定,构成犯罪的,依法追究刑事责任。新环保法完善了五条环保基本制度,包括环境监测制度、环评制度、联防制度、"三同时"制度、总量控制和区域限批制度。新环保法的出台对我国水环境的改善及环保产业的健康发展都具有极为重要的意义。

2015 年《政府工作报告》提出实施水污染防治行动计划,加强江河湖海水污染、水污染源和农业面源污染治理,实行从水源地到水龙头全过程监管的工作任务。按照党中央、国务院的统一部署,环境保护部、发展改革委、科技部、工业和信息化部、财政部、国土资源部、住房城乡建设部、交通运输部、水利部、农业部、卫生计生委、海洋局等部门,于 2015 年 4 月共同编制了《水污染防治行动计划》,即《水十条》,包括"管理篇"、"技术篇"和"国外案例"三部分,并进行了详细解读。

《水十条》确定的工作目标是:到 2020 年,全国水环境质量得到阶段性改善,污染严重水体较大幅度减少,饮用水安全保障水平持续提升,地下水超采得到严格控制,地下水污染加剧趋势得到初步遏制,近岸海域环境质量稳中趋好,京津冀、长三角、珠三角等区域水生态环境状况有所好转。到 2030 年,力争全国水环境质量总体改善,水生态系统功能初步恢复。到本世纪中叶,生态环境质量全面改善,生态系统实现良性循环。按照"节水优先、空间均衡、系统治理、两手发力"的原则,为确保实现上述目标,《水十条》提出了 10 条 35 款,共 238 项具体措施。除总体要求、工作目标和主要指标外,可分为四大部分。1~3 条为第一部分,提出了控制排放、促进转型、节约资源等任务,体现治水的系统思路;4~6 条为第二部分,提出了科技创新、市场驱动、严格执法等任务,发挥科技引领和市场决定性作用,强化严格执法;7~8 条为第三部分,提出了强化管理和保障水环境安全等任务;9~10 条为第四部分,提出了落实责任和全民参与等任务,明确了政府、企业、公众各方面的责任。为了便于贯彻落实,每项工作都明确了牵头单位和参与部门。

国外城市水体综合整治案例主要例举了英国伦敦泰晤士河、韩国首尔清溪川、德国埃姆舍河、法国巴黎塞纳河和奥地利维也纳多瑙河。《水十条》分别从水环境问题分析、治理思路及措施和治理效果三方面介绍国外水体整治的成功经验,分析了这些案例污染治理技术及其产生的经济和社会效益。

环保议题是 2017 年两会聚焦的重点,环保热词包括:治霾、PPP、大气污染防治、水环境治理、黑臭水体、土壤治理、环保税、环保督察、垃圾分类、垃圾焚烧和河长制等。

2017 年 5 月中共中央政治局就推动形成绿色发展方式和生活方式进行第四十一次集体学习。中共中央总书记习近平在主持学习时强调,推动形成绿色发展方式和生活方式是贯彻新发展理念的必然要求,必须把生态文明建设摆在全局工作的突出地位,坚持节约资源和保护环境的基本国策,坚持节约优先、保护优先、自然恢复为主的方针,形成节约资源和保护环境的空间格局、产业结构、生产方式、生活方式,努力实现经济社会发展和生态环境保护协同共进,为人民群众创造良好生产生活环境。

1.2　水质指标

水在循环过程中会受污染而发生水质变化,这些变化可以通过水质指标来表达。水质指标是通过对水中污染物定性、定量检测得出的。按照水中污染物的性质,水质指标主要包括物理性指标、化学性指标和生物性指标。

1.2.1　物理性指标

物理性指标一般可以通过感官感受到,主要包括温度、色度、嗅味、固体物质、浊度及电导率等。这些指标对水的使用功能及水环境具有重要的影响,需要通过标准方法进行定量检测。

1. 温度

天然水的温度因水源而不同。地表水的温度随季节气候条件而变化,其范围大约在 $0.1\sim30℃$。地下水的温度比较稳定,一般变化于 $8\sim12℃$ 左右。饮用水的温度在 $10℃$ 左右较适宜,低于 $5℃$ 对胃粘膜有害。

许多工业排出的废水都有较高的温度,如冷却水、焦化废水、印染废水等,这些废水排放水体会引起水体的热污染。氧气在水中的溶解度随水温升高而减少,热污染导致水中溶解氧减少;另外,水温升高加速耗氧反应,最终导致水体缺氧或水质恶化,影响水生生物的生存和对水资源的利用。近年来,废水的热量逐渐引起了环保人士的重视,可以提取回收废热能源,应用于水污染控制中,如利用电厂的废热能源来治理印染行业的高盐废水。

水温测定应在现场进行,测定地点和深度应与所取水样相同,一般使用刻度为 $0.1℃$ 的水银温度计测试。

2. 色度

纯净的水是无色的,但天然水经常表现出各种颜色。由于腐殖质等污染物的存在,河湖水常带有黄褐色或黄绿色。水中悬浮泥沙、矿物也会带有颜色,各种藻类对水的颜色也有影响。一些金属化合物或有机物造成的颜色称为"真色"。一般工业废水,如印染、造纸、焦化等废水会产生很深的各种颜色。

色度指标易于直观察觉,可以采用比色法进行测定,标液采用氯铂酸钾和氯化钴配制,由于氯铂酸钾的价格较贵,一般采用重铬酸钾和硫酸钴配制代用色度标准溶液。多数清洁的天然水色度在 $15\sim25$ 度范围,造纸用水和纺织用水对色度有严格的要求,而染色用水则要求更高,需要在 5 度以下。

在废水处理实践中,如果废水颜色单一、稳定,可以通过测定最大吸收波长,采用分光光度法进行定性、定量测试。

3. 嗅和味

天然水是无嗅无味的。当水体受到污染后会产生异样的气味,用鼻子闻到的称为臭,用口尝到的称为味,这一指标主要用于生活用水,是判断适合饮用与否的重要指标之一。

水的异臭来源于还原性硫(如低浓度硫化氢)、氮的化合物、挥发性有机物(如硫醇、吲哚等)和氯气等污染物质;不同盐分会给水带来不同的异味,如氯化钠带咸味,硫酸镁带苦味,铁盐带涩味,硫酸钙略带甜味等。

目前,按一定检测程序的感官法仍然是测量废水散发气味常用的方法。由于温度对水的气味影响很大,所以测定臭与味往往在室温(20℃)和加热(40～50℃)两种情况下进行。我国饮用水及回用中水标准规定,原水及煮沸水都不应有异臭味,而国外规定水臭与味强度不超过 2 级(如表 1-1)。

表 1-1　臭与味的强度等级

级　别	强　度	说　明
0	无	没有可感觉到的气味
1	极弱	一般使用者不能感到,有经验的水分析者可以察觉
2	微弱	使用者稍注意可以察觉
3	明显	容易察觉出不正常的气味
4	强烈	有显著的气味
5	极强	严重污染,气味极为强烈

有些特殊恶臭有机物可以采用仪器分析其浓度,如采用气相色谱(GC)、气相色谱/质谱(GC/MS)等方法。针对目前特殊污染物,还开发了甲醛测定仪、VOC 测定仪、油气测定仪等移动式设备;硫化氢可用仪器测量,可检测浓度低至 1ppb。

4. 固体物质

水中固体物质成分及其之间的关系如图 1-3 所示。

水中所有残渣的总和称为总固体(TS),总固体包括溶解物质(DS)和悬浮固体物质(SS)。水样经过滤(最常用的滤纸是沃特曼(Whatman)玻璃纤维滤纸,其孔径为 1.58 μm)后,滤液蒸干所得的固体即为溶解性固体(DS),滤渣脱水烘干后即是悬浮固体(SS)。固体残渣根据挥发性能可分为挥发性固体(VS)和固定性固体(FS)。将固体在 550℃ 左右的温度下灼烧,挥发掉的量即是挥发性固体(VS),灼烧残渣则是固定性固体(FS)。溶解性固体表示盐类的含量,悬浮固体表示水中不溶解的固态物质的量,挥发性固体反映固体的有机成分量。

水中悬浮固体对水的透明度影响很大,但一般较溶解性固体容易处理。挥发性溶解固体是水中有机污染的重要来源,不挥发溶解性固体指的是水中无机盐。在废水处理中,高盐高有机物废水是目前废水处理领域的难题,废水中盐度高到一定程度,会影响生物细胞的渗透压和微生物的正常生长,难以采用生物处理工艺降解其中的有机物,只能采用运行费用较

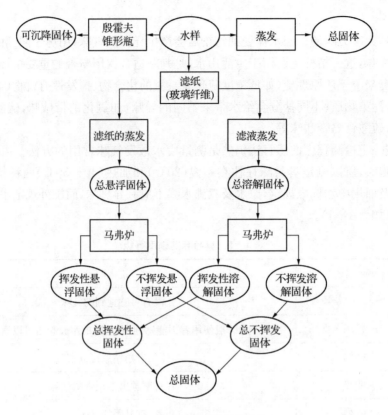

图1-3　水中固体及其关系
（Wastewater Engineering Treatment and Reuse, Fourth Edition, Metcalf and Eddy, Inc.）

高的化学或物理化学工艺。

【例题1-1】　已知蒸发皿自身的质量为53.543 3 g,取测试水样50 mL,在105℃条件下蒸发,蒸发后残留物的质量为53.579 4 g,在550℃下灼烧后残留物的质量为53.562 5 g;在105℃条件下烘干后定量滤纸自身质量为1.543 3 g,过滤水样后105℃下烘干后其质量为1.555 4 g,在550℃下灼烧后残留物的质量为1.547 6 g。

测定水样总固体、总挥发性固体、悬浮固体、挥发性悬浮固体、总溶解性固体和挥发性溶解固体的浓度。

解:总固体(TS)=(53.579 4-53.543 3)×20=722(mg/L);

总挥发性固体(TVS)=TS-TFS=722-(53.562 5-53.543 3)×20=338(mg/L);

悬浮固体(SS)=(1.555 4-1.543 3)×20=242(mg/L);

挥发性悬浮固体(VSS)=242-(1.547 6-1.543 3)×20=156(mg/L);

总溶解性固体(TDS)=TS-SS=722-242=480(mg/L);

挥发性溶解固体(VDS)=TVS-VSS=338-156=182(mg/L)。

5. 浊度

浊度是衡量水的光透射率的方法,常用于评价较清洁水或废水,用于标示水中胶体和残留悬浮物。以福尔马肼悬浊液为主要的参照标样,浊度测量结果代表水样与该标样散光强度的比较,以散射浊度单位(Nephelometric Tubidity Units,NTU)表示。

一般认为,未经处理的废水浊度与 TSS 之间没有定量的关系;但可能是由于污染物性质相似,水中 TSS 污染物提高光散射强,二者呈正相关关系(如图 1-4 所示)。

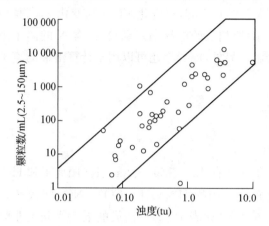

图 1-4　水中颗粒物浓度与浊度的关系

(许保玖. 给水处理理论)

活性污泥污水处理系统的出水,其浊度与 TSS 之间存在着一定的关系:

$$TSS(mg/L) \approx (TSS_f)(T)$$

式中:TSS 为总悬浮固体,mg/L;TSS_f 为系数(mg/L TSS)/NTU;T 为浊度,NTU。

由于浊度测试相对简单易行,上述公式对了解废水中悬浮颗粒的量具有很好的指导意义。公式中的系数的取值对于不同污水处理厂而不同,主要与生物处理过程、效果相关,一般二沉池出水 TSS_f 系数在 2.3~2.4 范围;经颗粒介质深层过滤后的二级出水,该系数值在 1.3~1.6 范围。总体看来,浊度与水中微粒浓度之间应该有定性的关系,但不能灵敏地反映出微粒浓度的变化指标。

在给水处理领域,水的浊度与病菌等微生物的含量关系密切。有统计数据,当水的浊度低于 0.15 NTU 时,透过的病毒数小于 5%;当浊度在 1 h 内由 0.15 NTU 迅速上升到 1.8 NTU 时,透过的病毒逐渐分别上升到约 20% 和 30%。因此控制饮用水的浊度是降低水中微生物的首要措施。

与浊度的意义相反的是水的透明度,但二者反映的却是同一事物,都表明水中杂质对"透过光线"的阻碍程度。透明度的测试方法是,将某种物体或图像作为观察对象放入水中,俯视观察并变化水层高度,达到恰能看清观察对象为止,这时水层高度就是水的透明度,用厘米或米作为单位表示。

6. 电导率

水中以离子状态存在的各种溶解盐类指标对废水回用或纯水制备至关重要。溶解盐总量可以用 TDS 定量分析,但测量过程复杂耗时,盐含量低时测量精度也不好,一般采用电导率(EC)指标来替代。电阻率是电导率的的倒数,二者可以互换。

电导率的单位原来被称为姆欧,取电阻单位欧姆倒数之意。在国际单位制中采用的单位是每米毫西门子(mS/m)。原子反应堆、电子工业、超高压锅炉等所用的超纯水要求电导率在 $0.1\sim0.3\ \mu S/cm$ 以下。

经验公式可以将电导率换算成总溶解性固体,具体表达为:$TDS=(0.5\sim0.9)\times EC(\mu S/cm)$,一般均以温度25℃为准,每变化1℃大约变化2‰,其他温度下需加校正。水中各种不同的离子(mg/L)所相当的电导率差别较大,含N的离子当量较高。该公式不一定适用于高浓度工业废水。另外,电导率还可以用于计算溶液的离子强度 I,$I=1.6\times10^{-5}\times EC(\mu S/cm)$。

1.2.2　化学性指标

1. 主要的离子组成

天然水中主要的离子成分有 Ca^{2+}、Mg^{2+}、Na^+、K^+ 阳离子和 HCO_3^-、SO_4^{2-}、Cl^- 等阴离子,还有量虽然少,但起重要作用的 H^+、OH^-、CO_3^{2-}、NO_3^- 等离子。这些离子指标可以反映出水中离子组成的基本概况(如表1-2)。污染的天然水和工业废水可以看作是在此基础上又增加了其他杂质成分。

表1-2　河水中主要阴阳离子浓度状况(mg/L)

离　　子	阳离子				阴离子			
	Ca^{2+}	Mg^{2+}	Na^+	K^+	HCO_3^-	SO_4^{2-}	Cl^-	NO_3^-
浓度	15	4.1	6.3	2.3	58.4	11.2	7.8	1

此外,水体中还存在铁、锰、硅酸、氟、碘、硼等元素,它们都是以直接含量(mg/L)作为单位的,在特殊情况下,这些元素含量很高,成为水中主要的杂质。另外,水中也含有多种金属、非金属微量元素。

水中的主要离子组成由若干项常用的主要化学特性指标来表述,如氢离子浓度可以用pH表述,碳酸氢根、碳酸根和氢氧根离子可以表述为碱度,钙、镁离子可以表述水的硬度。

天然水体的pH一般为6~9,当受到酸碱污染时pH发生变化,会消灭或抑制水体中生物的生长,妨碍水体自净。在污水处理过程中,该指标非常重要,对处理过程及排放废水均起重要的作用。

水中的离子成分对工业用水影响较大,硬度和碱度成分对于设备的腐蚀与结垢影响较大,氯离子是引起水质腐蚀的催化剂,铁锰离子易产生沉淀,形成水垢,滋生铁细菌,引起垢下腐蚀等。

2. 溶解气体

天然水中的溶解气体主要有二氧化碳、溶解氧、硫化氢、甲烷和氮气等。

大多数天然水中都含有溶解的 CO_2 气体,它的主要来源是水体或土壤中有机物生物氧化分解的产物。深层地下水中的 CO_2 是地球化学过程产生的。空气与水也进行 CO_2 的交换,但由于空气中 CO_2 含量低(0.03%~0.04%),CO_2 主要从水中逸入空气中。地表水中 CO_2 一般不会超过20~30 mg/L,而某些矿泉水中 CO_2 含量可达数百 mg/L。溶解在水中呈分子状态的二氧化碳称为游离二氧化碳,也称游离碳酸。含游离碳酸较多的水具有较低而稳定的 pH,表现出对金属的腐蚀性,同时会加剧溶解氧对金属的腐蚀,造成一些工业用水的问题。

水中的溶解氧以分子态 O_2 状态存在。天然水体中的溶解氧主要来自于空气,另外水生植物的光合作用也放出氧。溶解氧含量与水质关系密切,常温下天然水达到饱和的溶解氧量大约为 8～14 mg/L,在水藻繁生的水中,由于其光合作用,白天水体中溶解氧可能处于过饱和状态,但夜间由于光合作用停止,溶解氧浓度会下降。水中有机物存在时,在生化过程中溶解氧会被消耗而下降,使水质严重恶化。海水中由于含盐,其溶解氧含量约为淡水的 80%。工业用水中的溶解氧会引起锅炉、金属设备的腐蚀(去极化等作用),高压锅炉对用水中溶解氧的含量有严格的限制,需要低于 0.007 mg/L 才合格。

水中的 H_2S 分子可以分级电离成为 HS^-、S^{2-} 等形态,各种形态所占的比例与水的 pH 关系密切,较低的 pH 水中 H_2S 较多,易于散入空气发生臭味,含 H_2S 的水对混凝土和金属都会产生侵蚀破坏作用。

3. 有机物综合指标

水中有机污染物组成较复杂,对其分别进行定量分析测定难度很大,通常也没有必要,可以采用综合指标来表达。水体有机污染物主要危害是消耗水中溶解氧,在实际工作中一般采用生物化学需氧量(BOD)、化学需氧量(COD)、总有机碳(TOC)等指标来反映水中需氧有机物的含量。

(1) 生化需氧量(BOD)

水中有机污染物被好氧微生物分解时所需的氧量称为生化需氧量(以 mg/L 为单位)。它反映了在有氧的条件下,水中可生物降解的有机物的量。生化需氧量愈高,表示水中可生物降解的需氧有机污染物愈多。该指标是废水处理系统需氧量计算的依据,也是重要的排放指标之一。

有机污染物被好氧微生物氧化分解的过程,一般可分为两个阶段:第一阶段主要是有机物被转化成二氧化碳、水和氨;第二阶段主要是氨转化为亚硝酸盐和硝酸盐。污水的生化需氧量通常只指第一阶段有机物生物氧化所需的氧量。微生物的活动与温度有关,测定生化需氧量时一般以 20℃ 作为测定的标准温度。易降解有机物需 20 天左右才能基本上完成第一阶段的分解氧化过程,即测定第一阶段的生化需氧量至少需 20 天时间,这在实际工作中有困难。目前以 5 天作为测定生化需氧量的标准时间,简称 5 日生化需氧量(用 BOD_5 表示)。据实验研究,一般有机物的 5 日生化需氧量约为第一阶段生化需氧量的 70% 左右,对于工业废水来说,它们的 5 日生化需氧量与第一阶段生化需氧量之差,可以较大或比较接近,不能一概而论。这样对于工业废水,BOD 的测试仅作为其可生化性的参考,测试过程中接种的微生物对于工业废水有不同的驯化期;另外,废水中污染物的浓度对于 BOD 的测试也有较大的影响。例如煤气含酚废水一般 BOD_5 很低,数据显示该废水可生化性很差,难以采用生物技术处理,但废水处理实践表明,该废水在酚类浓度适当的条件下,70% 以上的有机物可以生化,设计廉价的二级生物处理是非常必要的。

(2) 化学需氧量(COD)

化学需氧量是用化学氧化剂氧化水中有机污染物时所消耗的氧化剂量,用氧量(mg/L)

表示。化学需氧量愈高,也表示水中有机污染物愈多,但水中一些还原性无机物也会产生
COD,如氯离子等,因此对于高盐废水的 COD 测试要注意这个问题。常用的氧化剂主要是
重铬酸钾和高锰酸钾。以高锰酸钾作氧化剂时,测得的值称 COD_{Mn}。以重铬酸钾作氧化剂
时,测得的值称 COD_{Cr}。给水和工业用水领域一般采用 COD_{Mn},工业废水和城市污水一般
采用 COD_{Cr}。如果废水中有机物的组成相对稳定,则化学需氧量和生化需氧量之间应有一
定的比例关系,该比例关系是废水生化性能的重要参考。

（3）总有机碳（TOC）

总有机碳（TOC）包括水样中所有有机污染物质的含碳量,也是评价水样中有机污染质
的一个综合参数。TOC 是燃烧化学氧化反应,测试水中有机碳含量,而非耗氧量。该测试
指标代表性强、精度高,受影响因素较少。如芬顿试剂法废水处理过程中,如果残留双氧水
或二价铁离子,会影响处理出水 COD 的测试结果,但不会影响废水 TOC 值。

同一水样的 BOD 及 COD 和 TOC 的相互关系可以通过例题 1-2 和例题 1-3 加以理解。

【例题 1-2】　某废水 20℃ 下 $BOD_5 = 200$ mg/L,反应速率常数 $k = 0.23$ d^{-1}（底为 e）,
确定废水 1 日 BOD 和第一阶段的最终 BOD；试问 25℃ 条件下的 BOD_5 是多少?

解:（1）求最终 BOD（UBOD or BOD_L）

$BOD_5 = UBOD(1 - e^{kt})$

$UBOD = 293$ mg/L

（2）求 1 日 BOD

$BOD_t = UBOD(1 - e^{-kt})$

$BOD_1 = 293(1 - e^{-0.23 \times 1}) = 60.1$ mg/L

（3）求 25℃ 下的 BOD_5

$K_{25} = (1.047)^{T-20} = 0.23(1.047)^{25-20} = 0.29$ d^{-1}

$BOD_5 = 293(1 - e^{-2.9 \times 5}) = 224$ mg/L

【例题 1-3】　确定化合物（微生物细胞组织）$C_5H_7NO_2$（相对分子质量为 113）的理论
BOD、COD 和 TOC 值。假设 BOD 的一级反应速率常数值为 0.23/d（以 e 为底）（以 10 为底
时为 0.10/d）。

解:（1）求化合物的 BOD

对于可生化有机物,$COD = UBOD$,$BOD/UBOD = (1 - e^{-kt}) = (1 - e^{-0.23 \times 5}) = 0.68$

$BOD = 0.68 \times 1.42 = 0.97$ mg BOD/mg $C_5H_7NO_2$

（2）求化合物的 COD

$$C_5H_7NO_2 + 5O_2 = 5CO_2 + NH_3 + 2H_2O$$

$COD = 160/113 = 1.42$ mg O_2/mg $C_5H_7NO_2$

（3）求化合物的 TOC

$TOC = (5 \times 12)/113 = 0.53$ mg TOC/mg $C_5H_7NO_2$。

总需氧量（TOD）是在特殊的燃烧器中,以铂为催化剂,在 900℃ 温度下,使一定水样量气化,
将其中的有机物燃烧,然后测定气体载体中氧的减少量,作为有机物完全氧化所需要的氧量。

天然水中有机物大多含不饱和键,如腐殖酸等带有苯环的化合物,会吸收紫外光,可以
根据吸收程度判断水中有机物的相对量。常在光谱 254 nm 处测定的吸光度指标,为 UV_{254}

数值,通过对比可以反映水中某些有机物的相对多少。

4. 废水中典型污染物指标

油类是工业废水中常见的污染物,包括有石油类和动植物油脂。随着石油工业的发展,石油类物质对水体的污染愈来愈严重。油类污染物进入水体后,油膜覆盖水面阻碍水的蒸发,影响大气和水体的热交换,降低水体的自净能力。油类污染程度(外观特征)与油膜的厚度及油的散开量之间的关系如表1-3所示,该表可以根据目视水的外观特征,估算油膜的厚度及油的含量,也为一定量泄露油对水体影响面积和程度的评价作参考。

表 1-3　水体中油类污染物散开量与膜厚及水质外观的关系(来源:Eldridge 1942)

水样外观	膜厚(mm)	散开量(L/ha)
勉强可见	0.000 038 1	0.365
银色光泽	0.000 076 2	0.731
开始有少许色彩	0.000 152 4	1.461
彩色亮带	0.000 308 4	2.922
颜色开始变暗	0.001 016 0	9.731
颜色发黑	0.002 032 0	19.463

酚类化合物是有毒有害污染物。水体受酚类化合物污染后影响水产品的产量和质量。水体中的酚浓度低时能影响鱼类的回游繁殖,酚浓度达 0.1~0.2 mg/L 时鱼肉有酚味,浓度高时引起鱼类大量死亡,甚至绝迹。酚的毒性可抑制水微生物(如细菌、藻等)的自然生长速度,有时甚至使其停止生长。

重金属主要指汞、镉、铅、铬、镍,以及类金属砷等生物毒性显著的元素,多数属于一类污染物,排放要求极为严格,另外也包括具有一定毒害性的一般重金属,如锌、铜、钴、锡等。重金属主要出现在电镀、金属加工等工业领域。

近年来,水中典型的有机污染物还包括有表面活性剂、农药和化肥等,其中一些污染物已在排放标准中明确提出限值,也是目前污水处理厂提标改造的难点之一。另外一些新型污染物,特别是药物和个人护理品(PPCPs)也成为研究的热点,许多药物属于内分泌干扰物,还可能诱发抗药性基因,产生抗药微生物,对生态系统及人类健康的具有很大的潜在危害,目前这些污染物还没有在排放标准上体现。

1.2.3　生物指标

生活污水、医院污水和屠宰、制革、洗毛、生物制品等工业废水,常含有病原体,会传播霍乱、伤寒、胃炎、肠炎、痢疾以及其他病毒传染的疾病和寄生虫病。

细菌总数反映了水体受细菌污染的程度,但该指标难以说明污染的来源;另外,废水中病源有机体的数量较少,难以分离和识别。因而需要选用数量较多、而又较容易检测的微生物作为目标病源体的替代指示物。

人体肠道内含有大量的杆菌,总称为大肠杆菌。每人每天可以排出的大肠杆菌量也很多,可以达到 1 000 亿~4 000 亿个。大肠菌群自身不是病原菌,但比病原菌更耐消毒作用,可表明水样被粪便污染的程度,间接表明有肠道病菌（伤寒、痢疾、霍乱等）存在的可能性,长期以来,大肠杆菌在环境中已作为伴随粪便可能存在的病源体的标志。可以认为,水中如果没有大肠杆菌,就没有致病有机体,即作为病源体的指示物。指示物的确定对水质标准的制定具有重要的意义。各种用途的水的生物指示物如表1-4所示。

表1-4　确定各种用途水标准的指示生物

水的用途	指示生物	水的用途	指示生物
饮用水	总大肠菌	贝类生长区	总大肠菌
娱乐用新鲜水	粪性大肠菌		粪性大肠菌
	大肠埃希氏菌	农业灌溉（再生水）	总大肠菌
	肠球菌	废水出水	总大肠菌
娱乐用海水	粪性大肠菌	消毒	粪性大肠菌
	总大肠菌		MS2 大肠杆菌噬菌体
	肠球菌		

大肠杆菌作为可能存在的细菌和病毒的指示物是适当的,但不能指示水中原生动物,特别是对于新出现的来自于非人类寄主的病源有机体的存在与危害。有实践表明,在不违反微生物水质标准的水系中,曾经爆发过由水传播的疾病（如隐孢子虫和贾第虫事件）。因此,以大肠菌生物体作为可能受废水污染的指示物有一定的局限性,因此将发展噬菌体等指示物来弥补其不足。然而,目前虽然水中病毒危害较大,但因为缺乏完善的经常性检测技术,水质标准对其还没有明确的规定。

抗生素是一类预防和治疗细菌感染疾病最为重要的药物,同时也被作为促长剂和饲料添加剂在集约化畜牧业和养殖业中大量应用。在实际生产生活过程中抗生素滥用的问题较严重。通常情况下,抗生素药物进入人体和动物体内后只能被部分代谢吸收,未被代谢的则会随着排泄物进入污水中,最终进入城市污水处理厂进行处理。然而,在污水生物处理过程中,细菌与抗生素药物持续混合,为细菌抗药性的产生和传播创造了合适的环境,会对生态系统和人类健康构成潜在风险,可能会诱导细菌产生抗药性基因,出现抗药性微生物。

1.3　水质特征

1.3.1　天然水体

天然水在自然界中的分布和循环,构成了地球的水圈。天然水是生活和工业水源,在其自然循环和社会循环过程中,水质受到污染,水中混入了杂质,对其生活和工业的应用产生重要的影响。

河流是降水经过地面径流汇集而成的,其源头来自高山冰雪或冰川的补给,沿途可能与地下水相互交流。由于流域面积广,又是敞开流动,河水水质成分与地区地理位置和气候条件关系密切,受人类和生物活动影响大。2008年我国对约15万km的河流水质进行了监测评价,Ⅰ类水河长占评价河长的3.5%,Ⅱ类水河长占31.8%,Ⅲ类水河长占25.9%,Ⅳ类水河长占11.4%,Ⅴ类水河长占6.8%,劣Ⅴ类水河长占20.6%。全国全年Ⅰ~Ⅲ类水河长比例为61.2%,与2007年基本持平。各水资源一级区中,西南诸河区、西北诸河区、长江区、珠江区和东南诸河区水质较好,符合和优于Ⅲ类水的河长占64%~95%;海河区、黄河区、淮河区、辽河区和松花江区水质较差,符合和优于Ⅲ类水的河长占35%~47%。一般情况下,河水中的溶解氧是饱和状态的,河水都是一种含碳酸水类型的水质系,以碳酸平衡体系作为基本的调节因素,化学成分有一定的稳定性。

湖泊是由河流及地下水补给而形成的,但湖水与补给水源水质相差很大,气候、地质、生物等条件同样影响着湖泊的水质。另外,湖泊、水库有着与河流不同的水文条件,它们对污染的自净能力也不同。对44个湖泊的水质进行了监测评价,水质符合和优于Ⅲ类水的面积占44.2%,Ⅳ类和Ⅴ类水的面积共占32.5%,劣Ⅴ类水的面积占23.3%。对44个湖泊的营养状态进行评价,1个湖泊为贫营养,中营养湖泊有22个,轻度富营养湖泊有10个,中度富营养湖泊有11个。在监测评价的378座水库中,水质优良(优于和符合Ⅲ类水)的水库有303座,占评价水库总数的80.2%;水质未达到Ⅲ类水的水库有75座,占评价水库总数的19.8%,其中水质为劣Ⅴ类水的水库有16座。对347座水库的营养状态进行评价,中营养水库有241座,轻度富营养水库86座,中度富营养水库18座,重度富营养水库2座。

对全国298个省界断面的水质进行了监测评价,水质符合和优于地表水Ⅲ类标准的断面数占总评价断面数的44.6%,水污染严重的劣Ⅴ类占27.5%。各水资源一级区中,省界断面水质较好的是西南诸河区和东南诸河区,淮河区、海河区、辽河区省界断面水质较差。省界断面的主要超标项目是化学需氧量、高锰酸盐指数、氨氮、五日生化需氧量和挥发酚等。

地下水是由降水经过土壤的渗流而形成的,有时也可以由地表水体渗流补给。地下水的水质与所接触的岩石、环境条件密切相关,局部水层之间不易交流,水质成分变化很大。地下水总体水质较地表水好,受地面污染的影响小,但溶解盐含量高,硬度和矿化度较大。根据641眼监测井的水质监测资料,北京、辽宁、吉林、上海、江苏、海南、宁夏、广东8个省(自治区、直辖市)对地下水水质进行了分类评价。水质适合于各种使用用途的Ⅰ~Ⅱ类监测井占评价监测井总数的2.3%,适合集中式生活饮用水水源及工农业用水的Ⅲ类监测井占23.9%,适合除饮用外其他用途的Ⅳ~Ⅴ类监测井占73.8%。

海洋水量占地球总水量的97.2%,覆盖着地球表面的70%以上,在水圈循环中起到重要的作用。然而海水由于矿化度很高,不适合直接作为水源,在工业用水时也容易发生腐蚀与结垢。然而,近年来采用海水淡化技术后,海水利用的规模日渐扩大,在某些缺水地区,逐渐成为重要的水源。工业废水和石油开采污染对海水的水质影响很大,特别是河口、海湾地区的海水。

1.3.2　工业用水水质

各种工业用水的水质应该满足生产的需求,在不损害设备、不引起生产故障的前提下,保证生产产品的质量。不同的工业领域对水质指标要求也不同,甚至有很大的差异。根据应用的目的和对水质的要求,可以把工业用水分为原料用水、工艺用水、锅炉动力用水、冷却用水及纯水和超纯水等。

1. 原料用水

水作为工业产品的原料或部分原料,水质特征直接影响产品质量。这类水主要应用于饮料、食品加工业及医药行业等。这些行业对水质有特殊的要求,例如酿酒工业用水对酒的质量影响很大,要考虑对微生物发酵过程的影响,钙、镁离子作为营养元素应该有一定的含量,但不能过高;硝酸跟和亚硝酸根要求在一定范围,以免影响酵母繁殖;铁、锰要求在 $0.05\sim0.1$ mg/L 以下,以免影响酒色和酒味。有的行业对水的微量元素都有较高的要求,制定了相应的国家标准,如饮用天然矿泉水(GB 8537 - 2008)。该行业一般不能按常规供排比例收取排污费,其用水量远大于排水量。

2. 工艺用水

在生产过程中,所用水和产品的关系密切,水本身虽不一定作为最终产物,但其所含成分可能进入产品,影响产品质量。这类用水大多属于轻工业和化工行业,涉及领域很广,例如制糖、造纸、纺织、染色、纤维制造及有机合成等。水质要求见表 1-5 所示。

表 1-5　一些行业工艺用水水质要求

用水工业	浑浊度（度）	色度（度）	总硬度（度）	总碱度（mg/L）	pH	总含盐量（mg/L）	铁 Fe（mg/L）	锰 Mn（mg/L）	硅酸 SiO$_2$（mg/L）	氯化物 Cl（mg/L）	KMnO$_4$ 耗氧量（mg/L）
制糖	5	10	5	100	6～7	—	0.1	—	—	20	10
造纸(高级纸)	5	5	3	50	7	100	0.05～0.1	0.05	20	75	10
(一般纸)	25	15	5	100	7	200	0.2	0.1	50	75	20
(粗纸)	50	30	10	200	6.5～7.5	500	0.3	0.1	100	200	—
纺织	5	20	2	200	—	400	0.25	0.25	—	100	—
染色	5	5～20	1	100	6.5～7.5	150	0.1	0.1	15～20	4～8	10
洗毛	—	70	2	—	6.5～7.5	150	1.0	1.0	—	—	—
鞣革	20	10～100	3～7.5	200	6～8	—	0.1～0.2	0.1～0.2	—	10	—
人造纤维	0	15	2	—	7～7.5	—	0.2	—	—	—	6
粘液丝	5	5	0.5	50	6.5～7.5	100	0.05	0.03	25	5	5
透明胶片	2	2	3	—	6～8	100	0.07	—	25	10	—
合成橡胶	5	—	1	—	6.5～7.5	100	0.05	—	—	20	—
聚氯乙烯	3	—	2	—	7	150	0.3	—	—	10	—
合成染料	0.5	0	3	—	7～7.5	150	0.05	—	—	25	—
洗涤剂	6	20	2	—	6.5～8.5	150	0.3	—	—	50	—

3. 锅炉用水

锅炉把水作为原料,在一定的温度和压力下产生蒸汽,用蒸汽作为传热和动力的介质。按其用途和对水质的要求可以分为工业锅炉和高压或超高压锅炉。

一般工业企业常采用低压或中压锅炉产生蒸汽作热源或动力用,这种锅炉对水质要求较低;而发电厂或热电站常采用的电站锅炉,采用高压锅炉产生蒸汽以推动汽轮机运行发电,为保证蒸汽对汽轮机无腐蚀和结垢沉积,这种锅炉对水质要求非常高。不论何种锅炉用水,它对水的硬度都有较严格的限制。其他引起锅炉等设备腐蚀、结垢以及引起汽水共腾情况,如溶解氧、二氧化硅、铁以及余氯等都应大部或全部除去。另外,一些影响水深度处理工艺的杂质,如堵塞膜、离子交换树脂中毒等成分也要去除。

4. 冷却用水

工业生产中,冷却的方式很多。有用空气来冷却的,叫空冷;有用水来冷却的,叫水冷。而水冷效果相对较好,这是因为水的化学稳定性好,热容量大,沸点较高。另外,水的来源较广泛,流动性好,易于输送和分配,相对来说价格也较低。大多数工业生产中都是用水作为吸热冷却介质。例如,钢铁、冶金工业中的各种加热炉的炉体冷却,炼油、石油化工、化肥工业的制品冷却,发电厂、热电站的汽轮机回流水的冷凝,各种运转时生热的机械设备的冷却,纺织厂、化纤厂等空调、冷冻系统的冷却等。这些工业的冷却水用量平均约占工业用水总量的一半以上,其中石油、化工和钢铁工业用量最多。

冷却用水的水质虽然没有生产工艺用水和锅炉用水的要求严格,但为了保证生产过程长期稳定运行,设备安全耐用,冷却用水需要处理达到一定标准要求。主要包括水温、浊度、营养元素、结垢、腐蚀等几个方面,这几方面互相关联或矛盾。

作为冷却水,由于季节的变化,冷却水温度有变化,但水温要尽可能低一些,有利于生产,例如化肥厂生产合成氨时,在同样设备条件下,水温愈低,日产量愈高。另外,冷却水温度愈低,用水量也相应减少。水的浊度要低,水中悬浮物带入冷却水系统,会沉积在换热设备和管道中形成粘泥,影响热交换,严重时会使管子堵塞。此外,悬浮物可以是无机颗粒,成为微生物的载体,促进微生物生长和抗毒性,有些悬浮物本身就是微生物,所以浑浊度过高还会加速金属设备的腐蚀。为此,在国外一些大型化肥、化纤、化工等生产系统中对冷却水的悬浮固体要求不得大于 2 mg/L。冷却水在使用过程中,要求在换热设备的传热表面上不易结成水垢,这对工厂安全生产是一个关键。生产实践说明,由于水质不好,易结水垢而影响工厂生产,甚至发生安全事故的例子是屡见不鲜的。冷却水在使用过程中,要求菌藻等微生物在水中不易滋生繁殖,避免或减少因菌藻繁殖而形成大量的黏泥污垢,导致管道堵塞和腐蚀,这样就要求水中的微生物营养不能很丰富,使用水处理药剂也要注意对微生物滋生的影响,特别是含磷、胺的缓蚀剂、阻垢剂的选择一定要慎重。冷却水在使用中,要求对金属设备最好不产生腐蚀或腐蚀性愈小愈好。然而,腐蚀的控制是多方面考虑的,包括物理、化学和生物等多方面因素,而腐蚀与结垢又是一对矛盾危害,互为制约,冷却水处理的本质就是协调好腐蚀与结垢的关系,理想状态是二者都不出现,生产中往往通过生长薄层的水垢来控制腐蚀。

5. 纯水和超纯水

现代工业技术的发展,对水质的要求提出更加严格的标准。医药、电影胶片、电子工业、高压锅炉、化学分析等行业都要求使用除盐水或纯水。原子反应堆的冷却水要求使用纯水。但在放射性照射下,水垢和腐蚀的现象都会加剧;另外杂质被辐射后 也会转为放射性物质,因此要将杂质降低最低限度,要求电导率在 $1\ \mu S/cm$ 以下。

除盐水是指把水中各种强电解质去除到一定程度的水,其含盐量大致在 $1\sim5\ mg/L$ 范围内,电导率为 $1\sim10\ \mu S/cm$。一般纯水除强电解质外,还除去大部分硅酸和二氧化碳等弱电解质,使含盐量降低致 $1.0\ mg/L$ 以下,电导率为 $0.1\sim1\ \mu S/cm$,之后进一步脱盐,可以得到超纯水,含盐量低于 $0.1\ mg/L$ 以下,电导率达到 $0.1\ \mu S/cm$ 以下。

1.3.3　城镇污水水质

经由城镇下水道系统收集起来的污水,称为城镇污水。其组成包括生活污水、工业废水和初期雨水等,其中生活污水包括家庭污水(粪便、厨房的黑水,洗浴洗涤等杂用灰水)、公共污水、医院污水等;工业废水指区域工业企业排出的废水,废水水质与企业类型关系密切,发达地区工业废水总量可占城镇污水总量的 60% 以上。

为了保护下水道设施,并尽量减轻工业废水对城镇污水水质的影响,保证污水的可生物处理性,各国都制定有下水道排放标准。我国现行的《污水排入城镇下水道水质标准》(GB/T 31962-2015)规定,严禁向城市下水道排放腐蚀性污水、垃圾、积雪、粪便、工业废渣以及易燃、易爆、剧毒物质。要求工业废水预处理去除重金属,医疗卫生、生物制品、科学研究、肉类加工等有病原体的污水,必须经过严格的消毒处理。放射性污水向城市下水道排放,除遵守本标准外,还必须按 GB 8703-88 执行。水质超过本标准的污水,按有关规定和要求进行预处理,不得用稀释法降低其浓度,排入城市下水道。城镇污水的水质,在主要方面有生活污水的特征。典型的生活污水水质可以参见表 1-6 所示。

表 1-6　典型生活污水水质示例

序　号	指　标	浓　度(mg/L)		
		高	中	低
1	总固体 TS	1 200	720	350
2	溶解性总固体 DTS	850	500	250
3	非挥发性	525	300	145
4	挥发性	325	200	105
5	悬浮物 SS	350	200	100
6	非挥发性	75	55	20
7	挥发性	275	165	80
8	可沉降物(mL/L)	20	10	5
9	生化需氧量 BOD_5	400	220	110
10	溶解性	200	110	55
11	悬浮性	200	110	55

续表

序 号	指 标	浓 度(mg/L)		
		高	中	低
12	总有机碳 TOC	290	160	80
13	化学需氧量 COD_{Cr}	1 000	400	250
14	溶解性	400	150	100
15	悬浮性	600	250	150
16	可生物降解部分	750	300	200
17	溶解性	375	150	100
18	悬浮性	375	150	100
19	总氮 TN	85	40	20
20	有机氮	35	15	8
21	游离氮	50	25	12
22	亚硝酸盐	0	0	0
23	硝酸盐	0	0	0
24	总磷 TP	15	8	4
25	有机磷	5	3	1
26	无机磷	10	5	3
27	氯化物 Cl^-	200	100	60
28	硫酸盐 SO_4^-	50	30	20
29	碱度 $CaCO_3$	200	100	50
30	油脂	150	100	50
31	总大肠菌(个/100 mL)	$10^8 \sim 10^9$	$10^7 \sim 10^8$	$10^6 \sim 10^7$
32	挥发性有机化合物 VOC($\mu g/L$)	>400	$100 \sim 400$	<100

虽然污染物浓度有一定的变化范围,但总体性质稳定,易于处理。然而在某些经济发达地区,城镇污水中工业废水比例较大,且多为难降解物质,处理难度很大,一般需要增加深度处理方可达到排放标准。

对城镇污水的排放要求,我国制定了《污水综合排放标准》(GB8978-1996),之后,在1998 年亚洲金融危机后,国债资金对污水厂大规模支持的背景下,为了指导各地污水处理厂大量建设、运营工作而制定了《城镇污水处理厂污染物排放标准》(GB 18918-2002)。该标准全面提出了对于氮、磷、大肠杆菌和污泥等污染物的指标要求,严格了 COD 的排放;对2000 年以后至今近 2 000 余座新建和在建污水处理厂的建设方向的确定发挥了重要的作用,指导了我国"十一五"、"十二五"期间的节能减排和污水处理厂提标改造工作。该标准引导了技术的进步,促使了各类科研机构和公司对 A^2/O 工艺技术和设备的研究。同时,一些产业工业园区,如印染、电镀等行业的综合污水处理厂,也面临一级 B 和将来的一级 A 标准,为水污染控制技术提出了挑战和机遇。

1.3.4　工业废水

工业企业在生产过程中排出的生产废水、生活污水及生产废液等统称工业废水,废水中的污染物包括生产废料、产品、半产品、副产品等。工业领域广泛,一般工业废水成分复杂,污染物含量变化也很大,废水性质及水量与生产原料、工艺过程、设备构造和操作条件等关系密切,如焦化废水,原料煤的质量、焦化炉的操作参数对废水水质有非常大的影响。

工业废水的分类方法较多,可以按废水中主要成分分类,如含酚废水、含氟废水等,还可以按工业部门分类,如采矿废水、纺织印染废水、电镀废水、啤酒废水、屠宰废水等。以下介绍几种典型行业的废水特征。

1. 炼铁废水

炼铁是将铁矿石用焦炭还原成单质铁的过程。将铁矿石、焦炭与石灰石按一定的配比从炉顶加入炉中进行高温反应,反应过程中产生的荒煤气必须经过冷却和净化才能综合利用。通常是将炉顶荒煤气通过管道引入干式的重力除尘器,可去除荒煤气中 $50\%\sim60\%$ 的炉尘。之后引入煤气清洗系统,在煤气清洗设备(如洗涤塔、文氏管)中,清洗水与煤气相接触,水吸收了煤气中的灰尘,煤气中其他一些化学杂质,如酚、氰、氨、硫等有害污染物也溶于水中,同时煤气温度下降,而水温上升,形成了炼铁的煤气清洗废水。废水的水质特征与炉况、原料性质及操作条件密切相关,变化较大。

2. 轧钢废水

轧钢工艺包括热轧和冷轧,工艺不同,废水成分也有所不同。

热轧是以钢锭、钢坯等为原料,经均热炉或加热炉加热后,在轧钢机上制成半成品或钢材成品的一种工艺。热轧生产时,轧机的轴承、轧辊等设备,均需喷水直接冷却,往往用高压喷水去除轧件表面的氧化铁皮,冲入污水处理构筑物。由于轧机等设备都用润滑油润滑轴承,当用水冷却时,这些油也会部分落入水中,成为主要的污染物之一。另外,热污染也是该类废水的特点。

冷轧是钢板、钢卷不经加热的轧制工艺。它可以生产出机械性能优良、表面光洁的薄板、钢卷。在轧制之前采用机械和化学方法除去原料表面的氧化铁皮。在冷轧之后,要将钢板、钢卷在有保护气体的氛围中于罩内或炉内退火,以消除冷加工的硬化现象。之后还要将钢板、钢卷经平整处理,再进行横剪与纵剪,以得到统一规格的产品。冷轧产品还可进一步将表面镀锌,镀锡处理,或作非金属涂层。

冷轧加工原料表面化学处理的方法主要为酸洗,碳钢常用盐酸或硫酸酸洗,不锈钢则常用氢氟酸加硝酸酸洗。在酸洗过程中,酸洗液中的游离酸含量逐渐消耗,而铁盐含量逐渐增大,当游离酸含量减少到一定程度,要进行再生回收,从中分离出铁,将再生酸返回酸洗生产线加以利用。所有经过酸洗处理的钢板,都要用水清洗表面残留的酸,由此产生了酸性清洗废水。为消除冷轧过程中产生的热量,保持产品表面光洁,工艺过程中需要加入乳化液或棕榈油进行冷却和润滑,这样会产生难处理的废乳化液。如果冷轧钢板表面镀锌、镀锡,废水种类较多,包括有酸、碱等清洗工序,以去掉锈、游离金属离子和表面的油脂,产生酸性含金属废水(铁、铬、镍等)和碱性含油废水。

3. 焦化废水

焦化厂主要以煤为原料,通过焦炉高温生产焦炭,同时产生一定量的煤气。如果工艺以产煤气为主,则产生煤气废水,炼焦、制气两种废水特征相似,在氰化物等污染物含量方面有所差异。在炼焦制气过程中,可以回收多种化学原料和化工粗产品,如粗苯、粗焦油、粗酚、粗吡啶等。焦化废水是综合废水,是煤高温炼焦、煤气净化、产品回收及精制过程中产生的工艺废水的综合。

焦化废水是原料煤干馏过程中的产物,废水成分与煤质和炼焦工艺有关,一般煤质较差的"年轻煤"产生的废水污染物浓度较高。煤裂解的中间产物多属于芳香族类和杂环类化合物,工艺外排污水中含有酚类、苯类及吡啶类多种有机化合物,其中以酚类含量为最多。另外,在煤高温炼焦过程中形成的氰酸盐、硫氰酸盐及氨等无机化合物也部分地转入工艺废水中。废水污染物种类多,浓度高,毒性强,色度深,是典型的难处理工业废水。一般需要蒸氨、萃取脱酚、除焦油等预处理,再进行生化处理,之后还需要进行深度处理才可以达标排放,总体工艺流程复杂,停留时间长。

4. 采矿废水

在开采矿石的过程中,会产生矿坑、废矿场、废矿井、尾矿场等,这些场所往往会产生大量采矿废水,其来源有地下渗水、地表进水和采矿工艺水(设备冷却、凿岩除尘水等)。废水主要污染物为粉尘悬浮物,颗粒较细,难以沉降。对于金属矿床,矿体和围岩中有硫化物存在,长期与水及空气发生微溶及氧化还原反应,会产生酸性废水,pH 一般在 $2 \sim 5$,可以溶出矿石、尾矿及毛石中的重金属元素,造成重金属污染。该类废水的水质水量变化较大,主要受矿床类型、赋存条件、围岩性质、共生及伴生矿物成分、地下水量及采矿方法等因素影响。

5. 选矿废水

我国是矿冶工业大国,在矿物加工技术,包括浮选技术方面具有很强的实力。选矿矿物通常包括硫化物、氧化物、盐类和硅酸盐矿物四大类。金属矿床的矿石一般为多金属共生,多金属成分与矿质来源及成矿条件密切相关,选矿过程中一般针对其中一些品位较高、价值较大的矿石类型,经破碎、洗矿、收尘、选矿等过程,将有用金属富集、分离、加工为精矿,以利于后续的冶炼工序。矿石中多数成分将变为固体废弃物,主要是硅酸盐类矿物,部分进入水中产生选矿废水。废水水质水量随矿山规模、矿石性质、工艺流程不同而异,主要污染物为悬浮物、酸、碱、残余的选矿药剂和少量重金属离子,个别还含有危害较大的放射性物质。不同的工艺产生的废水量也不同,一般处理 1 t 矿石浮选法需水 $4 \sim 6 \ m^3$,重选法需 $20 \sim 26 \ m^3$,浮磁联选需 $23 \sim 27 \ m^3$,重浮联选需 $27 \sim 30 \ m^3$。

6. 冶金废水

冶炼废水的主要特点是水量大、种类多、水质复杂多变。按冶炼金属种类的不同,冶金废水可以分为钢铁工业废水和有色金属工业废水。钢铁冶炼废水前已述及,而有色金属冶炼又分为重有色金属和轻有色金属冶炼。

重有色金属如铜、铅、锌等,冶炼生产工艺包括有火法和湿法两种。火法所产生的废水包括炉窑冷却水、烟气净化污水、冲炉渣废水及设备、地面冲洗水。湿法所产废水包括烟气净化污水和冶炼过程中跑、冒、滴、漏排出的污水,废水主要含重金属离子及酸、砷、氟等。其水量视生产产品及工艺而异。

轻有色金属冶炼,以铝、镁为代表。碱法生产氧化铝所产废水来自设备冷却水、石灰炉气洗涤水及地面冲洗水,水中含碳酸钠、氢氧化钠、铝酸钠、氧化铝粉尘物料等。电解铝过程本身并不产生废水,但产生大量含氟化物、二氧化硫及粉尘等污染物为主的电解烟气,烟气净化废水中含大量氟化物。含氟废气吸收液可回收冰晶石(Na_3AlF_6),含氟浓度不高时,无回收价值的废水,则用石灰或石灰铝盐、石灰镁盐等化学沉淀混凝处理。镁的冶炼污水含盐酸、次氯酸、氯盐和少量的游离氯。

在金矿选冶过程中,对于其中颗粒较大的"明金"有时会采用汞板吸收,而对于低品位矿石会采用氰化物堆浸工艺,这些工艺都会产生有毒有害废水及严重的大气污染。

7. 石油化工废水

石油化工是以石油或天然气为基础的有机合成工业,其产品门类繁多,如各种石油产品、有机化工原料、塑料、合成橡胶、合成纤维、化肥等。石油化工行业废水的水质水量变化很大。就一般联合装置而论,废水组成较复杂,水质变化大,联合装置的各装置单元排出废水都不同。其一般特性是均含油,废水的可生化性差异较大,有些废水 BOD_5/COD 值在0.3～0.6之间,可生化性较好,而许多废水可生化性较差,需要培养驯化微生物去降解污染物。工厂在检修期排污严重,COD浓度较高,对废水处理系统有一定的冲击,需要进行调节处理。某些石化装置的废水水量水质见表1-7所示(给排水设计手册 第六册 2004)。

表1-7　石化装置的废水水量水质特征

序号	装置名称	规模 (万 t/a)	污水量 (t/h)	pH	COD (mg/L)	BOD (mg/L)	油 (mg/L)	酚 (mg/L)
1	乙烯裂解	60	51.4	9	312		30	3.4
2	芳烃抽提	30	8	7～8	363			
3	丁二烯抽提	10	7	7～9				
4	聚乙烯	30	27	7～8	200	60		
5	聚丙烯	7	36	7～8	223		12	
6	苯乙烯	30	35	5～9	1 174	771		
7	氯乙烯	10	10		332			
8	聚氯乙烯	10	50		332			
9	乙二醇	30	85.4		2 088	1 616		
10	丁辛醇	25	32.3	8～9	600			
11	环氧丙烷	0.8	80	11～12				
12	丙烯晴	26	83		600			
13	腈纶	3	310		2 000	350		

（续表）

序号	装置名称	规模 （万 t/a）	污水量 （t/h）	pH	COD （mg/L）	BOD （mg/L）	油 （mg/L）	酚 （mg/L）
14	苯酚	8	25		7 046		508.4	1 096
15	PTA	3.6	45		5 450			
16	丁苯橡胶	1	10	6～8	200～600	60～350		
17	ABS 树脂	1	4	5～7	8 000			
18	醋酸	3	0.08	4～5				

8. 化工（园区）废水

目前为统一管理，许多地区集中建立了不同行业的工业园区，如陶瓷工业园、纺织印染工业园及化工工业园区等。一般在园区建立废水处理厂，负责附近企业的工业废水及生活污水处理，该类废水厂规模不等，一般废水厂规模在几万 m^3/d，有些规模可达 30 万 m^3/d。该类型环保企业一般采用收水费运营模式，限制企业的排污类别和浓度，出水指标需要符合环保要求，多数园区环保企业收益较好。目前这些园区集中污水处理厂正在实行改造，近期达到一级 B 标准，远期达到一级 A 标准。

化工园区由于企业性质不同，废水性质不同。如某化工区主要是以煤炭、石油为原料，生产染料及染料中间体、化肥、基本化工产品、有机类产品等。所排污水成分复杂，可生化性较差，不易处理。其中化工生产污水的主要水质指标为：COD 在 600～1 000 mg/L，BOD_5 200～250 mg/L，油＜30 mg/L，挥发酚＜50 mg/L，NH_3- N 80～100 mg/L，pH 7～9，有些难处理、高浓度废水需要企业自行进行预处理，之后才允许排入园区综合污水处理厂。一般园区采用的废水处理工艺仍以生化为主体工艺，增加深度处理技术；但有些园区废水，如涂料制造及精细化工园区废水，处理难度较大，采用先进的 MBR 工艺，投资巨大，后续还需采用臭氧＋生物滤池进行深度处理方可达标排放。

9. 纺织工业废水

我国是纺织工业大国，纺织工业"三废"治理中，废水排放问题最为突出，一直是环境污染治理的最为敏感的问题，纺织废水排放量及污染物排放总量一直高居全国工业行业 3～4 位。纺织工业废水主要来自于棉、毛、麻、丝及化纤的加工或生产，纺织品的印染及后整理等工艺过程中。其中，纺织品印染和化纤材料生产废水的水量较大，污染严重，而退浆废水也是目前处理的难题。

（1）棉纺织厂排出的污水最少，只有少量的生活污水。但有大量的空调废水，大部分经降温后可以回用。再有一些是上浆时排出的浆料废液，或喷水织机排出的废水，有机物含量高，处理难度大，但数量较少。

（2）毛纺织厂又分洗毛和染色两种。洗毛废水主要污染物有羊毛脂、砂土、草屑等，每洗 1 t 毛用水量从几吨到三、四十吨不等，一般羊毛脂可以回收，洗毛水可以循环利用。精纺厂染色废水含有机物较少，COD 在 200～400 mg/L；粗纺厂染色废水有机物浓度高，COD 一般在 600～800 mg/L 之间。毛纺行业染色过程采用酸性染料，所以废水一般偏酸性，pH

在5～7;废水中有时含有六价铬助剂。

(3) 印染厂主要加工纯棉织物及棉、化纤混纺织物、纯化纤织物。通常分为漂炼、染色、印花、整理等主要工序。一般的印染厂不包括印花工序,若有印花工序,一般会产生含六价铬废水。

(4) 麻纺织业包括苎麻纺织、亚麻纺织等,以苎麻为原料的纺织品最多。苎麻纺织废水分为脱胶和染整两大类。在苎麻煮炼脱胶过程中,污水主要含果胶质、木质素、蜡质等有机物,废水有机物浓度很高。苎麻染整废水与一般棉纺印染厂相近。

(5) 丝纺织品染整包括绢丝、生丝及其织物的精炼、染色、印花和整理四个主要工艺过程。丝绢纺织业的精炼废水浓度最高,COD 在 10 000 mg/L 左右。但一般的丝绸厂总排出的混合污水的 COD 不高,而且废水可生化性较好。

(6) 粘胶纤维工业污水可分成浆粕和粘胶纤维生产废水两大类,浆粕污水又分为木浆、棉浆等,有机污染物浓度高。纤维生产过程其污染物主要为锌离子及粘胶等。

(7) 腈纶纤维生产的污水因其工艺过程而异,目前主要有以硫氰酸钠为溶剂的湿法生产工艺,排出污水中含丙烯腈、硫氰酸钠等;涤纶、锦纶纤维因采用熔融纺丝,污水量少,污水中以油剂为主要污染物。锦纶生产污水含有己内酰胺;维纶生产污水污染物有甲醛、硫酸及油剂;氨纶纤维生产过程中排出污水含二甲基甲酰胺,可生化性好,易于生化处理。

10. 电子工业废水

电子工业主要包括显像管生产厂、集成电路厂、蓄电池厂、印刷电路板厂及电镀工厂等。这些企业一般都产生有毒有害的废水,典型废水有重金属废水、含氟废水、酸碱废水等。废水中主要污染物及其来源如表1-8所示。

表 1-8　电子工业废水中的有毒污染物及其来源

序号	污染物	来　　源	序号	污染物	来　　源
1	氟化物	微电子、集成电路生产	8	汞	荧光灯、电池
2	氰化物	电镀等	9	铜	电镀、印刷电路板制造
3	铬(Ⅵ)	电镀、显像管总装	10	水合肼	钯银贵金属粉生产
4	镍	电镀、镉镍电池生产	11	铅	蓄电池、显像管
5	金、银	电镀、电子元件生产	12	悬浮颗粒	硅片、晶体加工
6	镉、锌	电镀、电池、荧光	13	酸、碱	电镀
7	砷	半导体、发光二极管芯片	14	有机溶剂	半导体、电路清洗

11. 造纸废水

造纸废水污染问题十分严重。日本、美国分别将造纸废水列为六大公害和五大公害之一。我国造纸工业废水污染已成为造纸生产及相关行业能否生存和发展的关键因素。据统计,2000 年我国县以上造纸及纸制品工业废水排放量占全国工业废水排放总量的18.6%,排放废水中 COD 为 287.7 万吨,约占全国工业 COD 总排放量的44%。

我国制浆造纸废水主要包括有碱法制浆废水、以废纸及浆板为原料的板纸废水、化学热磨机械浆废水以及石灰法草浆废水等。其中碱法制浆产量占全国产浆量 70％以上,污染物则占 80％~90％。

造纸蒸煮黑液的污染物约占造纸废水总污染物的 90％左右,木质素及其降解物是黑液中最重要的成分,占总 COD 的 50％左右,难以直接生化处理,必须采用碱回收工艺提取黑液中有机污染物,降低其对污水处理系统的冲击。包括洗、选、漂废水的中段废水经过二级生化处理,BOD_5 去除率可以达到 85％以上。

12. 酿酒工业废水

发酵法是酿酒的主要工艺,按原料的不同分为:① 淀粉质原料发酵法,即以薯类、谷物或野生植物等含淀粉的物质为原料,在微生物作用下,将淀粉水解为葡萄糖,再进一步发酵生成酒精。这一生产过程包括原料的蒸煮、糖化酶的制备、糖化、酒母的制备、发酵和蒸馏等工艺。② 糖质原料发酵法,是以甘蔗或甜菜制糖的副产品——废糖蜜为原料,经过发酵,制取酒精的方法。糖蜜中含有 50％左右的糖分,浓度高,经稀释、酸化、灭菌、添加营养盐(硫酸铵等)等工艺处理后,再引进酵母发酵,然后蒸馏,获取乙醇。③ 造纸废液发酵法,是以造纸原材经亚硫酸盐蒸煮后产生的废液为原料,其中含大量六碳糖,经酵母发酵后,可生成工业酒精。另外,也可以采用化学单体,进行合成,制造酒精。

发酵法酿酒的主要污染物是蒸馏后的废糟液,大约每生产 1 t 酒精,就要排放 7 t~14 t 废糟液,此外还有大量的其他废液。总体看来,酿酒废水主要含有淀粉、糖类、有机酸、蛋白质、纤维素等污染物,虽然有机物浓度高,但废水一般可生化性很好,易于生化处理,目前一般采用 A/O 生物工艺来处理,如一些啤酒厂采用 UASB＋活性污泥工艺,就可以满足纳管排放要求。

1.4　水质标准

1.4.1　地表水环境质量标准

我国是在 20 世纪 80 年代首次发布了《地表水环境质量标准》(GB 3838 - 83),1988 年进行了第一次修订,1999 年又进行了第二次修订。目前的新标准(GB 3838 - 2002)为第三次修订的结果,该标准自 2002 年 6 月 1 日起实施。

该标准对地表水按功能高低要求提出了标准值。在基本项目中增加了氨氮、总氮、硫化物三项指标,删除了亚硝酸盐、非离子氨及凯氏氮、苯并芘四项指标;将硫酸盐、氯化物、硝酸盐、铁、锰调整到集中式生活饮用水地表水源地补充项目中,修订了 pH 等六个项目的标准值,增加了集中式生活饮用水地表水源地特定项目 40 项。可以看出,对地表水某些特定的项目,新标准放宽了要求,这与我国目前水环境严重污染的情况有着密切的关系。与此同时,新标准对生活饮用水地表水源提出了更为严格的要求,体现出了原水处理工作难度的增大。

1.4.2　生活饮用水与城市供水水质标准

世界上饮用水水质标准的设定与所在国家的发展程度、环境卫生条件、源水污染状况及水处理设施水平等有关。目前具有国际权威代表性的有三部:世界卫生组织(WHO)的《饮用水水质准则》、欧盟(EC)的《饮用水水质指令》以及美国环保局(USEPA)的《国家饮用水水质标准》。其他国家或地区的饮用水标准大都以这三种标准为基础或重要参考,来制定本国的国家标准。

我国的生活饮用水卫生标准始定于 1955 年 5 月,是由卫生部发布了北京、天津、上海等12 个城市试行的《自来水水质暂行标准》,这是新中国成立后的第一部管理生活饮用水的水质标准。此标准经试行后,1956 年 12 月由国家建设委员会和卫生部共同审查批准了《饮用水水质标准》(草案),包括色、臭、味、细菌总数、总大肠菌群、总硬度、铅、砷、氟化物、铜、锌、余氯、酚、总铁等 15 项水质指标,主要是感观性状、微生物指标和一般化学类指标。1959 年又进行了重新修订,同时综合了《集中式生活饮用水水源选择及水质评价暂行规则》,发布了《生活饮用水卫生规程》,其中的生活饮用水水质标准由 15 项增至 17 项,首次设置了浑浊度的指标,要求生活饮用水的浑浊度不超过 5 mg/L,特殊情况下个别水样的浑浊度可允许到10 mg/L;新增的另一项指标是水中不得含有肉眼可见物。1976 年由国家建设委员会和卫生部共同批准了《生活饮用水卫生标准》(试行)(TJ20 - 76),自 1976 年 12 月 1 日起实施。其中的生活饮用水水质标准由 17 项增至 23 项,新增项目主要是毒理学指标。1985 年 8 月16 日由卫生部批准并发布了《生活饮用水卫生标准》(GB 5749 - 85),自 1986 年 10 月 1 日起实施,适用于我国城乡供生活饮用的集中式给水(包括各单位自备的生活饮用水)和分散式给水。2001 年 6 月国家卫生部颁布《生活饮用水水质卫生规范》(总指标 96 项)。2005 年国家建设部颁布了《城市供水水质标准》(CJ/T 206 - 2005),2005 年 6 月起执行。

总体看来,《生活饮用水水质卫生规范》与《城市供水水质标准》所规定的内容和限值相近,而后者由于修订时间较晚等原因,指标范围有所增加,而某些指标限值更为严格。如前者毒理学指标中的砷、镉限值分别是 0.05 mg/L 和 0.005 mg/L,而后者为 0.01 mg/L 和0.003 mg/L,有了较大幅度的降低。

纵观国际及我国供水水质标准的发展历程,水质标准的项目选择更加注重健康安全,特别是在致病微生物的健康风险、消毒剂及其消毒副产物、有毒有害物质等方面更趋于重视与严格。同时,指标制定更加注重经济合理性和科学性,需要通过详细的调查,明确调整指标可能取得的效益和降低的风险,提供改善指标的可行措施并进行效益和投入的分析,使制定的标准更合理,更具可行性。

1.4.3　污水回用标准

从目前水资源利用领域看,全球抽取的水资源 65% 用于农业灌溉,大于 20% 用于工业生产,10% 用于市政工程中。农业灌溉产生的污水一般为面源污染,难以集中收集处理;工业废水及生活污水可以进行收集处理,经过处理的城市污水被看作为水资源而回用于城市或再用于农业和工业等领域。

随着节能减排政策的严格,水质净化技术的发展,城市污水再生利用的数量和领域也逐渐扩大。总之,在积极利用城市污水资源时,必须十分谨慎,以免造成患害。

污水回用应满足下列要求:① 对人体健康不应产生不良影响;② 对环境质量和生态系统不应产生不良影响;③ 对产品质量不应产生不良影响;④ 应符合应用对象对水质的要求或标准;⑤ 应为使用者和公众所接受;⑥ 回用系统在技术上可行、操作简便;⑦ 价格应比自来水低廉;⑧ 应有安全使用的保障。

城市污水回用领域有以下几个方面:

1. 城市生活用水和市政用水

(1) 此类回用水易与人直接接触,对细菌指标和感官性指标要求较高。为防止供水管道堵塞,要求回用水除磷脱氮。

(2) 城市绿地灌溉用于灌溉草地、树木等绿地,要求消毒。

(3) 市政与建筑用水用于洒浇道路、消防用水和建筑用水(配置混凝土、洗料、磨石子等)。

(4) 城市景观用于园林和娱乐设施的池塘、湖泊、河流、水上运动场的补充水。

该领域执行国家质量监督检验检疫总局发布的《城市污水再生利用 城市杂用水水质》标准(GB/T 18920 - 2002)和《城市污水再生利用 景观环境用水水质》标准(GB/T18921 - 2002)。

2. 农业、林业、渔业和畜牧业

用于农作物、森林和牧草的灌溉用水,这类水对重金属和有毒物质要严格控制,要求满足《农田灌溉水质标准 GB5084 - 92》的要求。当用于渔业生产时,应符合《国家渔业水质标准 GB11607 - 89》。

3. 工业

(1) 工业生产用水在生产中被作为原料和介质使用。作原料时,水为产品的组成部分或中间组成部分。作介质时,主要作为输送载体(水力输送)、洗涤用水等。不同的工业对水质的要求不尽相同,有的差别很大,对回用水的水质要求应根据不同的工艺要求而定。

(2) 冷却用水的作用是作为热的载体将热量从热交换器上带走。回用水的冷却水系统易发生结垢、腐蚀、生物生长等现象。作为冷却水的回用水应去除有机物、营养元素 N 和 P,控制冷却水的循环次数。

(3) 锅炉补充水对水质的要求较高。若汽压高,需再经软化或离子交换处理。

(4) 其他杂用水用于车间场地冲洗、清洗汽车等。

目前应用于工业领域的城市污水执行《城市污水再生利用 工业水水质》标准(GB/T19923 - 2005)。

4. 地下水回灌

用于地下水回灌时,应考虑到地下水一旦污染,恢复将很困难。用于防止地面沉降的回灌水,应不引起地下水质的恶化。

5. 其他方面

主要回用于湿地、滩涂和野生动物栖息地,维持其生态系统的所需水。要求水中不含对回用对象的生态系统有毒有害的物质。

1.4.4 污水排放标准

排放水体是污水的传统出路。从河里取用的水,回到河里是很自然的。污水排入水体应以不破坏该水体的原有功能为前提。由于污水排入水体后需要有一个逐步稀释、降解的净化过程,所以一般污水排放口均建在取水口的下游,以免污染取水口的水质。

水体接纳污水受到其使用功能的约束。《中华人民共和国水污染防治法》规定禁止向生活饮用水地表水源、一级保护区的水体排放污水,已设置的排污口,应限期拆除或者限期治理。在生活饮用水源地、风景名胜区水体、重要渔业水体和其他有特殊经济文化价值的水体的保护区内,不得新建排污口。在保护区附近新建排污口,必须保证保护区水体不受污染。《污水综合排放标准 GB309 - 96》规定在《地面水质量标准 GB3838 - 88》中Ⅰ、Ⅱ类水域和Ⅲ类水域中划定的保护区和《海洋水质量标准 GB3097》中规定的一类水域,禁止新建排污口。现有排污口按水体功能要求,实行污染物总量控制,以保证受纳水体水质符合规定用途的水质标准。对生活饮用水地下水源应当加强保护,禁止企业事业单位利用渗井、渗坑、裂隙和溶洞排放、倾倒含有毒污染物的废水和含病原体的污水。向水体排放含热废水,应当采取必要措施,保证水体的水温符合环境质量标准,防止热污染危害。排放含病原体的污水,必须经过消毒处理,符合国家有关标准后方准排放。向农田灌溉渠道排放工业废水和城市污水,应当保证其下游最近的灌溉取水点的水质符合农田灌溉水质标准。利用工业废水和城市污水进行灌溉,应当防止污染土壤、地下水和农产品。

污染物排放标准属于强制性标准,其法律效力相当于技术法规。我国污水排放标准的制定始 20 世纪 70 年代。

1973 年 8 月首先发布实施了《GBJ4 - 73 工业"三废"排放执行标准》,内容包含了废水排放的若干规定等,主要体现了当时我国环境保护的主要目标是对工业污染源的控制,主要控制污染物是重金属、酚、氰等 19 项水污染物。该标准在我国环境保护初期,对控制工业重金属污染和酚氯污染起了重要作用。

1984 年 5 月,国家颁布了《中华人民共和国水污染防治法》明确规定了水污染排放标准的制(修)订、审批和实施权限,使水污染物排放标准工作有了法律依据和保证。

80 年代中期,我国开始制订钢铁、化工、轻工等 20 多个行业的水污染物排放标准。80年代末,国家环保局制订颁布了《污水综合排放标准》(GB 8978 - 88),替代了《工业"三废"排放试行标准》中的废水部分。该标准从结构形式、试用范围、控制项目和指标值等方面都较 GBJ4 - 73 作了较大的修订。主要修订内容是:① 标准适用范围从单一控制工业污染源改为适用于一切排污单位,包括生活污水,城市处理厂出水的排放控制;② 按污水排放去向和新老建设单位制定了分级标准;③ 增加了排入城市下水道集中处理的预处理标准(即三级标准);④ 增加了部分工业污染源的最高允许排水量或最低水循环利用率,加强对污染源的总量控制;⑤ 增加了控制项目,由原来的 19 项增加到 40 项;⑥ 对部分标准值进行了调整;⑦ 配套了标准分析方法。

20 世纪 90 年代,结合标准的清理整顿,提出综合排放标准与行业排放标准不交叉执行的原则,结合新的标准体系和 2000 年环境目标的要求。对《污水综合排放标准》再次进行修订。新标准于 1996 年发布,1998 年 1 月 1 日开始实施。新修订的主要内容是:① 综合标准与其他国家行业水污染物排放标准不交叉执行;② 用标准实施的年限代替新老企业的划分;③ 结合我国对优先控制水污染物的研究成果,增加了 25 项难降解有机物和放射性的控制指标,强调对难降解有机物和"三致"物质等优先控制水污染物的控制,标准控制项目总数增加至 69 个;④ 强调了水量的监测、设置流量计和取样器等;⑤ 增加了浓度、水量、总量的计算方法。与此同时,也对部分国家行业水污染物排放标准进行了修订,有些排放标准则予以废止。

到目前为止,共有 18 项国家污水排放标准(其中综合类 1 项,行业类 17 项)涉及造纸、钢铁、纺织印染、合成氨、海洋石油、肉类加工、磷肥、烧碱、聚氯乙烯、船舶、兵器、航天推进剂、畜禽养殖、污水处理厂等 10 多个行业。此外,北京、上海、广东、山东、辽宁、四川、厦门等省市还制定了地方水污染物排放标准。已逐步形成了包括综合与行业两类、国家和地方两级的水污染物排放标准体系。

"十二五"期间,我国城镇污水处理厂直接排放标准普遍提高,执行 GB18918‑2002 标准的一级 B 甚至一级 A 标准。

1.5 节水与中水回用

城市污水水量稳定集中,不受季节和干旱的影响,经过处理后再生回用既能减少水环境污染,又可以缓解水资源紧缺矛盾。我国在污水资源化开发与利用方面,远不及一些发达国家,特别是水资源相对较多的南方,中水回用一直难以有实质性的发展。

在美国,无论是干旱、半干旱地区还是降雨量大的地区,污水回用与再生做得均很好。如加利福尼亚州,2004 年人口为 3 590 万,2/3 人口处于干旱和半干旱地区。1970 年建立州级水回用站,回用 216×10^6 m^3;2001 年,再生水用量达 648×10^6 m^3,到 2010 年,再生水用量达 1234×10^6 m^3/年。而佛罗里达州气候潮湿,年降雨 1 270 mm,2003 年水回用量达到 834×10^6 m^3/年,占污水总排放量的 54%,回用于 154 234 居民区、427 高尔夫场、486 个公园和 213 所学校。

我国城市污水年排放量已经达到 414×10^8 m^3,根据规划目标,2010 年城市排水量将达到 600×10^8 m^3,全国设市城市的污水平均处理率不低于 50%,重点城市污水回用处理率 70%;到 2030 年,全国污水回用率要达到 30%,这就给污水回用创造了基本条件。如果年污水回用量为 40×10^8 m^3,是正常年份年缺水 60×10^8 m^3 的 67%,即通过污水回用,可解决全国城市缺水量的一多半,回用规模及潜力之大,足可以缓解一大批缺水城市的供水紧张状况。

工业用水量一般都很大,如表 1‑10 所示一些工业企业的用水情况。

表 1‑10 工业领域用水量特征

产品	用水量 (m^3/t)	产品	用水量 (m^3/t)	产品	用水量 (m^3/t)
钢铁	300	硫酸	2～20	毛织	150～350
铝	160	炸药	800	醋酸	400～1 000
煤	1～5	纸浆	400	乙醇	200～500
石油	4	橡胶	125～2 800	烧碱	100～150
煤油	12～50	纤维	600～2 400	肉加工	8～35
化肥	50～250	棉纱	200	啤酒	10～20

地球上的淡水资源是有限的,水在自然循环过程中不会增长,因此被污染的河流愈多,人类可利用的淡水资源就愈少。为应对水危机需要:加强水污染治理,提高排放标准,减排缓解污染速度;节约用水,提高水的重复利用率;开发新水资源,污水资源化。

目前,水工业基本形成,工业废水排放标准不断提高,如《纺织染整工业水污染物排放标准》由原标准 GB4287 - 92 提高为新标准 GB4287 - 2012,新标准除 COD、氮、磷等常规指标加严之外,还增加了可吸附性有机卤素(AOX)、苯胺类和六价铬不得检出等要求;纺织染整企业间接排放标准(纳管标准)COD 也由 500 mg/L 提高到 200 mg/L;我国城镇污水处理厂,包括工业园区综合污水处理厂,直接排放标准普遍提高至一级 A 或一级 B 标准(GB18918 - 2002),各企业正在限期改造。

我国的万元工业产值耗水量一般是发达国家的 10~20 倍,个别行业达 45 倍;目前我国工业生产用水的重复利用率约为 40%,远低于发达国家 75%~85% 的水平。节约用水和清洁生产潜力巨大。

污水资源化是指通过污水处理提高水的级别,从而使该排放的污水分别达到生态、农业、工业或生活用水的标准,使其资源化,是跨类别的广义重复利用。

水资源短缺是 21 世纪人类面临的最为严峻的问题之一。跨流域调水、海水淡化、污水回用和雨水蓄用是目前普遍受到重视的开源措施,它们在一定程度上都能缓解水资源供需矛盾。然而污水回用经常被作为首选方案,很重要的原因在于污水就近可得,水量稳定,不会发生与邻相争,不受气候的影响。开展中水回用工作,已显现出开源和减轻水污染的双重功能,是维系良好水环境的必由之路。

1.6 水处理工艺技术

水处理涉及领域广泛,按处理源水的类型和处理的目的,可以将水处理分为给水处理和污水处理两个方面。而给水处理又包括生活用水处理和工业用水处理;污水处理主要包括城镇污水处理和工业废水处理。

生活用水处理是以地表水或地下水为源水,主要是提供居民饮用及日常生活用水。传统的处理工艺为混凝—沉淀—过滤—消毒工艺。几十年的应用实际表明,该工艺可以有效地发挥除浊、除色和杀菌作用。然而对有机污染物的去除效果有限,难以充分适应不断变化的水源水质,因此目前开展了饮用水安全保障技术,其中包括:水源水质改善和安全预处理技术;常规水处理的强化技术和深度处理技术;浮游动物的灭活和去除技术;安全消毒技术;管网水二次污染控制等,拓展了生活用水技术领域。

工业用水处理目的是为工业生产服务,不同的生产工艺对水质要求差异很大。如循环冷却水和锅炉用水的处理目的主要是防腐和防垢,一般以天然水体为源水,经过混凝—沉淀—过滤—消毒预处理后,还需要采用化学沉淀法、离子交换法及膜滤法进行软化和脱盐处理;电子行业用水要求较严格,需要去除水中溶解性固体(TDS),目前一般采用离子交换和反渗透膜处理。

传统的城镇污水处理是格栅—沉砂—生物处理工艺。随着排放要求的提高,需要改进工艺或增加后续深度处理工艺,如采用膜生物反应器(MBR)工艺替代传统生物处理工艺,在生物处理后续增加混凝—沉淀工艺等。

工业废水涉及领域很广,废水水质成分及质量浓度变化大,是废水处理的难点。较典型的工业废水包括酚氰废水、印染废水、电镀重金属废水、食品加工废水、高盐有机废水等等。目前该类废水由于对环境污染严重,常发生水质安全事件,排放要求不断地提高,废水回用势在必行,涉及到多种深度处理技术。

虽然水处理工艺变化很多,但应用到的基本技术可以归纳为物理法、化学法、物理化学法和生物法。各领域采用的水处理工艺都是这些基本技术的组合,有些技术既可以应用于给水处理中,也可以应用于污水处理中,只是工艺的操作条件有所区别,如混凝—沉淀是给水处理的重要工艺环节,但也常用于印染废水处理中,但混凝剂的投加量可能差别较大。

以下各章节分别介绍生活用水或工业用水预处理、工业用水、城镇污水及工业废水处理工程技术。

第2章 给水处理技术

2.1 给水处理工艺概述

2.1.1 处理工艺的发展

给水处理的主要目的是通过必要的处理方法去除水源水中的杂质,以安全优良的水质和合理的价格供人们生活和工业使用。给水处理工艺选择决定于原水的性质和使用的目的。传统的给水处理工艺流程是:混凝—沉淀—过滤—消毒工艺。对于水质较好的天然水体,其主要污染物为悬浮物及胶体物等,采用常规水处理工艺一般可以达到生活用水和一些工业用水的要求,然而,随着工业的迅速发展,水体污染加重,水中有害物质逐年增多,传统的给水处理工艺则面临着挑战,甚至已显得力不从心了,难以到达目前标准的要求。这样,首先考虑强化传统水处理工艺的处理效果,即从混凝、沉淀、过滤和消毒等单元环节进行强化。较早采用增加混凝剂投量的方法来改善处理效果,取得了一些效果;但该方法不仅水处理成本上升,而且可能使水中金属离子浓度增加,影响居民的身体健康;后期相继开发了高锰酸盐、臭氧及高级氧化等预氧化技术强化水的絮凝效果,采用改性滤料强化过滤单元功效等。

水中氨氮问题也是常规水处理工艺难以解决的,虽然可以采用折点氯化的方法来控制出厂水中氨氮的浓度,但由此产生的大量有机卤化物又导致水质毒理学安全性的下降。因此,要得到优质的给水,在强化传统水处理的工艺基础上,有时还需要后续深度处理工艺的辅助,这一点对工业用水尤为重要。

工业用水的主要处理目的是脱盐、防腐蚀和结垢等,常采用软化、氧化还原、吸附、脱氯进行后续处理,对于要求较高的工业用水,后续深度处理可采用离子交换及膜分离等技术。

2.1.2 总体工艺特征

以较清洁地表水为水源,采用传统给水处理工艺即可达到满意的效果。其工艺流程如图 2-1 所示。

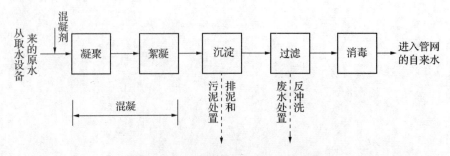

图 2-1 清洁水源给水处理工艺流程

当水源受到污染,有机含量较高,富营养化程度较高时,20 世纪 60 年代有些地区采用如图 2-2 所示的工艺流程。

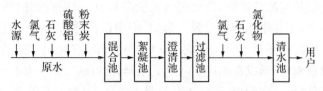

图 2-2　微污染水处理工艺流程

在此工艺流程中,投加氯气主要是灭活水中的藻类,粉末活性炭用于去除水中有机物,特别是致嗅味、色度的物质,石灰主要用于调节水的 pH,同时有一定的助凝作用。加氟化物主要是为了提高水的含氟浓度。

图 2-3 是某地区受到较严重污染水源的给水处理工艺流程。该工艺首先采用臭氧对原水进行预氧化,臭氧投加量为 1 mg/L,对于水中的有机物降解及提高水的生化特性具有一定的作用;之后进入贮存池停留 2~3 d,该设施类似氧化塘天然水净化工艺,利用微生物降解有机污染物,同时具有均衡水质水量的作用;第二次投加臭氧,投加量仍为 1 mg/L,投加粉末活性炭,集氧化、吸附和助凝作用为一体,去除有机污染物及强化后续混凝;混凝沉淀出水水经过滤池过滤后,进行臭氧+活性炭过滤深度处理,此时臭氧投加量为 0.4 mg/L,出水经过次氯酸钠消毒及亚硫酸钠脱氯后进入管网。

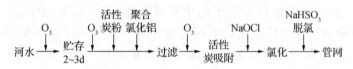

图 2-3　污染较重水源给水处理流程

2.2　混凝工艺

2.2.1　混凝原理

天然水中较大颗粒的固体可以采用重力沉降法去除,可以设计沉砂池、初沉池等构筑物,也可以采用筛网、离心分离器去除。然而,水中的胶体物质,如粘土、腐殖质、淀粉、纤维素以及细菌和藻类微生物等,在水中可以稳定存在,难以采用传统的物理水处理工艺直接去除,需要投加药剂来破坏胶体的稳定性,使细小的胶体微粒凝聚成较大的絮体颗粒,进行固液分离。要理解和控制混凝过程,需要明确其原理,包括胶体的电性、胶体在水中的受力及混凝的机制。

1. 胶体表面电性

天然水体中的胶体物质许多来自于带负电的土壤颗粒,而土壤的负电荷中 80% 以上是由小于 2 μm 的粘土粒所提供的,不同类型的粘土矿物所带负电荷量也不同,如高岭石、水云母带的负电荷较蒙脱石要少。这些电荷是粘土矿物在水体中稳定存在的主要原因。胶体带电主要是由于其本身的晶体结构、不溶氧化物对水中带电离子(H^+、OH^-)的摄入、阴阳离子不等当量的溶解及有机物表面的基团离解等造成的。

粘土矿物属于层状硅酸盐矿物,常见矿物包括高岭石、蒙脱石和伊利石等,一般西北地区黄土含伊利石最多,东北华北则以蒙脱石为主,华南以高岭石为主。在粘土矿物晶体中,每个 Si 一般为四个氧原子所包围,构成[SiO_4]四面体,它是硅酸盐的基本构造单元。[SiO_4]四面体以角顶相连,形成在两度空间上无限延伸的层。Al 元素在硅酸盐构造中起着双重作用,一方面可以呈六次配位,存在于硅氧骨干之外,起着一般阳离子的作用;另一方面它可以呈四次配位,代替部分的 Si^{4+} 而进入络阴离子,形成铝硅酸盐,如蒙脱石 $Na_x(H_2O)_4$ $\{Al_2[Al_xSi_{4-x}O_{10}](OH)_2\}$,即同晶置换,导致表面带有负电,需要外界附加阳离子平衡电价。该类矿物在天然水中表面就会带负电,在 pH 很低的酸性条件下,由于氢离子平衡电价和摄入,可以导致矿物表面呈正电性。

有机物表面的一些基团在水中离解后,可以使表面带电荷。例如树脂表面的羧基可以离解出羧酸根和氢离子。当水的 pH 较高时,氢离子被中和,树脂表面带负电荷;pH 较低时,大部分以羧酸形式存在,树脂表面不带电荷。天然有机物,特别是来自土壤中的一些有机质,都带有大量的负电荷。

水中一些氧化矿物,主要是氧化铁和氧化铝类矿物,在中性 pH 的天然水体中表面带正电荷,它们也是土壤成分中正电荷的主要来源,但总体含量较粘土矿物要少很多。

在溶胶体系中,胶核表面结合的点位离子层在溶液中形成电场,胶核表面上的电位称为热力电位。由于溶液中的反离子的中和屏蔽作用,电位逐渐下降,到胶团最外边缘处,反离子电荷总量与电位离子的电荷总量相等。胶核离子与吸附的反离子形成胶团的吸附层,而该反离子层又与外围反离子形成扩散层,这样就形成了胶体的双电层结构。胶团的双电层结构使其相斥,阻碍了胶团之间的靠近凝聚,因此溶胶体系趋于稳定状态。

2. 胶体在水中的受力分析

水中胶体主要受电斥力、范德华引力及布朗运动力的作用,胶团的双电层结构使胶体相斥难以靠近,范德华引力难以发挥作用,阻碍了胶粒的凝聚。具体受力情况如图 2-4 所示。当胶体颗粒距离较远时,净作用力是相斥的,距离小变为相吸,发生凝聚。可以推测,压缩胶团的双电层,减少胶体之间的距离可以导致混凝发生。另外可以看出,电解质浓度提高后,有利于胶体的凝聚,表明具有压缩双电层的作用,这种现象为絮凝剂的选择应用提供了一个思路。

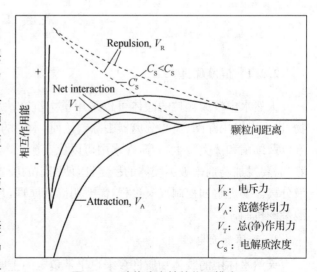

图 2-4 胶体稳定性的物理模型

3. 混凝机制

通过投加化学药剂来破坏胶体在水中形成的稳定体系,使其聚集为可以重力沉降的絮凝体予以固液分离。目前采用的混凝剂包括有无机盐类、无机聚合物和有机聚合物,通过多年的探索发现,不同的絮凝剂的混凝机制有所不同,总结起来,主要包括压缩双电层、吸附架桥及网捕作用三种机制。

(1) 压缩双电层作用

胶团中的反离子吸附层一般厚度较薄,而扩散层较厚,该厚度与水中的离子强度有关,离子强度越大,厚度越小。当加入高价电解质时,对扩散层的影响更大,电动点位降低,胶粒之间的排斥作用减弱,发生混凝。当电动电位降为零时,溶胶最不稳定,凝聚作用最强烈。而当投加过量后,溶胶可能复稳。

(2) 吸附架桥作用机理

当加入少量高分子电解质时,胶体的稳定性破坏而产生凝聚,同时又进一步形成絮凝体,这是因为胶粒对高分子物质有强烈的吸附作用。高分子长链物一端可能吸附在一个胶体表面上,而另一端又被其他胶粒吸附,形成一个高分于链状物,同时吸附在两个以上胶粒表面上。此时,高分子长链像各胶粒间的桥梁,将胶粒联结在一起,这种作用称为粘结架桥作用,它使胶粒间形成絮凝体(矾花),最终沉降下来,从而从水中除去这些胶体杂质。

(3) 网捕作用机理

当在水中投加较多的铝盐或铁盐等药剂时,铝盐或铁盐在水中形成高聚合度的氢氧化物,像网一样可以吸附卷带水中胶粒而沉淀。

2.2.2　混凝的影响因素

混凝效果受水温、pH 和水中悬浮物的浓度影响较大。另外,混凝工艺操作的水力条件、混凝药剂的选择、助凝药剂的辅助等都会对混凝效果有重要的影响,并开发了许多混合、絮凝的反应装置和工艺。

1. 水温的影响

由于无机盐类混凝剂溶于水的过程系吸热反应,因此水温低时不利于混凝剂的水解,特别是硫酸铝,水温降低 10℃,水解速度常数约降低 2~4 倍,当水温在 5℃左右时,硫酸铝的水解速度已经非常缓慢了。另外水温低,水的粘度大,水中胶粒的布朗运动强度减弱,彼此碰撞机会减少,胶体颗粒水化作用增强,不易凝聚。同时水的粘度大时,水流阻力增大,使絮凝体的形成长大受到阻碍,从而影响混凝效果。因此,我国气候寒冷地区,冬季地表水温度有时低达 0~2℃,在水处理中加入大量混凝剂效果也不理想,絮体形成缓慢,絮体颗粒细小、松散。

北方寒冷地区冬天水的浊度很低,但色度较高,传统水处理工艺遇到了问题。为提高低温水混凝效果,有效去除水中的色度,常采用提高混凝剂投加量及投加高分子助凝剂,常用的助凝剂是活化硅酸,对胶体起吸附架桥的作用。

2. 水的 pH 和碱度的影响

用无机盐类混凝剂如铝盐或铁盐时,它们对水的 pH 都有一定的要求。对于硫酸铝而言,水的 pH 直接影响铝离子的水解聚合反应,产生不同的水解产物形态,水的 pH 在 6.5~

7.5 之间,去除浊度的效果较好,发挥了氢氧化铝聚合物的吸附架桥和羟基配合物的电性中和作用。用以去除水的色度时,pH 应趋于低值,宜在 4.5～5.5 之间,可能是水解出的高价多核羟基配合物的电中和絮凝或与有机物质发生络合反应形成络合物聚集沉淀。如水中有足够的 HCO_3^- 碱度时,则对 pH 有缓冲作用,当铝盐水解导致 pH 下降时,不会引起 pH 大幅度下降。如水中碱度不足,为维持一定的 pH,还需投加石灰或碳酸钠等加以调节。

使用铁盐作混凝剂时,其适用的 pH 较宽。采用三价铁盐混凝剂时,由于 Fe^{3+} 水解产物的溶解度比 Al^{3+} 的溶解度小,且氢氧化铁并非典型的两性化合物,所以混凝时要求水的 pH 不同。用以除水的浊度时,pH=6.0～8.4;用以去除水的色度时,pH=3.5～5.0 之间。使用硫酸亚铁作混凝剂时,要有足够的溶解氧存在才会有利于二价铁迅速氧化成三价铁起混凝作用,因此,常投加石灰等提高 pH 至 8.5 以上,这样操作比较复杂,一般采用可以加氧化剂的方法,常采用氯化法氧化亚铁离子。

高分子絮凝剂的混凝效果受水的 pH 影响较小。如聚合氯化铝(PAC)在投入水中前聚合物的形态基本确定,故对水的 pH 变化适应性较强。

3. 水质的影响

水质成分对混凝操作条件及混凝效果都有较大的影响。如混凝剂的投加量与原水的浊度关系密切,具体影响如图 2-5 所示。

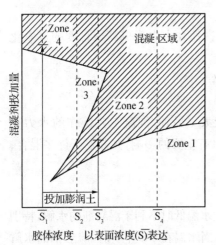

图 2-5　水的浊度对絮凝的影响

当水中浊度很低时,颗粒碰撞几率大幅度减少,混凝效果差,必须投加大量混凝剂(进入 Zone4 区域),形成絮凝体沉淀物,依靠卷扫作用除去微粒,即使这样,效果仍不十分理想。

当水中浊度较高时,混凝剂投加量要控制适当,使其恰好产生吸附架桥作用,达到混凝效果。若投加过量,此时已脱稳的胶粒会重新稳定,效果反而不好,除非再增加投入量,形成网捕卷扫作用,这样会增加药剂费用。

对于高浊度的水,如我国西北、西南等地区的高浊度水源,为了使悬浮物达到吸附电中和脱稳作用,混凝剂投加量需要大幅度增加。为了减少混凝凝剂用量,通常投加一定量的高分子助凝剂。另外,聚合氯化铝在处理高浊度水时效果较好。

混凝也是生活污水及工业废水处理的常用工艺,如用于城市污水的深度处理及印染等工业废水的预处理及深度处理中,也是含油废水处理常选择的工艺。与给水处理不同的是污水中胶体含量一般较高,要求絮凝剂投加量也较大。

4. 搅拌条件

混凝过程包括混合(反应)和絮凝两个阶段。反应阶段时间较短,要求强烈搅拌,充分接触,因此开发了许多类型的混合装置;而絮凝凝过程中絮体粒度逐渐长大,速度梯度必须相应地减少,否则会破坏已形成的絮体。

混凝的水力条件一般采用搅拌浆的转速(rpm)或速度梯度 G 值(S^{-1})来描述。相对而言,前者操作方便直观,而采用 G 值描述更为精确一些。

$$G = \sqrt{\frac{\varepsilon}{\upsilon}}$$

式中:ε 为单位质量流体能量扩散速率($Nm\ S^{-1}kg^{-1}$);υ 为水的动力粘度($m\ S^{-1}$)。

能量扩散速率与搅拌功率(power number)、搅拌浆转速、溶液的容积和搅拌浆的大小有关。计算公式如下:

$$\varepsilon = \frac{P_0 N^3 D^5}{V}$$

式中:P_0 搅拌功率;N 搅拌浆转速(rpm);V 溶液的容积(m^3);D 搅拌浆的直径(m)。

2.2.3　常用混凝药剂

混凝剂种类很多,不少于 200～300 种,按化学成分可分为无机和有机两大类。由于给水处理水量大,安全卫生要求高,要求选用的混凝剂要混凝效果好、健康无害、使用方便、货源充足及价格低廉。

水处理中常用的混凝药剂主要包括铁盐和铝盐及其聚合物,有机絮凝剂常用聚丙烯酰胺,如表 2-1 所示。另外,诸如氢氧化镁及生物絮凝剂也是目前研究的热点,并在一些工业废水处理中得到了应用。

表 2-1　常用的混凝药剂

名　称	一般介绍
固体硫酸铝	水解作用缓慢,适用于水温为 20～40℃。
硫酸铝溶液	制造工艺简单,受水的 pH 影响较大。
硫酸亚铁(绿矾)	絮体形成较快,较稳定,沉淀时间短; 适用于碱度高,浊度高,pH=8.1～9.6 的水,不论在冬季或夏季使用都很稳定。
三氯化铁	对金属(尤其对铁器)腐蚀性大,对混凝土亦腐蚀; 不受温度影响,絮体结得大,沉淀速度快,效果较好; 易溶解,易混合; 原水 pH=6.0～8.4 之间为宜,当原水碱度不足时,应加一定量的石灰; 在处理高浊度水时,三氧化铁用量一般要比硫酸铝少,处理低浊度水时,效果不显著。
聚合氯化铝	净化效率高,耗药量少,出水浊度低,色度小,过滤性好。原水高浊度时尤为显著,温度适应性高;pH 适用范围宽(可在 pH=5～9 的范围内),因而可不投加碱,使用时操作方便,腐蚀性小,条件好; 设备简单,操作方便,成本较三氯化铁低。
聚丙烯酰胺	是处理高浊度水最有效的絮凝剂之一,并可用于污泥脱水; 聚丙烯酸胺水解体的效果比未水解的好,生产中应尽量采用水解体; 与常用混凝剂配合使用时,视原水浊度的高低按一定的顺序先后投加; 不易溶解,在有机械搅拌的溶解槽中配制溶液,浓度一般为 2%,投加浓度 0.5%～1%,聚丙烯酰胺中丙烯酰胺单体有毒性,用于生活饮用水净化时,其产品应符合要求。

2.2.4　混合及絮凝工艺

混凝剂在水中充分混合是混凝工艺的第一步,需要较高的水力条件,反应时间较短,在1 min左右。目前常用的几种不同混合方式及其优缺点如表2-2所示。

表 2-2　不同的混合方式比较

方　式	优缺点	适用条件
水泵混合	优点:设备简单,混合充分,效果较好,不另消耗动能 缺点:安装、管理较麻烦,配合加药自动控制较困难,G值相对较低	适用于一级泵房离处理构筑物120 m以内的水厂
管式静态混合器	优点:设备简单,维护管理方便,不需土建构筑物 缺点:水量变化影响效果,水头损失较大	适用于水量变化不大的各种规模的水厂
扩散混合物	优点:不需外加动力设备,不需土建构筑物 缺点:混合效果受水量变化影响	适用于中等规模水厂
跌水(水跃)混合	优点:利用水头的跌落扩散药剂,不需外加动力设备 缺点:药剂的扩散不易完全均匀,需建混合池,容易夹带气泡	适用于各种规模水厂,特别当重力流进水水头有富余时
机械混合	优点:混合效果较好,水头损失较小 混合效果基本不受水量变化影响 缺点:需耗动能,管理维护较复杂,需建混合池	适用于各种规模的水厂

混合反应之后,开始进行絮凝阶段。该阶段水力条件要求缓和,有利于絮体的生长,时间大约在20 min左右。目前采用的絮凝工艺包括如下几种:

1. 隔板絮凝

隔板絮凝是传统的布置形式,主要包括往复式和团转式两种类型,其构造特点如图2-6所示。

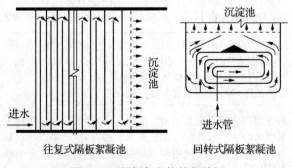

往复式隔板絮凝池　　　　回转式隔板絮凝池

图 2-6　隔板絮凝构筑物特征

该工艺通过控制隔板间距来调节水力条件,设计一般不少于 2 个,絮凝时间为 20～30 min,难于沉降的细颗粒较多时宜采用高值。工艺的主要优点是絮凝效果较好,构筑物构造简单,施工管理方便,回转式水头损失较往复式的小;工艺缺点是絮凝时间较长,出水流量不易分配均匀。工艺适应水量变化性能较差,所以要求水量变动小,适合于水量大于 30 000 m^3/d 的水厂。

2. 折板絮凝池

折板絮凝池是利用在池中加设一些整流单元以达到絮凝所要求的水力条件。具有多种形式,主要包括多通道和单通道的平折板、波纹板等,可设置成竖流式或平流式。

平折板絮凝池一般设计为三段,三段中的折板布置可以分别采用相对折板、平行折板和平行直板,三段的 G 值分别设为 80 S^{-1}、50 S^{-1} 及 25 S^{-1},其结构如图 2 - 7 所示。

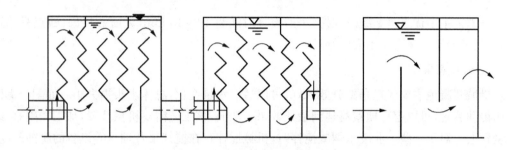

图 2 - 7　平折板絮凝池三段工艺布置

波形板絮凝池是以波形板为填料的絮凝装置,波形板的构造如图 2 - 8 所示,包括有扩大腔和缩颈部分,通过不断改变过水面积改变水的流速,达到絮凝的目的。

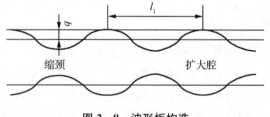

图 2 - 8　波形板构造

折板絮凝池主要优点是絮凝时间较短,絮凝效果较好;缺点是构筑物构造较复杂,对水量的变化适应性较差。

3. 网格(栅条)絮凝池

应用紊流理论的絮凝池,由于池高适当,可与平流沉淀池或斜管沉淀池合建。该工艺絮凝池分成许多面积相等的方格,多格竖井串联而成,进水水流顺序从一格流向下一格,上下交错流动,到达出口。在全池三分之二的分格内,水平放置网格或栅条,水流通过网格或栅条的孔隙时,水流收缩,过网孔后水流扩大,形成良好的絮凝条件,通过过渡区、整流墙进入沉淀池。网格(栅条)絮凝池的构造如图 2 - 9 所示。

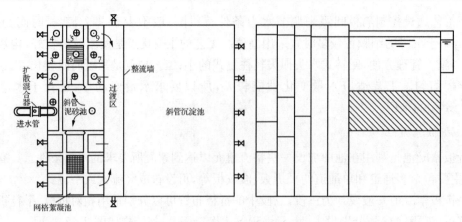

图 2 - 9　网格(栅条)絮凝池的构造

该工艺主要优点是絮凝时间短,一般设计时间为 10~15 min,絮凝效果好;缺点是构造复杂,仅适合于水量变化不大的水厂。

4. 机械絮凝池

机械絮凝池主要优点是絮凝效果好,可以适应水量变化,总体水头损失小。如配上无极变速传动装置,可以容易使絮凝达到最佳效果。然而,该工艺需要机械装置,加工较困难,维修量较大。对于一些工业废水絮凝搅拌时,机械搅拌存在搅拌桨及轴承等设备的腐蚀问题。实验室的混凝试验一般都采用机械搅拌。

2.3　沉淀与澄清

2.3.1　沉淀与沉淀池

水中悬浮颗粒或絮凝体依靠本身重力作用,由水中分离出来的过程称为沉淀。原水中悬浮固体颗粒较大的,能依靠自身重力自然沉降,工艺设计一般采用沉砂池和初沉池,对含泥砂量大的原水进行预沉淀处理。而对于含胶体的水,要经过混凝,使水中较小的颗粒凝聚并进一步形成絮凝状沉淀物(俗称矾花),再依靠重力作用由水中沉降分离,即称混凝沉淀。

为了便于说明沉淀池的工作原理及分析颗粒沉降的规律,Hazen 和 Camp 提出了理想沉淀池的概念,并通过计算推导出如下公式:

$$q = \frac{Q}{A}$$

式中:q 为表面负荷($m^3/m^2 \cdot h$);Q 为水流量(m^3/h);A 为沉淀池表面积(m^2)。

理想沉淀池中,颗粒去除临界沉降速率 u_0 决定了颗粒物的去除与否,而该值与表面负荷 q 在数值上相同,但它们的物理概念不同:u_0 是颗粒物在沉淀池中的沉降速率,单位是 m/h;q 表示单位面积的沉淀池在单位时间内通过的流量,单位是 $m^3/(m^2 \cdot h)$。由上述公式推出,表面负荷率是沉淀池设计的重要参数,而该参数仅与沉淀池表面积有关,由此发展为浅池理论,开发出斜板(管)沉淀池。

用于沉淀的构筑物或设备称为沉淀池,根据沉淀池的结构类型可分为平流式沉淀池、竖流式沉淀池、辐射式沉淀池和斜板或斜管沉淀池,基本类型如图 2 - 10 所示。

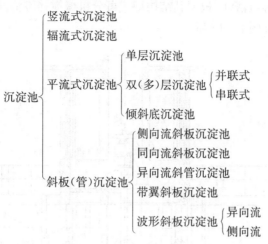

图 2 - 10 沉淀池布置的基本类型

平流沉淀池通常为矩形水池,水流平面流过水池,构造简单,管理方便,可建于地面或地下,不仅适用于大型水处理厂,也适用于处理水量小的厂。它可作自然沉淀用,也可作混凝沉淀用。竖流沉淀池具有排泥方便、管理简单和占地面积较小等优点,但总体池深度大,施工困难。

当颗粒属于自由沉淀类型时,在相同的表面水力负荷条件下,竖流式沉淀池的去除率要比平流式沉淀池低;当颗粒属于絮凝沉淀类型时,在竖流式沉淀池中会出现上升着的颗粒与下降着的颗粒,上升颗粒与上升颗粒之间、下沉颗粒与下沉颗粒之间的相互接触、碰撞,致使颗粒的直径逐渐增大,有利于颗粒的沉淀。

辐流沉淀池一般为圆形池子,其直径通常不大于 100 m。它可作自然沉淀池用,也可作混凝沉淀池用。水流由中心管自底部进入辐流式沉淀池中心,然后均匀地沿池子半径向池子四周辐射流动,水中絮状沉淀物逐渐分离下沉。清水从池子周边环形水槽排出。沉淀物则由刮泥机刮到池中心,由排泥管排走。辐流沉淀池沉淀排泥效果好,适用于处理高浊度原水;但刮泥机维护管理较复杂,施工较困难,投资也较大。

斜板(管)沉淀池是根据浅池原理设计出的一种沉淀工艺。在沉降区域设置许多密集的斜管或斜扳,使水中悬浮杂质在斜板或斜管中进行沉淀,水沿斜板或斜管上升流动,分离出的泥渣在重力作用下沿着斜板(管)向下滑至池底,再集中排出。这种池子可以提高沉淀效率 50%～60%,在同一面积上可提高处理能力 3～5 倍。

沉淀池的构造特征及其设计将在后续章节中展开。

2.3.2 澄清与澄清池

新形成的沉淀泥渣具有较大的表面积和吸附活性,称为活性泥渣。它对水中微小悬浮物和尚未脱稳的胶体仍有良好的吸附作用,可进一步产生接触混凝作用。据此可利用活性泥渣与混凝处理后的水进一步接触,加速沉淀速度,该过程称为澄清。

澄清池的主要特点是利用活性泥渣与原水进行接触混凝,另外其反应池和沉淀池统一在一个设备内。因此可以充分发挥混凝剂的作用和提高单位体积的产水能力。澄清池具有生产能力高、沉淀效果好等优点,但管理较复杂。

用于澄清的设备称澄清池,根据其结构型式可分机械搅拌澄清池和水力循环澄清池,其构造特征如图 2-11 和图 2-12 所示。

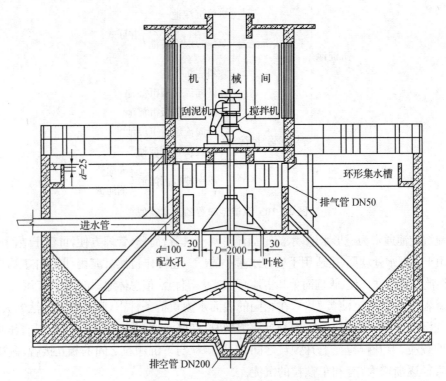

图 2-11　机械搅拌澄清池构造特征

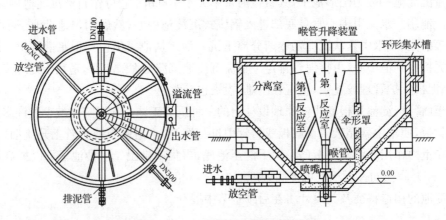

图 2-12　水力循环澄清池构造特征

如图 2-11 所示,加药混合后的原水进入第一反应室,通过机械搅拌将混凝、悬浮状态的活性泥渣层在机械搅拌作用下,增加颗粒碰撞机会,提高了混凝效果。然后经叶轮提升至第二反应室继续反应,生长成较大的絮体,再通过导流室进入分离室,经过分离的清水向上升,经集水槽流出。沉淀的泥渣部分再回流与加药原水机械混合反应,部分则经浓缩后定期排放。水在池中总停留时间为 1.0～1.5 h。这种池子对水量、水中离子浓度变化的适应性强,处理效果稳定,处理效率高。但用机械搅拌,耗能较大,腐蚀严重,维修困难。

水力循环澄清池与机械加速澄清池工作原理相似,采用的动力条件不同,它利用水射器形成真空自动吸入活性泥渣与加药原水进行充分混合反应。当带有一定压力的原水以高速通过水射器喷嘴时,在水射器喉管周围形成负压,从而将数倍于原水的回流污泥渣吸入喉管,接触反应后絮体在第一、二反应室形成及生长,在分离室进行固液分离。该工艺省去机械搅拌设备,使构造简单、节能,并使维护管理方便些。

2.4　过　滤

用于截流悬浮固体的过滤材料称为过滤介质,按介质的结构不同,过滤分为粗滤(格栅)、微滤(筛网、无纺布)、膜滤(膜材料)和粒状材料过滤等四个类型。粒状材料过滤是最常用的过滤形式,而石英砂是最常用的滤料。是传统给水处理去除悬浮物的最后把关工艺。

对于循环水量较大的冷却系统,为省费用也可直接用混凝沉淀或澄清的水作补充水进入循环冷却系统;但对循环水量较小、要求较高的系统,最好将原水浊度进一步降低,这就需要采用过滤处理。另外锅炉用水在软化和除盐水处理过程中,微量浊度可使离子交换树脂受污染,影响离子交换效率,因此也需对已沉淀澄清的水再进行过滤净化。

2.4.1　滤池分类及特征

1. 慢滤池

慢滤池是较早的工艺类型,构造简单(如图2-13),是最早出现的水处理的过滤工艺。该工艺过滤速度较慢,滤速一般在 0.1～0.3 m/h 范围。由于过滤速度较慢,在过滤过程中也发挥了一定的微生物滤膜的作用,能有效地去除水的色度、嗅和味,对水的浊度和微生物去除效果突出,出水浊度可以小于 1NTU,细菌和颗粒物去除率均可达到 99% 以上。然而,由于慢滤池工作效率低、占地面积大、操作麻烦(刮泥)、寒冷季节时其表层容易冰冻,逐渐被快滤池所代替。

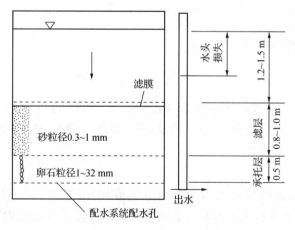

图 2-13　慢滤池结构示意图

2. 快滤池

为提高过滤效率,在慢滤池的基础上开发了快滤池。快滤池滤速最初采用 5 m/h,现代快滤池的滤速可达 40 m/h,冲洗强度通常控制在 12～15 L/(m² · s)。

由于快滤池的滤速是慢滤池的几十到几百倍,快滤池单位面积的滤层在数小时内所截留的悬浮固体量,就相当于同面积慢滤池在几个月内所截留的量。这就要求至多每隔数小时必须对滤池的滤层清洗一次,而不能像慢滤池那样采用刮砂的方法来进行恢复过滤性能。

普通快滤池为下向流四阀式滤池,其构造如图 2 - 14 所示,工艺过程由过滤与反冲洗两部分组成。从过滤开始到过滤结束称为过滤周期。从过滤开始到冲洗结束的一段时间称为快滤池的工作周期。滤池的工作周期为 12～24 h。该工艺主要优点是有成熟的运行经验,稳定可靠,采用砂滤料,材料易得,价格便宜,采用大阻力配水系统,单池面积可做得较大,池深较浅,可以采用降速过滤,水质好。工艺的主要缺点是阀门多,必须设有全套反冲洗设备。

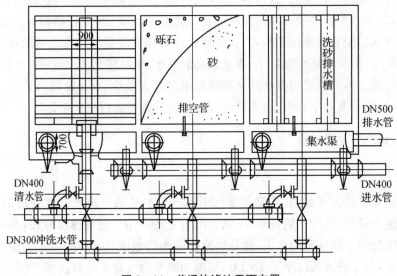

图 2 - 14　普通快滤池平面布置

为少用阀门,后期又开发了双阀滤池、单阀滤池、虹吸滤池及无阀滤池等,一些滤池的构造特征后续描述。

2.4.2　影响过滤效果的工艺参数

1. 滤料的性能

滤料是过滤工艺的关键,其性能决定着过滤效果和过滤的经济性。一般要求滤料具有足够的机械强度和稳定性,能就地取材、价廉,外形接近于球状,表面较粗糙。具体一些重要性能描述如下:

(1) 比表面积

粒状滤料的比表面积可以表示为单位重量或体积的滤料所具有的表面积,单位为 cm²/g 或 cm²/cm³。滤料的比表面积与滤料的颗粒大小及其内部结构有关,是其吸附性能的重要参数。一般由于经济的原因,采用的滤料多为石英砂,比表面积相差不大。

（2）有效粒径与不均匀系数

粒径级配：砂样中小于粒径 d_p 的颗粒占总重量的 $p\%$。用 d_{10} 表示砂样的有效粒径（如 $d_{10}=1$ mm，表示小于 1 mm 的颗粒占 10%）；同时，如 $d_{80}=3$ mm，表示小于 3 mm 的颗粒占 80%，即大于该粒径的占 20%，则 70% 的颗粒粒径在 1～3 mm 之间。那么 1,3 这两个数的比值就表示了滤料的均匀程度。用 d_{80}/d_{10} 表示滤料不均匀系数，即 K_{80}，该值越大，说明砂样中大颗粒比小颗粒大得多，不均匀程度大。

（3）孔隙度

快滤池以粒状材料的表面附着悬浮固体，以颗粒间的孔隙来贮存所截留的悬浮固体。因此粒状材料所具有的比表面积和孔隙度决定了快滤池所具有的去污极限能力。这个极限是可以估计的。1 m³ 滤料约含 450 L 孔隙，为了让水流能继续通过滤层，假设可供贮存悬浮固体的比为 25%，按附着絮体所含干物质浓度为 10～60 g/L 计算，这些滤料所能截留的干物质量大约在 1 100～6 600 g 范围内。因此，粒状滤料的截留能力一般难以突破这个极限，除非开发其他材料作为过滤介质。

2. 滤层的厚度和滤料的粒度

与欧洲的实践（1.2～1.8 m 深床过滤）相比，我国所用的滤层较薄（0.7 m），但粒度较细（0.5～1.2 mm），都可以取得良好的水质，可见这两个因素的消长与过滤水质的关系。这就存在经济上的比较和全厂高程布置是否合适的问题。

3. 滤料的层数

试验对比分析发现，单层滤料主要靠表面的 28 cm 的滤层去除悬浮固体，而多层滤料各层均发挥了去除悬浮固体的作用，具有纳污能力强和水头损失增长较慢的优点。缺点是滤料不易获得，价格贵，管理麻烦，滤料容易流失，冲洗困难，易形成泥球，需要采用中阻力配水系统。

4. 滤速、化学因素的影响

滤速与出水悬浮物浓度关系密切，高于设计滤速，出水水质会恶化。化学因素的影响主要指滤进水的化学处理，化学混凝对过滤效果有突出的影响，某些水未经化学处理，滤出水水质不合格（如图 2 - 15 所示）。

原水经过混凝后即进入滤池的过滤，称为直接过滤。该工艺没有沉淀，但有混凝过程，在直接过滤工艺中的絮凝称为接触絮凝。由于接触絮凝形成的絮体很小，因此直接过滤工艺也称微絮凝过滤。由于该工艺没有沉淀池，截留悬浮物的量要比快滤池多，反冲洗水量需要提高几倍，但整个水厂总体投资减少量也很大。

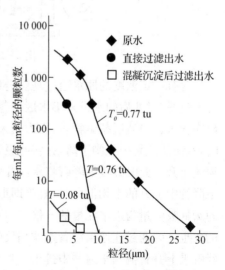

图 2 - 15　混凝对过滤效果的影响
（许保玖. 给水处理理论）

2.4.3　过滤装置

给水厂水量大,一般采用滤池过滤,从节能、节水、节省设备投资、操作方便及高效等方面开发了多种形式的滤池;而一般工业企业水量相对较少,采用占地较小的压力过滤罐进行过滤。

1. 重力无阀滤池

重力式无阀滤池的主要特点是,过滤过程依靠水的重力流进行过滤和反洗,且滤池不使用阀门。装置结构如图 2-16 所示。

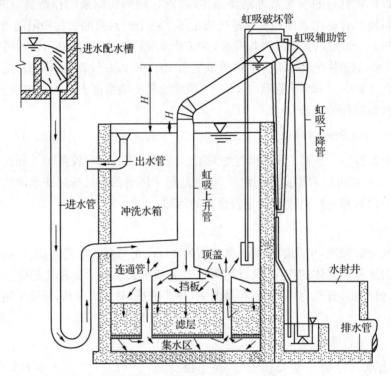

图 2-16　重力无阀滤池工艺图

含有一定浊度的原水通过高位进水分配槽由进水管经整流挡板,进入滤料层开始由上而下过滤,过滤后的水进入集水区由连通管进入水箱(反冲洗时的冲洗水箱)并从出水管溢出净化水。当滤层截留物多,阻力变大时,水由虹吸上升管上升,当水位达到虹吸辅助管口时,水便从此管中急剧下落,并将虹吸管内的空气抽走,使管内形成真空,虹吸上升管中水位继续上升。此时虹吸下降管将水封井中的水也吸上至一定高度,当虹吸上升管中水与虹吸下降管中上升的水相汇合时,虹吸即形成,水流便冲出管口流入排水井排出,反冲洗即开始。因为虹吸流量为进水流量的 6 倍,一旦虹吸形成,进水管来的水立即被带入虹吸管,水箱中的水也立即通过连通渠沿着过滤相反的方向,自下而上地经过滤池,自动进行冲洗。冲洗水经虹吸上升管流到水封井中排出。当水箱中水位降到虹吸破坏斗缘口以下时,管口露出水面,空气大量由破坏管进入虹吸管,破坏虹吸,反冲洗即停止,过滤又重新开始。

重力式无阀滤池的运行全部自动进行,操作方便,工作稳定可靠,结构简单,造价也较低。该滤池的缺点是反冲洗自耗水量较大。

2. 均粒滤料滤池

该类滤池是由法国 Degremont 公司开发的一种重力式快滤池。其主要特点是通过调节出水阀的开启度进行恒水位等速过滤,当某单元滤池冲洗时,待滤水继续进入该单元滤池作为表面扫洗水,使其他各格滤池的进水量和滤速基本不变。工艺采用均粒石英砂滤料,滤层厚度比普通快滤池厚,截污量大,所以过滤周期长、出水效果好。可采用较高的滤速,根据待滤水浊度的大小,滤速一般在 8~14 m/h 范围,过滤周期可达 48 h 甚至更长。工艺设有V 型进水槽,故滤池也称为 V 型滤池,该 V 型槽在滤池冲洗时兼作表面扫洗的布水槽,布水均匀,适合于大、中型水厂。

滤池的滤料有效粒径一般为 0.9~1.2 mm,不均匀系数 K_{80} 为 1.2~1.4;滤层厚度一般为 0.9~1.5 m 之间,当滤速为 8~12 m/h,一般采用 1.1~1.2 m。承托层较薄,滤池滤帽顶至滤料层之间承托层厚度为 50~100 mm,采用粒径为 2~4 mm 的粗石英砂材料。

滤池的进水及布水系统组成:进水总渠、进水孔、控制闸阀、溢流堰、过水堰板及 V 型槽。其结构如图 2‐17 所示。

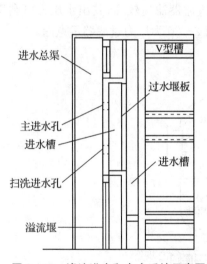

图 2‐17　滤池进水和布水系统示意图

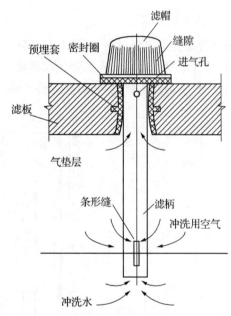

图 2‐18　长柄滤头结构示意

溢流堰设置于进水总渠,以防止滤池超负荷运行。当进水水量超过一定值时,超出部分的流量经溢流堰流入进水槽底部的排水渠。

进水孔包括主进水孔和扫洗进水孔。当滤池过滤时,主进水孔及扫洗进水孔均开启;当滤池冲洗时,主进水孔关闭,扫洗孔保持开启。V 型槽在滤池过滤时处于淹没状态,冲洗时池水下降。V 型槽底部开有水平布水孔,表面扫洗水经此布水。

滤池采用空气、水反冲和表面扫洗,提高了冲洗效果并节约冲洗用水,冲洗时滤层保持微膨胀状态,避免出现跑砂现象。配气配水系统一般采用长柄滤头(如图 2‐18),该系统由配气配水渠、气水室及滤板滤头组成(如图 2‐19)。

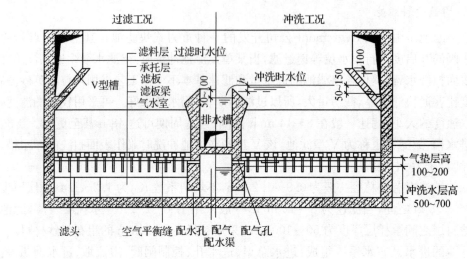

图 2-19　均粒滤池剖面

3. 压力式过滤器

压力过滤器占地面积小,市场上有系列产品供应,可以缩短工程建设周期,而且运转管理方便,适合小型水处理厂或工业用水领域。另外过滤器滤速较高,其出水压力可利用,由于系统密闭,不易滋生微生物,过滤过程可防臭。图 2-20 为压力过滤器示意图。

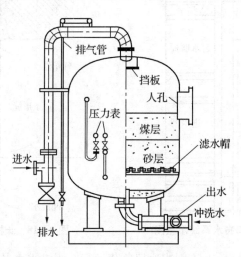

图 2-20　压力过滤器示意图

如图 2-20 所示,装置的进水管位于过滤器的上部,与配水装置连接,在过滤时用于进水,在反冲洗时用于反冲水的出水。而配水装置主要是用来防止进水将滤层冲起来,同时也兼有收集反冲水的作用。装置的出水管一般位于过滤器的下部或底部,过滤时,排放清水,反冲时,用于清水进水。装置下部也有配水装置,可采用穿孔管布水或滤头布水,用来收集清水或均匀反冲。另外,装置设有放气管口、压力表口和人孔及排空管。

2.5　消　毒

消毒是指灭活水中病原微生物,切断其传染传播途径的方法,该过程不一定能杀死细菌芽孢。据世界卫生组织的调查,受污染饮用水的致病微生物有上百种,人类疾病 80% 与用水有关。为保障人体健康和社会稳定,应杜绝通过水介质传染病的发生和流行,生活用水必须经过消毒处理才可供使用。

在城市供水系统中,消毒是最基本的水处理工艺,保证居民安全用水。氯消毒是国内外最主要的消毒技术,美国自来水厂约有 94.5% 采用氯消毒,中国据估计 99.5% 以上自来水厂采用氯消毒。但自 20 世纪 70 年代发现氯消毒产生"三致"消毒副产物后,其他消毒工艺受到了重视,并进行了大量的工作。随后,如二氧化氯、臭氧、光催化消毒、紫外线及相关复合技术等逐渐进行推广。同时随着生物化学和基因工程等前沿科技的迅速发展,传统的生物消毒方法也正在取得突破,在水处理消毒领域的应用前景十分广阔。

2.5.1　氯消毒技术

氯消毒主要是通过次氯酸的氧化作用来杀灭细菌,次氯酸是很小的中性分子,能扩散到带负电的细菌表面,通过细菌的细胞壁穿透到细菌内部,进行氧化作用,破坏细菌的酶系统而使细菌灭活。氯消毒对于水中的病毒、寄生虫卵的杀灭效果较差,需要较高的投加量才能达到理想的效果。

由于氯消毒价格低廉、消毒持续性好,操作使用简单,应用十分广泛。目前为止,在公共给水系统中,氯消毒成为最为经济有效和应用最广泛的消毒工艺。

普通的氯消毒工艺主要包括液氯、氯胺、漂白粉、次氯酸钠等。液氯消毒工艺一般应用较多;而漂白粉、次氯酸钠消毒工艺一般应用于小型水厂。

投加氯气装置必须注意安全,不允许水体与氯瓶直接相连,必须设置加氯机;液氯气化成氯气的过程需要吸热,可以采用淋水管喷淋;氯瓶内液氯的气化和用量需要监测,除采用自动计量仪器外,较为简单的方法是将氯瓶放置在磅秤上。具体布置如图 2-21 所示。

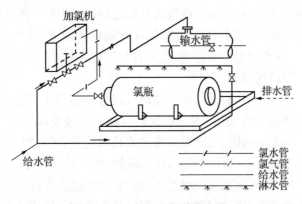

图 2-21　投加氯气装置布置

一般水源的滤前加氯量为 1.0~2.0 mg/L,过滤出水或地下水加氯量为 0.5~1.0 mg/L。

氯与水的接触时间不得少于 30 min。当水中氨氮较高时,可以采用折点加氯法进行氧化、消毒,可以降低水中的氨氮含量,产生氯胺消毒作用,该工艺停留时间较长,1～2 h,氯投加量较高。简单的氯消毒反应构筑物可参考图 2-22 所示。

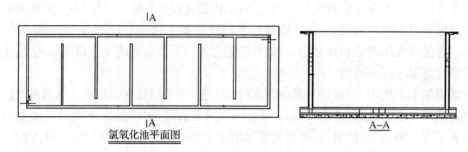

氯氧化池平面图 A—A

图 2-22 氯消毒池构造特征

氯在水中的作用是相当复杂的,它不仅可以起氧化反应,还可与水中天然存在的有机物起取代或加成反应而得到各种卤代物,这些卤代有机化合物有许多是致癌物或诱变剂,通过各种途径进入水源水体,对人体健康产生严重的危害。

2.5.2 臭氧消毒技术

臭氧的消毒机理包括直接氧化和产生自由基的间接氧化,与氯和二氧化氯一样,通过氧化破坏微生物的结构,达到消毒的目的。其优点是杀菌效果好,用量少,作用快,能同时控制水中铁、锰、色、味、嗅。可将氰化物、酚等有毒有害物质氧化为无害物质;可氧化嗅味和致色物质,从而减少嗅味,降低色度;可氧化溶解性铁、锰,形成不溶性沉淀,通过过滤去除;可将生物难分解的大分子有机物氧化分解为易于生物降解的小分子有机物。

臭氧消毒存在的主要问题是生产设备庞大,流程复杂,需要较高的运行管理水平,制取臭氧的产率低,电能消耗大,基建设备投资也较大,成本很高。此外,单独采用臭氧消毒难以保证持续的杀菌效果,因此在使用中受到一定限制。

2.5.3 二氧化氯消毒

二氧化氯是一种强氧化剂,对细菌的细胞壁有较好的吸附和穿透性能,可以有效地氧化细胞酶系统,快速地控制细胞酶蛋白的合成,因此在同样条件下,对大多数细菌表现出比氯更高的去除效率,是一种较理想的消毒剂,它兼有氯和臭氧消毒的许多优点。二氧化氯本身也有害,且不能贮存,现场制备。

二氧化氯的制备方法较多,根据其化学原理可以分为还原法、氧化法和电化学法,一般常采用还原法中的盐酸法(RS 法)。即采用次氯酸钠和盐酸反应生成二氧化氯、氯气和氯化钠等。该工艺特点是系统封闭,反应残留物主要是氯化钠,可以经电解再生氯酸钠,生产成本低。工艺的不足之处是一次性投资大,收率较低,耗电量较大等。

与所有消毒剂一样,二氧化氯在净水过程中也会产生副产物。它的副产物包括两部分:一部分是被其氧化而生成的有机副产物;另一部分是本身被还原以及其他原因而生成的无机副产物。二氧化氯的氧化能力要比氯和过氧化氢强,而比臭氧弱。二氧化氯具有广谱杀菌性,它对一般的细菌杀灭作用强于或不差于氯,对很多病毒的杀灭作用强于氯。

2.5.4　紫外线消毒技术

紫外技术是 20 世纪 90 年代兴起的一种快速、经济的高效消毒技术。它是利用特殊设计的高效率、高强度和长寿命的波段紫外光发生装置产生紫外辐射,用以杀灭水中的各种细菌、病毒、寄生虫、藻类等。其机理是一定剂量的紫外辐射可以破坏生物细胞的结构,通过破坏生物的遗传物质而杀灭水生生物,从而达到净化水质的目的。

紫外线消毒是一种物理方法,它不向水中增加任何物质,没有副作用,不会产生消毒副产物,但缺乏持续灭菌能力,一般要与其他消毒方法联合使用。另外,该工艺电耗较高,灯管寿命还有待于提高。现有一些城镇污水中水回用工程实践表明,紫外消毒投资运行费用较大,灯管容易发热滋生微生物,发生结垢,影响紫外发射效果,运行管理较复杂。

2.5.5　其他消毒技术

随着纳米科技的飞速发展,国内外研究人员利用纳米材料制成抗菌剂,对在水中抗菌消毒的应用展开了深入研究。纳米材料特殊的结构和性质,使其在水处理领域有着巨大的潜力,能够有效地杀灭水中存在的细菌和病毒,与传统的消毒剂相比显示出特殊的优势。

用于水中杀菌的纳米粉体类抗菌材料主要是纳米金属粉体,如 Au、Ag、Cu、Mo 等。由于其巨大的比表面积和催化活性,在去除有毒有机、无机污染物、重金属离子、杀菌等方面取得了显著的效果。

纳米银应用于水处理进行消毒的研究较多,这是由银的化学结构决定的,高氧化态银的还原势极高,足以使其周围空间产生原子氧,原子氧具有强氧化性可以灭菌;Ag^+ 可以强烈地吸引细菌体中蛋白酶上的 - SH,迅速与其结合在一起,使蛋白酶丧失活性,导致细菌死亡。当细菌被 Ag^+ 杀灭后,Ag^+ 又由细菌尸体中游离出来,再与其他菌落接触,周而复始地进行上述过程,因而具有持久性杀菌的特点。而银纳米粒子更是高效的杀菌、抗菌剂。如 Sondi 等在稳定剂 Daxad19 存在下用抗坏血酸还原硝酸银溶液,制得了纳米 Ag 颗粒,发现其可有效杀灭埃希氏大肠菌群。纳米银在水中杀菌消毒技术的研究表明,水中常见的革兰氏阳性和革兰氏阴性菌,包括奥里斯葡萄球菌、埃希氏大肠杆菌、绿脓假单胞菌和克雷白氏杆菌,纳米银都有高效的杀灭能力和抑制其繁殖的能力。

纳米银抗菌剂性能虽然优异,但 Ag 是贵金属,应用成本较高;另一方面 Ag^+ 能与水介质中的 Cl^-、HS^-、S^{2-} 和 SO_4^{2-} 等多种阴离子发生反应,形成不溶于水的氯化银和硫化银,从而失去抗菌活性。在无机抗菌剂中,金属铜也有很强的抗菌性能,而且铜的价格比银便宜很多,铜离子具有较高的化学稳定性和环境安全性。因此,研究纳米铜抗菌性能是很有意义的工作,近年来对纳米铜的研究也已经引起了国内外的广泛关注。但是由于纳米铜的化学性质十分活泼,暴露在空气中很快被氧化,存在稳定性和分散性较差等问题,因此稳定性和分散性良好、尺寸和形貌可控的铜纳米材料制备方法及其性能研究已经成为了纳米材料领域的研究热点。

由于纳米材料颗粒极小,在应用中容易流失、扩散、难回收等,会引起纳米颗粒污染问题,所以与任何材料一样,纳米材料作用的发挥也需要与其他材料复合后才能体现真正的应用价值。由此,纳米颗粒载体材料的研究成为了水处理材料和抗菌材料研究中的热点。有研究将 2nm 左右的 Ag 粒子高分散性地包覆在 TiO_2 上,光催化性和杀菌作用均高于未负载 Ag 的 TiO_2。银/硅藻土复合材料进行禽流感病毒杀灭实验结果表明,1 g 载银硅藻土能强烈吸附杀灭 6 mL 溶液中的病毒。

抗菌剂抗菌力的好坏是与载体紧密相关的,同一种抗菌剂在不同的载体里会表现出抗菌力的差异。总之,在抗菌材料的制备时,应先分析清楚该材料的物理化学性质、制备工艺特征、使用环境,然后选择满足以上几方面要求的载体,再筛选出既经济又易与抗菌成分结合且稳定的、抗菌效果好的抗菌剂载体。

第3章 循环冷却水处理

化工、石油、电力、冶金、纺织印染系统等工业领域常需要将热工艺介质进行冷却,水的大比热容等特性使其很适合做冷却介质。工业冷却水的用量往往很大,在不重复利用的情况下,一般占到总用水量的 90% 以上,因此要进行回收循环使用。冷却水系统运行过程中,特别是敞开式冷却水循环过程中,水质会发生变化,产生粘泥、滋生细菌,引起设备沉积结垢或腐蚀。因此需要对冷却水进行监测、处理,达到保护设备和稳定生产的目的。

3.1 冷却水系统

工业冷却系统包括直流冷却水系统和循环冷却水系统,而循环冷却水系统又包括封闭式循环冷却水系统和敞开式循环冷却水系统两类,其中以敞开式循环冷却水系统应用最广。

3.1.1 直流冷却水系统

在直流冷却水系统中,冷却水仅仅通过换热设备一次,用过后水就被排放,水质基本不变,水温升高幅度也不大,对设备影响小,不需要其他冷却水构筑物,因此投资少、操作简单。然而该系统冷却水用量及操作费用很大,不符合节约用水的要求,已经逐步淘汰了。有的公司采用以自来水为水源的直排式运行方式,将排放水用于其他生产工段,虽然没有造成水源的浪费,但系统内细菌和藻类大量滋生,形成黏性软垢附着在冷却器的换热表面。如果进行杀菌处理,则水流排放的同时杀菌剂也一起流失了,为了保持预期的杀菌效果就必须连续不断地在补充水中添加杀菌剂,这样成本很高。因此也逐渐向敞开式循环冷却方式转换。

在一些沿海地区,可以采用资源丰富的海水进行直流冷却。据统计,2008 年全国直接利用海水共计 411 亿 m³,主要作为火(核)电的冷却用水。其中广东、浙江和山东等沿海的城市利用海水量较多,分别为 204 亿 m³、119 亿 m³ 和 33 亿 m³。海水作为冷却水的实践表明,虽然海水成本低廉、水温低,但海水含盐量极高,有严重的电化学腐蚀倾向,需要解决。另外,海水中海生生物繁多,不可避免出现海洋生物的污损问题。大量的海生物聚集可以形成粘泥层和垢层,腐蚀管道设备等,海生生物死亡壳体或生物成体的脱落,会堵塞凝汽器管,造成压差上升。严重堵塞时可造成系统温度急速上升,威胁工业生产的安全运行。因此,必须对系统海生物进行有效的控制,以保持冷却水系统的清洁和畅通。

随着海洋环境保护的重视,海水的直流冷却也逐渐被循环冷却技术所替代,从而降低海洋热污染。但海水冷却塔作为海水循环冷却系统的关键设备,与淡水塔相比,其在防腐蚀、防盐沉积和防盐雾飞溅等诸多方面有更为苛刻的要求。提高冷却塔系统的收水效果,有效捕获冷却塔内排出湿热空气中所携带的细小水滴,是控制冷却塔飘水率以及补充水用量的一个重要的措施。

3.1.2 循环冷却水系统及冷却塔

循环冷却水系统又分封闭式和敞开式两种。

封闭式循环冷却水系统,又称为密闭式循环冷却水系统。系统中冷却水循环利用且不暴露于空气中,水量损失很少,水中化学成分变化不大。水的再冷却是在另一台换热设备中用其他冷却介质来进行冷却的,多用于发电机的单台换热设备,工业企业也有采用。

敞开式循环冷却水系统中的水再冷却可以通过水面冷却池、喷水冷却池和冷却塔来进行。其中冷却塔形式最多,构造也较复杂,应用最广,其结构如图3-1所示,冷却水在循环过程中经过工艺换热器后温度上升变为热水,排出一定量的浓缩污水,通称排污水;之后进入冷却塔进行冷却。

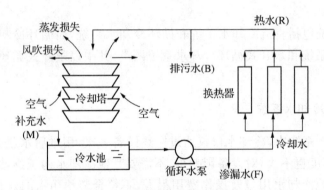

图3-1 敞开式循环冷却水系统

冷却水在冷却塔中要与空气对流接触,达到降低温度的目的。在冷却过程中,部分水会蒸发损失掉,部分水会发生风吹损失,因而水中各种矿物质和离子含量也不断被浓缩增加,水质发生变化,对生产安全产生影响,需要对系统补充一定量的新水,通常称作补充水。

冷却塔是敞开式循环冷却水系统中的主要设备。在冷却塔中,热水从塔顶或塔中部通过配水管向下喷淋成水滴或水膜状,空气则由下向上与水滴或水膜逆向流动,或水平方向交流流动,在气水接触过程中,进行热交换,使水温降低。

冷却塔内部装有溅水装置或填料,形式多样,包括交错排列的板条或波形板等。可由木材、水泥板或聚氯乙烯板等受湿良好的材料制成。水在填料表面上以薄膜形式与空气接触。

冷却塔的型式很多,根据空气进入塔内的情况分自然通风和机械通风两大类。电力部"火力发电厂设计技术规程"中明确规定:一般采用自然通风冷却塔,在气温高、湿度大的地区或其他特殊情况下,可采用机械通风冷却塔。

自然通风型最常见的是风筒式冷却塔,空气靠冷却塔筒体的高度,像烟囱一样自然拔风,将空气吸入塔内与水滴逆向接触,吸收水中热量(如图3-2所示)。

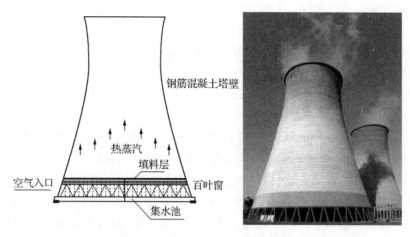

图 3 - 2　自然通风冷却塔构造特征

近几年,自然通风冷却塔在塔体结构、配水槽布置、填料、喷嘴形式等方面都有很大的改进,在我国电力部门发展很快,其主要优点是没有机械设备维护问题,只需定期将水槽中的藻类和堵塞的喷嘴清理一下;由于塔身较高,排出的湿气不会影响环境,冷却效果受风的影响小,风吹损失也小。然而,自然通风塔较机械通风塔占地面积大,施工比较复杂,冬季维护较复杂,需要采取措施防止结冰,其应用领域受到限制。

机械通风型冷却塔,即机力塔是一种依靠风机转动,使冷却塔的进出处的能量不平衡,产生压差,导致空气在冷却塔内的流动,从而带走热水热量的冷却设施,主要由集水池、塔壁维护结构、支撑梁柱、淋水填料、除水器、配水系统、风筒、风机、电动机等结构构件组成,其主要构造如图 3 - 3 所示。

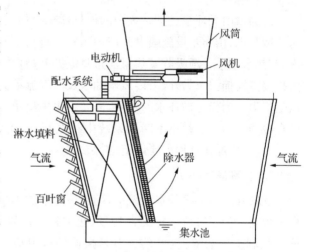

图 3 - 3　机械通风冷却塔构造特征

机力塔是工业冷却中最重要的冷却构筑物,因其造价低廉、布置灵活、效率高而受到广泛应用。

在冷却塔内,热水与空气之间发生两种传热作用,一是蒸发传热,二是接触传热。蒸发传热是水滴的饱和蒸汽压大于空气中水蒸气分压时,表面水分子克服液态水分子之间的吸引力而汽化进入空气中,并带走汽化潜热,使液态水的温度下降。蒸发传热带走的热量约占冷却塔中传热量的 $75\%\sim80\%$,每蒸发 1 kg 水,要带走约 2.43×10^6 J 的热量。接触传热是当空气的温度低于水温时,热量从水传向空气,使空气温度提高而水温降低,带走的热量约占冷却塔中传热量的 $20\%\sim25\%$。

冷却塔中的淋水填料对于水气传热发挥了重要的作用,相应开发出多种构型材质的产品。淋水填料、喷溅装置和除水器等应满足下列要求:

(1) 在设计最高水温条件下不软化变性;

(2) 在设计最低气温条件下不破裂;

(3) 具有足够的刚度、强度及良好的耐老化性能;

(4) 具有良好的阻燃性能,满足国家和地方的有关标准和规定。

冷却塔中的风机要求性能匹配,长期运行无故障、振动和异常噪声,叶片耐水腐蚀性好并有足够的强度,运行噪声符合环境保护的要求。

目前市场上出售的一种玻璃钢冷却塔,其作用原理与机械通风冷却塔相似,所不同的是塔体外壳全部用玻璃钢(一种玻璃布与树脂组成的材料)预制成块状部件,运输到现场后再拼装而成。填料通常为聚氯乙烯材料压制成的波纹板,根据需要还可采用铝合金材质。玻璃钢冷却塔目前已有系列化产品,其处理的冷却水量可为 $8 \sim 500 \ \mathrm{m^3/h}$,水温降幅为 $5 \sim 25 \ ^\circ\mathrm{C}$。由于玻璃钢冷却塔生产已系列化,规格齐全,而且体积小,占地面积少,排列灵活,可以拆迁,运输方便,造价相对来说也较低,因此常为一些中小型化工厂、化肥厂、制药厂、宾馆等单位改建、扩建或新建循环冷却水系统时选用。其缺点是塔体强度和使用寿命都不如钢筋混凝土建造的冷却塔。

3.1.3 敞开式循环冷却水系统运行参数

冷却水由循环泵送到系统中的换热器来冷却工艺热介质,其本身温度升高,变成热水被送往冷却塔,由布水设施喷淋到塔内填料上进行冷却。空气则由塔底百叶窗空隙中进入塔内,与热水接触逐渐吸收其热量而自身温度升高,并携带水蒸气由塔顶逸出。这部分水的损失称为蒸发损失。另外,塔内风扇抽吸及空气流动会携带一些冷却水飞溅出的雾沫,统称为风吹损失。为保证循环水的水质,需要将水中离子等污染物维持在一定浓度范围,这样就必须在冷却水循环过程中不断向系统中补充新水,还要向系统外面排出一定量的污水(如图3-1)。具体操作过程需要设定运行参数。

1. 浓缩倍数(K)

在敞开式循环冷却水系统中,随着冷却水的不断损耗,水中各种矿物质和离子含量就会愈来愈高。为了维持一定的含盐量,必须补入新鲜水,排出浓缩水。操作时采用浓缩倍数K 来控制水中盐浓度,K 的含意是指循环水中某物质的浓度与补充水中该物质的浓度之比,即

$$K = c_\mathrm{R} / c_\mathrm{M}$$

式中:c_R为循环水中某物质的浓度;c_M为补充水中某物质的浓度。

用来计算浓缩倍数的物质成分,要求它们的浓度除了随浓缩过程而增加外,不受其他外界条件的干扰,如不受加热的影响,不产生化学沉淀,投加药剂不影响其浓度,通常选用的物质有 $\mathrm{Cl^-}$、$\mathrm{SiO_2}$、$\mathrm{K^+}$ 等物质或总溶解固体(TDS)指标。

在实际生产中,系统 K 值的选择需要综合考虑节水和系统稳定两方面因素。随着循环冷却水浓缩倍数 K 的增加,冷却水系统的补充水量和排污水量都不断减少,可以节约水资源。然而,由于在较高 K 值条件下补充水量较小,每提高一个浓缩倍数单位所降低的补充水量的百分比则随着浓缩倍数的增加而降低,即节水效率逐渐下降。当浓缩倍数提高到4.0

以上时,再进一步提高浓缩倍数的节水效果就不明显了,节水量与循环水量的比不足 1%。因此,要综合考虑,确定系统最佳的运行 K 值。

2. 补充水量(M)

水在循环过程中,除因蒸发损失和维持一定的浓缩倍数而排掉一定的污水外,还由于空气从塔顶逸出时,带走部分水滴,以及管道渗漏而失去部分水,因此补充水应是下列各项损失之和。

$$M(m^3/h) = E + D + B + F$$

式中:M 为补充水量;E 为蒸发损失,冷却塔中,循环冷却水因蒸发而损失的水量 E 与气候和冷却幅度有关,进入冷却塔的水量愈大,E 也就愈多。D 为风吹损失;除与当地的风速有关外,还与冷却塔的构型有关。一般自然通风冷却塔比机械通风冷却塔的风吹损失要大些,塔中装有良好的收水器,风吹损失会小些。B 为排污损失,由需要控制的浓缩倍数和冷却塔的蒸发量来确定。F 为渗漏损失,良好的循环冷却水系统,管道连接处,泵的进、出口和水池等地方都不应该有渗漏。但因管理不善,安装不好,会产生渗漏。在考虑补充水量时,应视系统具体情况而定。

3.1.4　敞开式循环冷却水系统运行问题

冷却水在循环使用过程中,水温度变化较大,发生蒸发,各种无机离子和有机物质浓缩;另外,冷却塔和冷水池在室外受到阳光照射和风吹雨淋,环境中的灰尘杂物会被带入,加之设备结构和材料等多种因素的综合作用,会产生比直流系统更为严重的沉积物的附着、设备腐蚀和微生物滋生及粘泥污垢等问题,威胁着企业的安全生产和经济损失。因此,在选择使用敞开式循环冷却水系统时,必须要配套经济实用的循环冷却水处理方案。

1. 水垢的析出和附着

一般天然水中都溶解有重碳酸盐,是冷却水发生水垢附着的主要成分。在直流冷却水系统中,重碳酸盐的浓度较低,但在循环冷却水系统中,重碳酸盐的浓度随着蒸发浓缩而提高,当其浓度达到过饱和状态时,或者在经过换热器传热表面使水温升高时,会发生下列反应:

$$Ca(HCO_3)_2 = CaCO_3 + CO_2 + H_2O$$

冷却水经过冷却塔向下喷淋时,溶解在水中的游离 CO_2 逸出,促使上述反应向右方进行,产生大量的 $CaCO_3$ 沉积物而附着于换热器表面,形成致密的碳酸钙水垢。与金属相比,碳酸钙的导热性能很差,导热系数是钢材的几十分之一,会严重影响换热器的传热效率,长期甚至会堵塞管道。

2. 设备腐蚀

循环冷却水系统中,大量的设备是金属制造的换热器,而多数是廉价的碳钢材质,长期运行会发生腐蚀穿孔,其腐蚀的原因是多种因素造成的。

（1）冷却水中溶解氧引起的电化学腐蚀

敞开式循环冷却水系统中，当碳钢与冷却水接触时，由于金属表面的不均一性和冷却水的导电性，在碳钢表面会形成许多腐蚀微电池，促使阳极区的金属不断溶解而被腐蚀。水与空气能充分地接触，水中溶解氧可达饱和状态，溶解氧的去极化作用促进了金属的腐蚀。

（2）有害离子引起的腐蚀

循环冷却水在浓缩过程中，除重碳酸盐浓度随浓缩倍数增长而增加外，其他的盐类如氯化物、硫酸盐等的浓度也会增加。当 Cl^- 和 SO_4^{2-} 浓度增高时，会加速碳钢的腐蚀。对于不锈钢制造的换热器，Cl^- 是引起应力腐蚀的主要原因，特别是在材料应力集中的部位易发生腐蚀，产生应力腐蚀开裂。循环冷却水系统中如有不锈钢制的换热器时，一般要求 Cl^- 的含量不超过 300 mg/L。

（3）微生物引起的腐蚀

在循环水中，由于养分的浓缩，水温的升高和日光照射，给细菌和藻类创造了迅速繁殖的条件。大量细菌和藻类与水中飘浮的灰尘杂质和化学沉淀物等黏附在一起，形成生物黏泥，也有人把它叫做软垢。黏泥会使冷却水的流量减少，从而降低换热器的冷却效率，严重时，会将管子堵死，迫使停产清洗。

微生物的滋生也会使金属发生腐蚀。微生物排出的黏液与无机垢等形成的软垢附着在金属表面，形成氧的浓差电池，促使金属腐蚀。此外，在金属表面和沉积物之间缺乏氧，一些厌氧菌（主要是硫酸盐还原菌）得以繁殖，当温度适宜时，繁殖更快，它分解水中的硫酸盐，产生 H_2S，引起碳钢腐蚀。

铁细菌是钢铁锈瘤产生的主要原因，它能使水中 Fe^{2+} 氧化为 Fc^{3+}，促进材料的腐蚀。

上述各种因素对碳钢引起的腐蚀常使换热器管壁被腐蚀穿孔，形成渗漏导致工艺介质泄漏，损失物料，污染水体；冷却水也可能渗入工艺介质中，使产品质量受到影响。当被腐蚀穿孔的管子数目不多时，可采取临时堵管的办法，使换热器在减少传热面的情况下继续使用。当穿孔的管子过多时，换热器传热面减少得太多，失去冷却作用，需要停产更换。

3.2　循环冷却水系统中水垢的形成与控制

循环冷却水系统在运行的过程中，会有各种物质沉积在换热器的传热管表面，这些物质统称为污垢（fouling）。主要有水垢（scale）及由淤泥、腐蚀产物和生物沉积物构成的软垢。其中水垢结晶致密，比较坚硬，故又称为硬垢。对系统的危害较大，且难以清洗去除，因此需要对冷却水进行分析，预判水垢的形成趋势，防患于未然。

3.2.1　水垢的形成与析出判断

1. 水垢的形成

天然水中溶解有各种盐类，如重碳酸盐、硫酸盐、氯化物、硅酸盐等。其中以溶解的重碳酸盐如 $Ca(HCO_3)_2$、$Mg(HCO_3)_2$ 为最多，也最不稳定，容易分解生成溶解度低的碳酸盐。冷却水在冷却塔中处于曝气环境，溶解在水中的二氧化碳逸出，水的 pH 升高，会促进重碳酸盐的分解。如水中溶有适量的磷酸盐时，磷酸根将与钙离子生成磷酸钙，生成的碳酸钙和磷酸钙均属微溶性盐,它们的溶解度比氯化钙和重碳酸钙要小得多。在 20℃时,氯化钙的溶解度是 37 700 mg/L;在 0℃时,重碳酸钙的溶解度是 2 630 mg/L;而碳酸钙的溶解度只有 20 mg/L,磷酸钙的溶解度就更小,仅仅为 0.1 mg/L。此外,碳酸钙和磷酸钙的溶解度与一般的盐类不同,它们不是随着温度的升高而升高,而是随着温度的升高而降低。因此,在换热器的传热表面上,这些微溶性盐很容易达到过饱和状态而从水中结晶析出。当水流速比较小或传热面比较粗糙时,这些结晶沉积物就容易沉积在传热表面上形成水垢。此外,水中溶解的硫酸钙、硅酸钙、硅酸镁等,当其阴、阳离子浓度的乘积超过其本身溶度积时,也会生成沉淀沉积在传热表面产生水垢。

在大多数情况下,水垢是以碳酸钙为主,这是因为硫酸钙的溶解度远大于碳酸钙。例如在 0℃时,硫酸钙的溶解度是 1 800 mg/L,比碳酸钙约大 90 倍,所以碳酸钙比硫酸钙更易析出。天然水中溶解的磷酸盐较少,因此,除非向水中投加过量的磷酸盐药剂,否则磷酸钙水垢将较少出现。

2. 水垢析出的判断

以下仅介绍碳酸钙水垢析出的判断方法。

(1) 饱和指数(L.S.I.)

碳酸盐溶解在水中达到饱和状态时,存在着下列平衡关系:

$$Ca(HCO_3)_2^- \Longrightarrow Ca^{2+} + 2HCO_3^-$$

$$HCO_3^- \Longrightarrow H^+ + CO_3^{2-}$$

$$CaCO_3 \Longrightarrow Ca^{2+} + CO_3^{2-}$$

1936 年朗格利尔(langelier)根据上述平衡关系,提出了饱和 pH 和饱和指数的概念,以判断碳酸钙在水中是否会析出水垢,并据此提出通过调节 pH 的办法来控制水垢的析出。

从反应式可以看出,当碳酸钙在水中呈饱和状态,则上述反应式处于平衡状态,重碳酸钙既不分解成碳酸钙,碳酸钙也不会继续溶解。此时水的 pH 称为该水的饱和 pH,用 pHs 表示。朗格利尔推导出了计算 pHs 的公式,并采用水的实际 pH 与计算出的 pHs 的差值来判断水垢的析出。此差值称为饱和指数,以 L.S.I. 表示。

早期水处理工作者曾有意让冷却水在换热器传热表面上结上薄薄致密的一层碳酸钙水垢,这样既不影响传热效率,又可防止碳钢的腐蚀。因此,朗格利尔提出:

L.S.I. >0 时,碳酸钙垢会析出,这种水属结垢型水;当 L.S.I. <0 时,则原来附在传热面的碳酸钙垢层会被溶解掉,使碳钢表面裸露在水中而受到腐蚀,这种水称作腐蚀型水;当 L.S.I. =0 时,碳酸钙既不会继续析出,原有碳酸钙垢层也不会被溶解掉,这种水属于稳定型水。

用饱和指数法判断水垢析出,需要计算 pHs。根据电中性原则和质量作用定律,中性碳酸盐水溶液中,存在着下列关系:

$$[M-碱度] + [H^+] = 2[CO_3^{2-}] + [HCO_3^-] + [OH^-]$$

$$[Ca^{2+}][CO_3^{2-}] = K_s'$$

$$[H^+][CO_3^{2-}]/[HCO_3^-] = K_2'$$

式中:M-碱度为以甲基橙为指示剂所测得的总碱度;K_s'为碳酸钙的溶度积;K_2'为碳酸的二级电离常数。

由于循环冷却水在 pH＝6.5～9.5 的范围内运行,此时水中的[OH⁻]和[H⁺]相比于[CO₃²⁻]和[HCO₃⁻]及[M-碱度]都很小,可以略去,故可以得到简化式子:

$$[M\text{-碱度}]=2[CO_3^{2-}]+[HCO_3^-]$$

与上式合并整理得到:

$$[CO_3^{2-}]=K_2'[M\text{-碱度}]/[H^+]\{1+2K_2'/[H^+]\}$$

取对数,经整理得到:

$$pHs=pK_2-pK_s+pCa+pM\text{-碱度}+2.5\sqrt{\mu}$$

式中:K_2、K_s 为以活度表示的碳酸的二级电离常数和碳酸钙的溶度积;μ 为离子强度。

用上述公式计算饱和 pH 比较麻烦,为简便起见,有人将上式进行简化,根据该水的 pH值、M-碱度、钙硬度以及总溶解固体的化学分析值和水温,采用固定表(如表 3-1)换算成对应的 A、B、C、D 数值,依据下面的公式进行计算:

$$pHs=(9.70+A+B)-(C+D)$$

式中:A 为总溶解固体系数;B 为温度系数;C 为钙硬度系数;D 为 M-碱度系数。

表 3-1 A、B、C、D 系数换算表

总溶解固体/(mg/L)	A	温度/(℃)	B	钙硬度或 M-碱度(以 CaCO₃ 计)/(mg/L)	C 或 D	钙硬度或 M-碱度(以 CaCO₃ 计)/(mg/L)	C 或 D
45	0.07	0	2.60	10	1.00	130	2.11
60	0.08	2	2.54	12	1.08	140	2.15
80	0.09	4	2.49	14	1.15	150	2.18
105	0.10	6	2.44	16	1.20	160	2.20
140	0.11	8	2.39	18	1.26	170	2.23
175	0.12	10	2.34	20	1.30	180	2.26
220	0.13	15	2.21	25	1.40	190	2.28
275	0.14	20	2.09	30	1.48	200	2.30
340	0.15	25	1.98	35	1.54	250	2.40
420	0.16	30	1.88	40	1.60	300	2.48
520	0.17	35	1.79	45	1.65	350	2.54
640	0.18	40	1.71	50	1.70	400	2.60
800	0.19	45	1.63	55	1.74	450	2.65
1 000	0.20	50	1.55	60	1.78	500	2.70

（续表）

总溶解固体/ (mg/L)	A	温度/ (℃)	B	钙硬度或 M-碱度 （以 $CaCO_3$ 计）/ (mg/L)	C 或 D	钙硬度或 M-碱度 （以 $CaCO_3$ 计）/ (mg/L)	C 或 D
1 250	0.21	55	1.48	65	1.81	550	2.74
1 650	0.22	60	1.40	70	1.85	600	2.78
2 200	0.23	65	1.33	75	1.88	650	2.81
3 100	0.24	70	1.27	80	1.90	700	2.85
≥4 000	0.25	80	1.16	85	1.93	750	2.88
≤13 000				90	1.95	800	2.90
				95	1.98	850	2.93
				100	2.00	900	2.95
				105	2.02		
				110	2.04		
				120	2.08		

通常设计部门对水质处理进行设计和确定药剂配方时，往往根据水质资料首先计算一下饱和指数，以判断水质是属于什么类型的，然后再考虑处理方案。如我国引进法国某合成氢装置时，曾向法方提供水质条件，法方根据该水质条件并考虑浓缩倍数为 3 的运转条件，计算了该水质的饱和指数。从理论上考虑，水中各离子浓度是按浓缩倍数成比例增加的，故 3 倍运行时，不同温度下的饱和指数均大大地超过零，预示出水质结垢严重，因此法方据此提供了只投加阻垢剂的单一配方。

L.S.I. 指数法只从热力学平衡角度出发，在工程应用中有局限性，首先冷却水流经换热器时，进口和出口水温是不同的，如果采用进口温度为依据，控制热端不结垢，则冷端必然腐蚀；第二，如果冷却水中含有胶体或藻类有机体，碳酸钙可能沉积在胶体上，而不沉积在金属表面，饱和指数为正数，仍可发生腐蚀；第三，加入阻垢剂后，难以判断水的结垢倾向，甚至得出相反的结论，失去预测作用。

（2）稳定指数（R.S.I.）

1946 年雷兹纳（Ryznar）指出，饱和指数在预测水质性能时经常出现错误的判断。如对某些水，其饱和指数虽然是正值，但是水的腐蚀性却很强。他提出以下两种假设的水：

（a）种水，在 75℃时，pHs＝6.0. 实际 pH＝6.5，饱和指数＝＋0.5；

（b）种水，在 75℃时，pHs＝10.0，实际 pH＝10.5，饱和指数＝＋0.5。

从饱和指数看，两种水都是结垢型的，但实际上（a）种水是结垢型的，而（b）种水则是强腐蚀型的。因此，他提出用经验式 2pHs－pH 来代替饱和指数预测水质性能，并把 2pHs－pH 的差值称作稳定指数。如果（a）、（b）两种水用稳定指数来预示，并与饱和指数进行对比可知，从饱和指数看，（a）、（b）两种水是一样的，都是属于结垢型的；但是从稳定指数看，两种水却不相同，（a）种水属结垢型而（b）种水属腐蚀型。雷兹纳通过实验，提出了经验的稳定指数（R. S. I.）来进行碳酸钙垢析出的判断：

$$R. S. I. = 2pHs - pH < 6 \quad 结垢$$
$$R. S. I. = 2pHs - pH = 6 \quad 不结垢也不腐蚀$$
$$R. S. I. = 2pHs - pH > 6 \quad 腐蚀$$

稳定指数同 L. S. I. 一样都没有考虑水处理因素（浊度、细菌）、电化学过程、物理结晶过程及其他阳离子的影响，因此也只能对未作处理的原水作判断。

（3）结垢指数（P. S. I）

1979 年帕科拉兹（Puckorius）认为水的总碱度比水的实际测定 pH 能更正确地反映冷却水的腐蚀与结垢倾向。经过对几百个冷却水系统作了研究之后，他认为将稳定指数中水的实际测定 pH 改为平衡 pH（pHeq）将更切合实际生产，而平衡 pH 与总碱度可按下列关系式算出或由表查出。

$$pH_{eq} = 1.465 \lg[M\text{-碱度}] + 4.54$$

式中：M-碱度为系统中水的总碱度（以 $CaCO_3$ 计），mg/L。

并提出结垢指数（P. S. I）为：

$$P. S. I = 2pHs - pH_{eq} \quad > 6 \quad 腐蚀$$
$$P. S. I = 2pHs - pH_{eq} \quad = 6 \quad 稳定$$
$$P. S. I = 2pHs - pH_{eq} \quad < 6 \quad 结垢$$

（4）临界 pH 结垢指数

晶体生长理论认为，对微溶性盐，如碳酸钙，必须要出现一定的过饱和度始能析出沉淀。沉淀析出时，与过饱和度相应的 pH 称为临界 pH，它可以和饱和 pH 进行比较。

1972 年法特诺（Feirler）用实验方法测出结垢时水的真实 pH，即临界 pH，以 pH_C 表示。

当水的实际 pH 大于它的临界 pH 时就会结垢；小于临界 pH 时，就不发生结垢。因此，临界 pH 相当于饱和指数中的 pHs，不同的是 pHs 是计算值，而 pHc 是实验测定值，各种影响因素都包括进去了，其数值显然要比 pHs 高，一般 $pH_c = pHs + (1.7 \sim 2.0)$。该方法以实验测定数据代替热力学平衡推导式，实用意义更好，但工作量大，对实验条件及工作人员的要求也较高，在日常运用中也受到限制。然而，国外有人以此方法研制成测垢仪，已投入实际应用。

上述四种指数均是针对碳钢材质，对于铝、锌、铅和锡等两性金属，不一定适用，因为它们的氧化物既溶于酸性水溶液，又溶于碱性水溶液，只有在中间 pH 范围内具有最好的腐蚀稳定性。

在许多水质处理方案中，常在循环冷却水中投加聚磷酸盐作为缓蚀剂或阻垢剂，而聚磷酸盐在水中会水解成为正磷酸盐，使水中有磷酸根离子存在。磷酸根与钙离子结合会生成溶解度很小的磷酸钙沉淀，如附着在传热表面上，就形成磷酸钙水垢。相应地提出了磷酸钙饱和 pH 的概念，根据水的实际 pH 与磷酸钙饱和 pH 的差值判断结垢倾向，在实际应用时，一般控制在 1.5 以下即可。

当循环冷却水中硅酸（以 SiO_2 计）含量很高，水的硬度也较大时，SiO_2 易与水中钙或镁生成传热系数很低的硅酸钙或硅酸镁水垢,这类水垢不能用一般的化学酸洗法去清洗,而要用酸、碱交替清洗的方法。如硅酸钙(或镁)垢中含有 Al^{3+} 或 Fe^{2+} 等金属离子时,清洗就更为困难。为避免硅酸盐垢的生成,通常限制冷却水中 SiO_2 含量,一般不超过 175 mg/L 为宜。当镁的含量大于 40 mg/L,与浓度极高的钙共存时,即使 SiO_2 含量低于 150 mg/L,仍会生成硅酸镁水垢。因此《工业循环冷却水处理设计规范》(GB50050 – 95)要求 $[Mg^{2+}]$ $[SiO_2]<15\,000$ mg/L。

3.2.2 水垢的控制

循环冷却水系统中最易生成的水垢是碳酸钙垢,因此在谈到水垢控制时,主要是指如何防止碳酸盐水垢的析出。设计控制水垢方案时,要考虑循环水量大小、控制程度及阻垢药剂来源等,在经济条件下选择控制方案。水垢的控制方法主要包括降低水中结垢离子的浓度,使其保持在允许的范围内;稳定水中结垢离子的平衡关系;抑制水垢晶体的正常生长。

降低水中结垢离子的浓度的水处理方法较多。对硬度过高或碱度过高的补充水,一般不能直接用离子交换法及膜处理工艺,经济性较差;对于较大水量的循环冷却水常采用化学方法进行预处理,一般采用石灰软化法和石灰-纯碱法处理。

1. 石灰软化法

硬度较高的补充水在进入循环冷却水系统之前需要进行软化预处理。可以采用澄清池投加石灰与水中的碳酸氢钙反应,生成碳酸钙沉淀析出,从而除去水中的 Ca^{2+}。其反应机理如下方程式所示:

$$CaO+H_2O=\!=\!=Ca(OH)_2$$
$$CO_2+Ca(OH)_2=\!=\!=CaCO_3\downarrow+H_2O$$
$$Ca(HCO_3)_2+Ca(OH)_2=\!=\!=2CaCO_3\downarrow+2H_2O$$
$$Mg(HCO_3)_2+2Ca(OH)_2=\!=\!=2CaCO_3\downarrow+Mg(OH)_2\downarrow+2H_2O$$

由于镁盐的溶解度比碳酸钙大得多,故去除镁离子需要的石灰量较大,投加量一般需要增加一倍。石灰软化法对水中非碳酸盐硬度,例如氯化钙、硫酸钙、氯化镁等没有作用,虽然石灰与镁的非碳酸盐发生反应,但生成氢氧化镁沉淀析出的同时又产生了等物质量的非碳酸盐的钙硬度。

2. 石灰-纯碱软化法

该方法可以去除非碳酸盐碱度,即永久性硬度。其原理为:

$$CaSO_4+Na_2CO_3=\!=\!=CaCO_3\downarrow+Na_2SO_4$$
$$CaCl_2+Na_2CO_3=\!=\!=CaCO_3\downarrow+2NaCl$$
$$MgSO_4+Na_2CO_3=\!=\!=MgCO_3+Na_2CO_3$$
$$MgCO_3+Ca(OH)_2=\!=\!=CaCO_3\downarrow+Mg(OH)_2\downarrow$$

石灰软化法成本较低,当原水钙含量较高,而补水量又较大的条件下常采用这种方法。但投加石灰时,灰尘较大,劳动条件差。如能从设计上改进石灰投加法,此法是值得采用的。另外,石灰软化法过程中,碳酸钙处于过饱和状态,当水中有二氧化碳存在时,碳酸钙会发生溶解产生暂时硬度,有结垢倾向。

石灰软化法处理冷却水的过程中会产生难容的碳酸钙、氢氧化镁胶体物质等,这些胶体物质难以沉淀,一般后续接混凝处理工艺。由于石灰软化过程 pH 上升,一般采用铁盐,可以在较高 pH 条件下产生良好的混凝效果,而铝盐混凝效果较差。

3. 加酸通 CO_2 气体

通过加酸来稳定水中结垢离子的平衡关系。对一些水量较大,而水质要求并不十分严格的冷却循环水,一般采用加酸法处理来防止结垢,通常加 H_2SO_4。若加 HCl 会带入 Cl^-,增强腐蚀性,而加 HNO_3 则会带入 NO_3^-,促使硝化细菌繁殖。加酸后,水的 pH 降低,使碳酸盐转化成溶解度较大的硫酸盐达到阻垢的目的。考虑到综合利用的问题,也可向水中通入 CO_2 或净化后的烟道气来稳定重碳酸盐,但通入的 CO_2 气体在冷却塔中容易逸出,导致碳酸钙的析出,堵塞冷却塔中填料之间的孔隙,这种现象称为钙垢转移,因此在投加量和水的 pH 控制方面多加注意。

4. 投加阻垢剂

投加阻垢剂的主要目的是抑制碳酸钙晶体的正常生长。碳酸钙等水垢的形成就是微溶性盐从溶液中结晶沉淀的一种过程。按结晶动力学观点,结晶的过程首先是生成晶核,形成少量的微晶粒,然后这种微小的晶体在溶液中由于热运动而相互或与金属器壁不断地进行碰撞,碰撞的结果就提供了晶体生长的机会,使小晶体不断地变成了大晶体,也就是说形成了覆盖传热面的垢层。投加阻垢剂,包括螯合剂、抑制剂,阻止破坏碳酸钙结晶增长,达到控制水垢形成的目的,该目的主要通过晶格畸变、络合增溶及凝聚与分散等机制来实现的。

晶格畸变就是阻垢剂可以螯合钙等金属离子,影响了碳酸钙晶体的正常生长,使晶格发生歪曲,垢层中产生大量空隙,导致垢层与换热器壁黏结力差,不易附着。例如有一个实验表明,没有阻垢剂聚磷酸盐存在时,碳酸钙晶体为正常的菱面方解石,投加 0.6 mg/L 聚磷盐,晶体大都正常,少数畸形晶出现,投加 0.9 mg/L,只有畸变的晶团,投加量大于 1.2 mg/L 时,不再发生沉淀。有机膦酸盐含 C—P 键,比聚磷酸盐得 P—O—P 键要牢固得多,化学性质稳定,不易水解生成菌藻繁殖的正磷酸盐,也具有临界值效应,低浓度(几 mg/L)就具有较强的阻垢作用,比单独使用聚磷酸盐效果还好,但可与其他多种药剂有良好的协同效应,如与聚磷酸盐复合效果比两者单独使用都好。

络合增溶是阻垢剂可以与钙镁离子络合反应,形成稳定的络合物,减少了碳酸钙的形成机会,在水中稳定存在,不析出晶体。EDTA 和 NTA(氨基三乙酸)络合剂能与二价或三价金属生成可溶性络物,也常用于处理锅炉用水。

凝聚与分散机制是阻垢剂吸附凝聚成垢微晶,使其带电互相排斥,稳定地分散于水中,减少了微晶碰撞长大并析出的机会。早期采用天然材料,如淀粉、葡萄糖酸钠等,价格低,无公害;但投量大,效果不理想。20 世纪 60 年代,相对分子质量低的水溶性聚丙烯酸作为阻垢分散剂率先应用于循环冷却水中,开创了聚合物应用的先河,具有良好的碳酸钙阻垢效果,价廉有效,没有磷污染,随着浓缩倍数的增加,对阻垢剂的要求也提高,不仅能够分散钙盐镁盐,还要求分散氢氧化物沉淀,聚丙烯酸显得不完美了,需要配合其他药剂了。

3.3　循环冷却水系统中金属的腐蚀及其控制

冷却水系统中的金属设备在使用过程中会发生不同程度的腐蚀,冷却水处理的目的就是减缓设备腐蚀的速度。金属的腐蚀速度采用 SI 制的 mm/a(毫米/年)和 μm/a(微米/年)来表达。《设计规范》中对循环冷却水系统中腐蚀控制指标规定,碳钢换热器管壁的腐蚀速度应小于 0.125 mm/a;铜、铜合金和不锈钢换热器管壁的腐蚀速度要小于 0.005 mm/a。以下要探讨腐蚀的原理、腐蚀形态、金属腐蚀的影响因素及腐蚀的控制方法。

3.3.1　冷却水中金属腐蚀的原理

以碳钢作为金属的代表,通过经典的腐蚀试验来分析金属在水中的腐蚀原理。

取一块已用砂纸打磨光亮的碳钢试片,在其表面上滴一滴含有铁锈指示剂(酚酞＋高铁氰化钾)的氯化钾溶液,氯化钾溶液中含有一定量的溶解氧,则可以看到,在淡黄色液滴下面的碳钢表面上出现许多蓝色的小点;过了一段时间后,淡黄色的溶液逐渐变为桃红色,而蓝色沉淀则将集中在液滴的中部;随着时间的推移,桃红色和蓝色逐渐加深;最后,溶液仍保持桃红色,但液滴中部的蓝色沉淀则逐渐转变为黄色沉淀。试验结束后,把碳钢试片用水冲洗干净并用滤纸擦干,就会发现,在出现蓝色沉淀的部位上碳钢试片的表面发生了腐蚀,而其余部位(即桃红色溶液覆盖的部位)的碳钢表面则仍保持完整和光亮。

试验中液滴中部的碳钢表面产生蓝色沉淀说明,水中的碳钢被氧化生成亚铁离子而发生了腐蚀;而液滴四周的溶液变成桃红色则说明了从空气中进入液滴内的氧被还原生成了 OH^-。由此可见,金属腐蚀是一个氧化还原过程,但是这个氧化还原过程有一个特点,金属的氧化反应发生在一处(阳极区),氧的还原反应则发生在另外的一处(阴极区)。因此,金属的腐蚀是一个电化学过程,此时阳极区、阴极区、水溶液三者构成了一个腐蚀电池。

可以认为,循环冷却水系统中的碳钢材料与水接触时,会形成许多微小的腐蚀电池。在阳极区,碳钢氧化生成亚铁离子进入水中,并在碳钢的金属基体上留下两个电子。与此同时,水中的溶解氧则在阴极区接受从阳极区的两个电子,还原为 OH^-。当亚铁离子和氢氧根离子在水中相遇时,就会生成 $Fe(OH)_2$ 沉淀,这时阴极部位的表面为氢或者氢氧化亚铁所遮盖,铁表面不再与水接触,发生了极化作用,阻碍了腐蚀的进行。如果水中的溶解氧比较充足,会发生去极化作用,则 $Fe(OH)_2$ 会进一步氧化,生成黄色的锈 $FeOOH$ 或 $Fe_2O_3 \cdot H_2O$。如果水中的溶解氧不充足,则 $Fe(OH)_2$ 进一步氧化为绿色的水合四氧化三铁或黑色的无水四氧化三铁。

由以上的金属腐蚀机理可知,金属腐蚀的过程也就是金属的阳极和阴极极化的过程。伊文思极化图可以简单地表达金属腐蚀过程中阴极和阳极极化性能特点(如图 3-4 所示)。

图中的纵坐标表示电极电位 E,上端为负,下端为正;

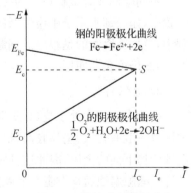

图 3-4　钢在含氧中性水中腐蚀的伊思文极化图

横坐标表示电流强度 I。E_{Fe} 和 E_O 分别表示了 Fe 和 O_2 的平衡电位，$E_{Fe}S$ 和 E_OS 分别为金属的阳极和阴极极化曲线，两条曲线交于一点 S，该点的电位 E_c 就是金属的腐蚀电位，该点的电流强度 I_c 就是该金属的腐蚀电流强度。

由上述可知，孤立金属的腐蚀过程中发生的阴极反应和阳极反应是一对共轭反应，反应过程中随着电流强度的增加，阴极还原电位逐渐向负方向移动，而阳极电位不断向正方向移动，二者极化交汇于腐蚀电位点。因此，在腐蚀控制中，只要控制腐蚀过程中的阳极反应和阴极反应两者中的任意一个电极反应速度，则另一个电极反应速度也会随之而受到控制，从而使整个腐蚀过程的速度受到控制。当然在实际生产中，金属的腐蚀受到金属材质、环境条件及微生物作用等多种因素的影响，有效地控制金属的腐蚀是一项艰巨的工作。

3.3.2　冷却水中金属腐蚀的形态

由于材料及环境条件的差异，循环冷却水系统中金属材料的腐蚀呈现出不同的形态。通过仔细观察腐蚀试样或损坏设备的金属腐蚀形态，结合发生腐蚀的水质和环境条件，分析出腐蚀的影响因素，总结产生腐蚀的原因，找出解决腐蚀问题的措施。以下介绍冷却水系统中一些金属的腐蚀形态及其实例。

1. 均匀腐蚀

均匀腐蚀又称全面腐蚀，是指金属的全部暴露表面上均匀地被腐蚀，在腐蚀过程中，暴露面金属逐渐变薄，直到被破坏。对碳钢而言，均匀腐蚀主要发生在 pH 低的水环境条件下。采用无机酸清洗冷却水系统中的碳钢换热器时，如果没添加适当的缓蚀剂，碳钢将会发生明显的均匀腐蚀；在加酸调节 pH 的冷却水系统中，控制不好，冷却水的 pH 降到很低时，碳钢的设备也将发生明显的均匀腐蚀。

2. 电偶腐蚀

电偶腐蚀又称双金属腐蚀或接触腐蚀，当两种不同性质的金属同处于水溶液中时，其间存在着电位差，从而形成一个腐蚀电池。这样电位较低的金属腐蚀速度通常会增加，电位较高的金属受到保护而腐蚀速度将下降。

不同金属或合金材料间的接触或连接常常是不可避免的，尤其在复杂的设备或成套的装置中，如冷却水系统中换热器的黄铜换热管和碳钢管板之间会发生电偶腐蚀。在腐蚀过程中，被加速腐蚀的是很厚的钢制管板，而较薄的铜管腐蚀速度降低，由于钢制管板的壁较厚，因而仍可长期使用。

3. 缝隙腐蚀

冷却水系统中处于缝隙或其他的隐蔽区域的金属表面，常会发生强烈的局部腐蚀。腐蚀区域一般有孔穴、垫片底面、搭接缝以及螺帽、铆钉帽下的缝隙，还有表面沉积物、金属的腐蚀产物下面的金属，因此这种腐蚀形态被称作缝隙腐蚀，有时也被称为垢下腐蚀、垫片腐蚀等。缝隙腐蚀通常发生在缝隙宽度等于或小于 $0.1\sim0.2$ mm 的窄缝处，该宽度可以使液体流入，但又必须要使进入缝隙的液体保持在静滞状态。金属和非金属接触的表面之间的缝隙也能引起缝隙腐蚀，例如使用垫片时的情况。

缝隙腐蚀的机理是，在缝隙中，金属微溶生成金属离子，而氧则由于缝隙中溶液对流不畅而贫化,其还原反应主要是在缝隙之外的阴极区进行。这样,在缝隙溶液中就有过剩的正电荷,需要带负电的氯离子迁移到缝隙中去以保持电中性。结果缝隙内金属氯化物的浓度增加,继而水解生成不溶性的金属氢氧化物沉淀和可溶性的盐酸,后者会加速多数金属和合金的溶解腐蚀。

4. 孔蚀

孔蚀又称为点蚀或坑蚀,是冷却水系统中最常见的,又是破坏性和隐患性最大的腐蚀形态之一。因为蚀孔既小,通常又被腐蚀产物或沉积物覆盖着,所以检查和发现蚀孔是很困难的,孔蚀严重的设备会在突然之间发生穿孔以及随之而来的泄漏,使人措手不及。

孔蚀孔的直径可大可小,但在大多数情况下都比较小。有的蚀孔孤立地存在,有的蚀孔则紧凑在一起。对于碳钢而言,孔蚀主要发生在中性的腐蚀性介质中。在碳钢换热器冷却水一侧的碳钢管壁表面和管板上,经常可以看到许多由孔蚀产生的腐蚀产物及其下面的蚀孔。

冷却水中大多数孔蚀和卤素离子有关。其中影响最大的是氯离子、溴离子和次氯酸根离子。蚀孔中金属的溶解是一种自催化过程。例如,钢发生孔蚀时,铁在蚀孔内溶解,生成亚铁离子,引起蚀孔内产生过量的正电荷,结果使氯离子迁移到蚀孔中以维持蚀孔内溶液的电中性。因此,蚀孔内会有高浓度的 $FeCl_2$。水解后产生的氯离子和氢离子能促进多数金属和合金的溶解,且整个过程随时间而加速。由于蚀孔溶液中的溶解氧浓度实际等于零,所以溶解氧的阴极还原过程是在蚀孔附近的金属表面上进行的,这部分表面成为腐蚀电池的阴极区而不受腐蚀。

5. 选择性腐蚀

选择性腐蚀是从一种固体金属中有选择性地除去其中一种元素的腐蚀。冷却水系统中最常见的选择性腐蚀是凝汽器中黄铜管的脱锌。普通黄铜含锌约 30%,铜约 70%。黄铜脱锌现象很容易发现,因为此时黄铜从原来的黄色变为红色。

黄铜脱锌的机理目前有两种理论。一种认为,由于锌比铜活泼,脱锌是黄铜表面层中的锌发生选择性溶解,而铜则仍留在黄铜的表面层中;另一种认为,铜和锌一起溶解,之后锌离子留在溶液中,而铜则镀回到黄铜的基体上。

防止或减轻黄铜脱锌最初的方法是在黄铜中加入 1%锡(海军黄铜),后来则再加入少量的砷、锑或磷作为"缓蚀剂"。例如,在含砷海军黄铜中约含 70%铜、29%锌、1%锡和 0.04%砷。对于产生脱锌的严重腐蚀性环境,或对于关键部件,人们则常使用铜-镍合金(70%~90%Cu,30%~10%Ni)来替代黄铜。

6. 磨损腐蚀

磨损腐蚀又称冲击腐蚀、冲刷腐蚀或磨蚀。磨损腐蚀是基于腐蚀性流体和金属表面间的相对运动引起的金属加速破坏和腐蚀。它同时还包括机械磨耗和磨损作用。此时,金属先以溶解的离子状态脱离其表面,或先生成固态腐蚀产物,之后受机械冲制作用而脱离金属表面。

磨损腐蚀的外表特征是:腐蚀的部位呈槽、沟、波纹和山谷形,还常常显示有方向性。许多金属,例如铝、不锈钢和碳钢的耐蚀性是依靠生成某些表面膜(钝化膜)。当这些保护性表面膜(保护膜)受到破坏成磨损后,金属的腐蚀就以高速进行,形成磨损腐蚀。

磨损腐蚀与表面膜、流速、湍流、冲击、金属或合金的性质等因素有关。在冷却水系统中,泵的叶轮、凝汽器中冷却水入口处铜管的端部、挡板和折流板等处常遭到的冲刷腐蚀。

7. 应力腐蚀破裂

应力腐蚀破裂是指由应力和特定腐蚀介质的共同作用而引起金属或合金的破裂,外貌是脆性机械断裂。应力腐蚀破裂的特点是,大部分表面实际上未遭破坏,只有一部分细裂纹穿透金属或合金内部。

应力可以有各种来源:外加应力、残余应力、焊接应力以及腐蚀产物产生的应力。应力增大,产生破裂的时间缩短。应力腐蚀破裂能在常用的设计应力范围之内发生,因此后果严重。电厂凝汽器黄铜管拉制后应力未消除时,容易发生应力腐蚀。

3.3.3 冷却水中金属腐蚀的影响因素

结合冷却水系统中金属的腐蚀形态及其成因分析,有助于总结金属腐蚀的影响因素,由此通过调控这些因素,减轻和防止冷却水中金属设备的腐蚀。

冷却水中金属换热设备腐蚀的影响因素很多,这些影响因素与材料本身性质和水质指标密切相关,金属材料的本身性质包括材料类型、表面物理性质及其化学组成;水质指标主要包括物理、化学和微生物指标。物理指标影响因素主要有温度、悬浮固体的磨损和流速等;化学指标因素包括水的 pH、阴阳离子类型与浓度、硬度、络合剂、溶解气体等;微生物指标因素主要包括微生物本身及其生成的软垢的影响。

1. 温度

温度可以通过影响金属材料本身的性质而影响其腐蚀速度。如果在同一金属或合金上存在温度差,则温度高的那一部分将会成为腐蚀电池的阳极而腐蚀,温度低的那一部分则成为腐蚀电池的阴极而受到保护。在温度升高的过程中,某些金属或合金之间的相对电位会发生明显的电位极性逆转。例如,当水的温度升高到大约 65℃时,镀锌钢板上的锌镀层将由阳极变为阴极。此时,锌镀层对钢板就不再有保护作用了。

在敞开式的循环冷却水中,温度可以通过影响水中溶解氧的扩散速度和溶解度而对金属腐蚀产生双重的影响。温度升高可使水中溶质的扩散系数增大,能使更多的溶解氧扩散到腐蚀金属表面的阴极区,促进金属的腐蚀。另一方面,温度升高会使氧在水中的溶解度降低,从而使金属的腐蚀速度下降。在不同的温度范围内,这两种作用的影响是不同的。在温度较低的区间内,金属的腐蚀速度随温度的升高而加快。此时,虽然氧在水中的溶解度随温度的升高而下降,但这时氧扩散速度的增加起着主导作用,这一倾向一直延续到77℃。之后,金属的腐蚀速度随温度的升高而下降。此时,氧在水中的溶解度的降低起主导作用。

2. 悬浮固体

敞开式的循环冷却水在运行过程中悬浮固体浓度会逐渐升高,这些悬浮固体主要有砂粒、尘埃、腐蚀产物、水垢残渣及微生物粘泥等。当冷却水的流速降低时,这些悬浮物容易在换热器部件的表面生成软垢,引起垢下腐蚀;当冷却水的流速过高时,这些悬浮物的颗粒容易对硬度较低的金属或合金(例如凝汽器中的黄铜管)会产生磨损腐蚀。

3. 流速

在冷却水系统中,当设备的某些部位水为静滞状态,溶解氧贫化,会引发严重的局部腐蚀。在流速较低的时候,金属的腐蚀速度随水流速的增加而增加,因为此时水携带到金属表面的溶解氧的量随之增加。当水的流速足够高时,足量的氧到达金属表面,使金属部分或全部钝化,金属的腐蚀速度将会下降。如果水的流速继续增加,这时水对金属表面上钝化膜的冲击腐蚀将使金属的腐蚀速度重新增大。超高速的流体设备中,例如离心泵的叶轮,还会引起空泡腐蚀。

4. pH

在循环冷却水系统中,金属材料表面一般会形成一层氧化膜,主要成分是该金属的氧化物。金属的耐蚀性能与其表面上的氧化膜的性能密切相关,而冷却水的 pH 对于金属腐蚀速度的影响往往取决于该金属的氧化物在水中的溶解度与 pH 的关系。如果该金属的氧化物溶于酸性水溶液而不溶于碱性水溶液,例如镍、铁等金属,则该金属在低 pH 时就腐蚀得快一些,而在高 pH 时腐蚀得就慢一些。然而,当 pH 很高时,铁要溶解而生成铁酸盐,腐蚀速度反而会加快。充气软水的 pH 对铁的腐蚀速度影响特征如图 3-5 所示。可以看出,在水的 pH<4 时,铁的腐蚀速率较快;pH 在 4～9 的范围内,腐蚀速率变化不大;pH> 9 以后,腐蚀速率明显下降。当然,在实际生产过程中,由于水质成分及材料本身成分的差异,腐蚀速率也会有较大的变化。

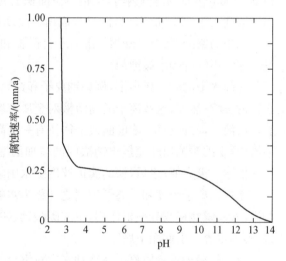

图 3-5　pH 对铁腐蚀速度的影响

铝、锌、铅和锡等金属为两性金属,它们在中间的 pH 范围内表现出最好的腐蚀稳定性,它们的氧化物既溶于酸性水溶液中,又溶于碱性水溶液中,而且不同的酸碱种类对其腐蚀速率影响很大。以铝金属为例,在酸性水溶液中,HF 溶液对铝腐蚀性最强,腐蚀速率受 pH 影响很大,当 pH<3 时,腐蚀速率可以超过 100 mpy,当 pH>3.4 左右时,铝的腐蚀速率就降低至 10 mpy 左右;磷酸酸性水比盐酸、硫酸、硝酸等强酸水的腐蚀性强,在 pH=2 左右时,它们的腐蚀速率分别在 30 mpy 和 10 mpy 左右;有机酸对铝的腐蚀性较弱。在碱性水中,碳酸钠碱性水和氢氧化钠碱性水对铝的腐蚀影响都很大,当 pH>9 时,碳酸钠碱性水对铝的腐蚀速率就随着 pH 的上升而明显提高,而氢氧化钠碱性水在 pH>10 后,铝的腐蚀速率也会随着 pH 的升高而大幅度上升,当 pH=11 时,二者都对铝产生强烈的腐蚀。

当酸碱浓度较高时,多数金属在非氧化性酸(例如盐酸)中,随着酸浓度的增加,腐蚀加剧;而在氧化性酸(例如硝酸、浓硫酸)中,则随着浓度的增加,腐蚀速度有一个最高值。当浓度超过一定数值以后,金属表面生成保护膜,腐蚀速度下降。

铁在稀碱溶液中的腐蚀产物为不易溶解的氧氧化物,对金属有保护作用。但如果碱的浓度增加或温度升高,则铁的氢氧化物将溶解生成铁酸盐,腐蚀速度又增大。

5. 阴离子和金属离子

金属的腐蚀速率与水中阴离子的种类有密切的关系。不同的阴离子对金属腐蚀速率贡献的顺序是:

$$NO_3^- < CH_3COO^- < SO_4^{2-} < Cl^- < ClO_4^-$$

冷却水中的 Cl^-、Br^-、I^-、SO_4^{2-} 等活性离子能破坏碳钢、不锈钢和铝等金属或合金表面的钝化膜,加速腐蚀电池的阳极反应速率,易引起金属的局部腐蚀。金属的腐蚀速率也与离子的浓度有关。在流动和充分充气的淡水中,当氯离子的浓度由 0 增加到 500 mg/L 时,碳钢的腐蚀形态主要为孔蚀,碳钢的腐蚀速率随水中氯离子浓度的增加而增加。氯离子浓度在 0～200 mg/L 的范围内时,碳钢单位面积上的蚀孔数随氯离子浓度的增加而增加。当氯离子浓度大于 500 mg/L 时,碳钢表面出现溃疡状腐蚀。

水中的铬酸根、亚硝酸根、钼酸根、硅酸根和磷酸根等阴离子则对钢有缓蚀作用,其盐类是一些常用的冷却水缓蚀剂。

冷却水中的碱金属离子,例如钠离子和钾离子,对金属和合金的腐蚀速度没有明显的或直接的影响;然而,这些离子的盐溶液对金属有腐蚀性。在不具有氧化性或缓蚀作用的中性盐水溶液中,腐蚀速率-浓度曲线上往往有一最高点。例如,在充气的浓度<3%的氯化钠水溶液中,铁的腐蚀速度随氯化钠浓度的增加而增大;当氯化钠浓度达到 3%左右时,铁的腐蚀速度达到极大值;之后,铁的腐蚀速度随水中氯化钠浓度的增加而下降。

水中钙离子浓度和镁离子浓度之和称为水的硬度。钙、镁离子浓度过高时,则会与水中的碳酸根、磷酸根或硅酸根作用,生成碳酸钙、磷酸钙和硅酸镁垢,水垢一般可以阻碍腐蚀的进行,但也容易引起垢下腐蚀。

铜、银、铅等重金属离子在冷却水中对钢、铝、镁、锌这几种常用金属起有害作用。水中的这些重金属离子通过置换作用,以一个个小阴极的形式将比它们活泼的基体金属(钢、铝、镁、锌等)析出,引起基体金属的腐蚀。

在酸性溶液中,Fe^{3+} 是一种阴极反应加速剂。某些矿山废水具有强烈的腐蚀性,其原因就在于此。在中性溶液中,Fe^{2+} 却可以抑制铜及铜合金的腐蚀,锌离子在冷却水中对钢有缓蚀作用,因此锌盐被广泛用作冷却水缓蚀剂。

6. 络合剂

络合剂又称配体。冷却水中常遇到的络合剂有:NH_3、CN^-、EDTA 和 ATMP 等。它们能与水中的金属离子生成可溶性的络离子,使水中金属离子的游离浓度降低,从而使金属的腐蚀速率增加。例如,冷却水中有氨存在时,由于它能与铜离子生成稳定的四氨合铜络离子 $Cu(NH_3)_4^+$ 而使铜加速溶解。

7. 溶解的气体

冷却水中常有的溶解性气体包括有氧、二氧化碳、氨、硫化氢、二氧化硫及氯气等。溶解氧对水中金属的腐蚀性影响随金属种类而变化。对于一些金属,溶解氧起着阴极去极化剂的作用,促进金属的腐蚀;在某些情况下,氧又是一种氧化性钝化剂,它能使金属钝化,免于腐蚀。在水对钢铁的腐蚀过程中,溶解氧的浓度是腐蚀速度的控制因素;在实验的温度和氧含量的范围内,低碳钢的腐蚀速度随氧含量的增加而增加。氧和二氧化碳含量高时,能使铜的腐蚀速度增加。铝的表面在水中有生成氧化膜的倾向,甚至在没有溶解氧存在时也是如此,氧化膜的生长有助于防止腐蚀,水中的氧对于铝的腐蚀并不是一种促进剂。

二氧化碳和二氧化硫都是酸性气体,其溶于冷却水中会使水的 pH 下降。水的酸性增加,会影响金属表面氧化膜;没有氧存在时,溶解状态二氧化碳的存在会引起钢和铜的腐蚀,但不会引起铝的腐蚀。

冷却水中的氨可以选择性地腐蚀铜,生成可溶性的四氨合铜络离子,对铝和碳钢都没有腐蚀性。

硫化氢对冷却水系统的设备腐蚀危害很大,其来源于工艺过程污染、大气污染及有机体污染,也可能由微生物作用产生,即硫酸盐还原菌还原水中的硫酸盐生成。硫化氢会加速铜、钢和合金钢的腐蚀,尤其是加速凝汽器铜合金管的点蚀,但硫化氢对铝材没有腐蚀性。

氯是控制冷却水中微生物生长常用的杀生剂,同时也是氧化剂,会将水中亚铁离子氧化成氢氧化物而析出沉积在管壁形成污垢。为保证杀生效果,水中会有一定量的余氯,余氯对碳钢的腐蚀具有一定的影响。

如图 3-6 所示,当水中的余氯浓度<0.4 mg/L 时,碳钢的腐蚀速度较低;超过 0.4 mg/L 时,碳钢的腐蚀速率随着余氯浓度的增加而增加;当余氯浓度到 0.7 mg/L,时,碳钢的腐蚀速度开始超出《设计规范》容许的上限值(0.125 mm/a)。

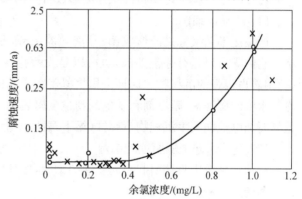

图 3-6 淡水中余氯对碳钢腐蚀速度的影响
(周本省. 工业水处理技术)

当余氯<2 mg/L,对铜、含镍铁合金影响不大;余氯<5 mg/L 对不锈钢影响不大。在加氯的原水中,铝会受到均匀腐蚀或局部腐蚀,但情况不很严重。

8. 金属材质本身性质

在冷却水系统中,金属本身的性质也是其腐蚀的重要影响因素。包括换热器管子加工过程中产生的残余应力,会引起应力腐蚀破裂;多种金属或合金共存引起的电偶腐蚀。另外材质中的杂质金属、晶粒取向、表面状态、凹陷等性质都会影响其腐蚀速率。

3.3.4 冷却水系统中微生物的腐蚀作用

在敞开式循环冷却水系统中,冷却水的水温通常被设计在 32~42℃之间(平均温度为37℃),这一温度范围特别有利于某些微生物的生长。另外,冷却水系统具有微生物生长所需的阳光、水分、空气、无机盐等条件,易造成菌藻繁殖,并形成生物粘泥。一旦有水冷器泄漏,工艺物料漏入循环水中,工艺物料大部分为无机、有机及油类物质,为循环水中异养菌的繁殖提供了充足的营养源。而冷却水中悬浮物形成的淤泥又为厌氧性微生物提供了庇护所,冷却水中的硫酸盐则成为厌氧性微生物——硫酸盐还原菌所需能量的来源。因此,有些冷却水系统成为一些微生物巨大的捕集器和培养器。

冷却水系统中微生物迅速地增值会使水质恶化,形成粘泥会阻碍管道,降低缓蚀阻垢剂药效能,加快金属腐蚀。此外,生物粘泥还含有致病细菌,可通过冷却塔产生的雾气传播到周围环境中。因此《工业循环冷却水设计规范》(GB5005 - 95)中规定:敞开式循环冷却水系统中宜控制异氧菌$<5\times10^5$ CFU/mL,粘泥量<4 mL/m³;循环冷却水中的悬浮物$\leqslant20$ mg/L(一般换热器)或 10 mg/L(板式、翅片管式和螺旋板式换热器),含油量<5 mg/L(一般企业)或<10 mg/L(炼油企业)。

在工业冷却水系统运行时,常会遇到一些引起设备腐蚀的微生物,主要包括细菌、真菌和藻类。

1. 细菌的腐蚀作用

与冷却水系统中金属腐蚀或黏泥形成有关的细菌有如下几类。

（1）产黏泥细菌

产黏泥细菌又称黏液形成菌、黏液异养菌等,是冷却水系统中数量最多的一类有害细菌。它们既可以是有芽孢细菌,也可以是无芽孢细菌。在冷却水中,它们产生一种黏泥状的、附着力很强的沉积物。这种沉积物覆盖在金属的表面上,降低冷却水的冷却效果,阻止冷却水中的缓蚀剂、阻垢剂和杀生剂到达金属表面,使其难以发挥作用,并使金属表面形成差异腐蚀电池而发生沉积物下腐蚀(垢下腐蚀)。但是,这些细菌本身并不直接引起腐蚀。

（2）直接引起金属腐蚀的细菌

冷却水系统中直接引起金属腐蚀的细菌,按其作用主要包括有有铁沉积细菌、产硫化物细菌和产酸细菌。

人们常把铁沉积细菌简称为铁细菌。铁细菌一般在含铁的水中生长,通常被包裹在铁的化合物中,把可溶于水的亚铁离子转变为不溶于水的三氧化二铁的水合物,生成体积很大的红棕色的黏性沉积物,一般为好氧菌,但也可以在氧含量小于 0.5 mg/L 的水中生长。

在冷却水系统中有时可以看到由于铁细菌的大量生长和锈瘤而引起管道堵塞现象。铁细菌的锈瘤遮盖了钢铁的表面,形成氧浓差腐蚀电池,并使冷却水中的缓蚀剂难于与金属表面作用生成保持膜,铁细菌还从钢铁表面的阳极区除去亚铁离子(腐蚀产物),从而使钢的腐蚀速度增加。

产硫化物细菌又称硫酸盐还原菌,是在无氧或缺氧状态下用硫酸盐中的氧进行氧化反应而得到能量的细菌群。硫酸盐还原菌使硫酸盐变为硫化氢,对碳钢、不锈钢、铜合金、镍合金均具有腐蚀性。在循环冷却水系统中,硫酸盐还原菌引起的腐蚀速度是相当惊人的,0.4 mm厚的碳钢腐蚀试样,曾在 60 天内被腐蚀穿孔。孔内的腐蚀速度达 2.4 mm/a;在不锈钢、镍或其他合金的换热器遭到硫酸盐还原菌腐蚀时,曾在 60～90 天内发生腐蚀事故。另外,在冷却水中,硫酸盐还原菌产生的硫化氢与铬酸盐和锌盐反应,使这些缓蚀剂从水中沉淀出来,沉积在金属表面形成污垢。硫酸盐还原菌中的梭菌不但能产生硫化氢气体,而且还能产生甲烷,从而为硫酸盐还原菌周围的产黏泥细菌提供营养。

冷却水系统中常遇到的一种腐蚀性微生物是硝化细菌,它们能把水中的氨转变为硝酸。

由于大气中含有氨或由于设备(例如合成氨厂的设备)的泄漏,冷却水中往往含有氨。在正常情况下,氨进入冷却水中后会使水的 pH 升高,然而当冷却水中存在硝化细菌时,由于它们能使氨生成硝酸,故冷却水的 pH 反而会下降,造成一些金属的腐蚀。硫杆菌能使可溶性硫化物转变为硫酸。正像硝化细菌那样,一些在酸性条件下易受侵蚀的金属将被腐蚀。

据报道,铁细菌和硫酸盐还原菌等微生物曾使一个钢浇铸装置的密闭式循环冷却水系统中的碳钢设备发生严重的腐蚀,设备的冷却效率急剧下降,冷却水的 pH 有时可降低到 6.0~6.5 左右。

2. 真菌的腐蚀作用

冷却水系统中的真菌包括霉菌和酵母两类,一般来讲,真菌对冷却水系统中的金属并没有直接的腐蚀性,但它们产生的黏状沉积物会在金属表面建立差异腐蚀电池而引起金属的腐蚀。黏状沉积物覆盖在金属表面,使冷却水中的缓蚀剂不能到那里去发挥防护作用。真菌可以破坏冷却水系统中的木质构件。真菌引起的木材朽蚀可以用有毒盐类(例如铜盐)溶液浸渍术材的方法来防护。但用铜盐浸渍过的木材安装在冷却水系统中之前需要除去多余的铜盐,否则冷却水将把铜盐带到冷却水系统的各处,结果铜离子被还原为铜,析出在金属(例如碳钢或铝)的表面,引起电偶腐蚀。

3. 藻类的腐蚀作用

冷却水中的藻类主要有蓝藻、绿藻和硅藻,这些藻类的颜色是由于它们体内有进行光合作用叶绿素和其他色素存在,所以藻类的生长需要阳光,它们常常停留在阳光和水分充足的地方,例如水泥冷却塔的塔壁、集水池的边缘等地方。

藻类会变成冷却水系统中的悬浮物和沉积物。形成的团块进入换热器中后,会堵塞换热器中的管路,降低冷却水的流量,从而降低其冷却作用。在一些小化肥厂中,常常可以看到大量的藻类覆盖在蛇管换热器的表面上,降低了冷却水的冷却效果。一般认为,藻类本身并不直接引起腐蚀,但它们生成的沉积物所覆盖的金属表面则由于形成差异腐蚀电池而常会发生腐蚀。

3.3.5　冷却水中金属腐蚀的控制方法

循环冷却水系统中金属腐蚀的影响因素很多,对应的控制方法也很多。对于易腐蚀设备材质,要考虑选用耐蚀材料,还可以用防腐涂料涂覆;系统运行过程中添加缓蚀剂、杀生剂;改变水质,如提高冷却水的 pH 等。这些控制方法各有其优缺点和适用条件,要根据具体情况灵活应用。一般地讲,添加缓蚀剂、杀生剂及提高冷却水 pH 主要使用于循环冷却水系统中,而较少使用于直流式冷却水系统中。涂料涂覆则主要应用于控制碳钢换热器的腐蚀。在工艺介质腐蚀性很强的情况下,采用氟塑料换热器或聚丙烯换热器则不但可以解决工艺介质对设备的腐蚀问题,而且还可以解决冷却水的腐蚀问题,这是冷却水系统中腐蚀控制的一个新发展方向;但这些塑料换热器一般仅适用于换热条件(例如温度和压力)不太苛刻的场合。

1. 添加缓蚀剂

添加缓蚀剂是一种操作简单、经济有效的金属腐蚀控制方法。不需要特殊的附加设备,也不需要改变金属设备或构件的材质或进行表面处理。缓蚀剂的使用浓度一般很低,不会改变腐蚀介质的基本性质。采用缓蚀率来描述缓蚀剂的效果,即与对照空白,添加缓蚀剂后金属腐蚀速度降低的百分率来比较。缓蚀剂可以根据其所抑制的反应电极、生成保护膜类型等进行分类。

(1) 按抑制的反应电极类型分类

金属腐蚀是由一对共轭反应——阳极反应和阴极反应所组成。在腐蚀过程中,如果缓蚀剂抑制了共轭反应中的阳极反应,使伊文思极化图中的阳极极化曲线的斜率增大,降低腐蚀电流强度,那么它就是阳极型缓蚀剂[如图 3-7(a)];如果该缓蚀剂抑制了共轭反应中的阴极反应,使伊文思极化图中的阴极极化曲线的斜率增加,那么它就是阴极型缓蚀剂[如图 3-7(b)];如果该缓蚀剂能同时抑制共轭反应中的阳极反应和阴极反应,使伊文思极化图中的阳极极化曲线和阴极极化曲线的斜率都增大,降低腐蚀电流强度,那么它就是混合型缓蚀剂[如图 3-7(c)]。

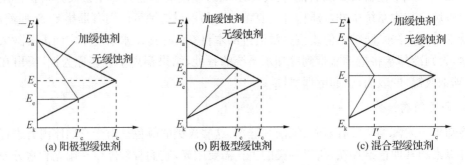

图 3-7　缓蚀剂抑制电极过程的类型

(周本省.工业水处理技术)

一般认为,锌盐是一种阴极性缓蚀剂。由于金属表面腐蚀微电池中阴极区附近溶液中的局部 pH 升高,锌离子与氢氧根离子生成氢氧化锌沉积在阴极区,抑制了腐蚀过程的阴极反应而起缓蚀作用。锌盐的优点是:① 能迅速生成保护膜;② 成本低;③ 与其他缓蚀剂联合使用时的效果好。锌盐的缺点是:① 单独使用时,缓蚀作用很差;② 对水生生物有些毒性;③ 在 pH>8.0 时,若单独使用锌盐,则锌离子易从水中析出以致降低或失去缓蚀作用,为此,要同时使用能将锌离子稳定在水中的药剂——锌离子的稳定剂,常用的锌离子稳定剂包括有机膦酸盐、丹宁等。

磷酸盐是一种阳极型缓蚀剂,在中性和碱性环境中,磷酸盐对碳钢的缓蚀作用主要是依靠水中的溶解氧。溶解氧与钢反应,生成一层薄的氧化膜,这种氧化膜的生长并不能迅速完成,而是需要相当长的时间。在这段时间内,在氧化膜的间隙处电化学腐蚀继续进行。这些间隙既可被连续生长的氧化铁所封闭,也可以由不溶性的磷酸铁所堵塞,使碳钢得到保护。由于磷酸盐易与水中的钙离子生成溶度积很小的磷酸钙垢,所以过去很少单独把磷酸盐用作冷却水缓蚀剂。近年来,由于开发出了一系列对磷酸钙垢有较高抑制能力的共聚物,才开始使用磷酸盐作冷却水缓蚀剂,但它需要与上述共聚物联合使用。

在保护钢铁时,有机膦酸及其盐类是一种混合型缓蚀剂。有机膦酸分子中的膦酸基团直接与碳原子相连,其中最常用的有 ATMP(氨基三亚甲基膦酸)、HEDP(羟基亚乙基二膦酸)、EDTMP(乙二胺四亚甲基膦酸)等。有机膦酸及其盐类与聚磷酸盐有许多方面是相似的。它们都有低浓度阻垢作用，对钢铁都有缓蚀作用。但是，有机膦酸及其盐类并不像聚磷酸盐那样容易水解为正磷酸盐，这是其突出的优点。另外，有机膦酸及其盐类特别适用于高硬度、高 pH 和高温下运行的冷却水系统，能使锌盐稳定在水中。它的缺点是对铜及其合金有较强的侵蚀性，同时价格较贵。

聚磷酸盐是目前使用最广泛而且最经济的冷却水缓蚀剂之一。最常用的聚磷酸盐是六偏磷酸钠和三聚磷酸钠。它们都是一些线性无机聚合物（P—O—P），要使聚磷酸盐能有效地保护碳钢，冷却水中既需要有溶解氧，又需要有适量的钙离子，除具有缓蚀作用，聚磷酸盐还有阻止冷却水中碳酸钙和硫酸钙结垢的低浓度阻垢作用。聚磷酸盐的最大缺点就是易水解成正磷酸盐。

（2）按生成保护膜类型分类

根据缓蚀剂在保护金属过程中所形成的保护膜的类型，缓蚀剂可以分为氧化膜型缓蚀剂、沉淀膜型缓蚀剂和吸附膜型缓蚀剂。

氧化膜型缓蚀剂的典型例子是铬酸盐和亚硝酸盐。它们可以使钢铁表面氧化，生成主要成分为 $\gamma - Fe_2O_3$ 的保护膜，其厚度通常为几十埃，从而抑制了钢铁的腐蚀。铬酸盐作为缓蚀剂的最大问题是它的毒性引起的环境污染，系统防渗工程有问题时，会产生严重的环境事件，国外已有该方面的赔偿案例，国内一般很少使用铬酸盐作冷却水缓蚀剂或复合缓蚀剂。亚硝酸盐也有缺点，使用浓度太高，容易促进冷却水中微生物生长，可能被还原为氨，易使铜和铜合金产生腐蚀。

沉淀膜型缓蚀剂的典型例子是硫酸锌和碳酸氢钙等，它们能与介质中的有关离子反应，并在金属表面上形成防腐蚀的沉淀膜。沉淀膜的厚度一般都比钝化膜厚，约为几百到 1 千埃，且其致密性和附着力比钝化膜差，所以其保护效果比氧化膜要差一些。

硫酸亚铁具有造膜功能，是目前发电厂铜管凝汽器的冷却水系统中广泛采用的一种缓蚀剂，对于防止凝汽器铜管的冲刷腐蚀、脱锌腐蚀和应力腐蚀均有明显的效果，而且对已发生腐蚀的铜管，也有一定的保护作用和堵漏作用。用硫酸亚铁造成的膜呈棕色或黑色，膜的形成过程还不完全清楚。经较长时间添加硫酸亚铁后，凝汽器铜管上保护膜的金相断面是双层的，以 Fe_2O_3 为主的氧化铁保护膜紧密地结合在 Cu_2O 保护膜上。

吸附膜型缓蚀剂的例子有硫脲和乌洛托品等。它们能吸附在金属表面，形成一层屏蔽层或阻挡层，从而抑制了金属的腐蚀。吸附膜的厚度是分子级的厚度，它比氧化膜更薄。吸附膜型缓蚀剂在酸性溶液中，如酸洗溶液中得到广泛的应用。

（3）其他分类

依据缓蚀剂的应用领域的不同，可以分为冷却水缓蚀剂、油气井缓蚀剂、酸洗缓蚀剂和锅炉水缓蚀剂等。按化学组成，可把缓蚀剂分为有机缓蚀剂和无机缓蚀剂。按使用时的相态，可把缓蚀剂分为气相缓蚀剂、液相缓蚀剂和固相缓蚀剂。按被保护金属的种类，可以把缓蚀剂分为钢铁缓蚀剂、铜及铜合金缓蚀剂、铝及铝合金缓蚀剂等。用缓蚀剂控制冷却水中金属的腐蚀时，应该根据冷却水系统中换热器的材质，选用相应金属的缓蚀剂作为冷却水缓蚀剂。按使用的腐蚀介质的 pH，可以把缓蚀剂分为酸性介质用的缓蚀剂、中性介质用的缓蚀剂和碱性介质用的缓蚀剂。冷却水的运行 pH 通常在 6.0～9.5 之间，基本上属于中性，故冷却水缓蚀剂属于中性介质用的缓蚀剂。

复合缓蚀剂、耐氯的缓蚀剂、无毒或低毒的缓蚀剂、低磷和非磷的缓蚀剂是今后冷却水缓蚀剂开发的主要方向。

2. 提高冷却水的 pH

由金属腐蚀的理论可知,随着水 pH 的增加,水中氢离子的浓度降低,金属腐蚀过程中氧去极化的阴极反应受到抑制,碳钢表面生成氧化性保护膜的倾向增大,故冷却水对碳钢的腐蚀性随其 pH 的增加而降低。

敞开式循环冷却水系统是通过水在冷却塔内的曝气过程而提高其 pH 的,换热过程同时也是一个冷却水放出其中游离的 CO_2 的过程,这个过程将一直进行下去,直到水中的 CO_2 与空气中的 CO_2 达到平衡为止。这种通过曝气去提高冷却水 pH 的途径有两个优点:首先它不需要添加药剂或增加设备;其次它不需要人工去控制冷却水的 pH,而是通过化学平衡的规律而自动去调节,故在充分曝气的条件下,循环冷却水的 pH 能较可靠地保持在 8.0～9.5 的范围内。然而,循环冷却水在 pH＝8.0～9.5 时运行,注意防止产生水垢,引起垢下腐蚀,另外,在该条件下碳钢的腐蚀速度不一定能达到设计规范要求的 0.125 mm/a 以下,一般可以通过添加少量的缓蚀剂来解决。

3. 选择耐蚀材料或防腐涂料涂覆

长期以来,人们经常使用一些耐蚀金属材料,例如铜合金、不锈钢、铝等制成的换热器,还经常使用一些耐蚀的非金属材料,例如石墨、搪瓷、玻璃等制成非金属换热器来控制冷却水系统中金属的腐蚀。随着材料科学、冶金工业和化学工业的发展,近年来工业冷却水系统中出现了一系列新型材料换热器,其中有钛和钛合金换热器、奥氏体不锈钢换热器、铝镁台金换热器、氟塑料换热器、聚丙烯换热器等,取得了较好的使用效果。金属材料耐微生物腐蚀的性能大致可以排列如下:

$$钛＞不锈钢＞黄铜＞纯铜＞硬铝＞碳钢$$

目前,越来越多的滨海电厂和化工企业采用海水替代淡水作工业冷却水应用于生产中。铜合金因其优良的导热和机械加工性能被广泛应用在冷却系统的凝汽器(或热交换器)中。然而由于海水组分的复杂性和腐蚀影响因素的多样性,普通铜合金在海水体系中会发生比较严重的腐蚀,某些不锈钢换热器作海水冷却的凝汽器或冷却器虽有成功的报道,但还有待于更多的实践检验。美国某公司开发使用的海军黄铜材料,在海水冷却系统浓缩倍数为 1.5～2.0 的范围内,金属腐蚀速率控制指标达到 0.03 mm/a。

这些新型耐蚀材料换热器并不是十全十美的,它们各有其优点和缺点。一般来说,易发生钝化的钛和钛合金换热器是较为理想的冷却设备,但是其投资较大。氟塑料换热器的耐蚀性很好,不易结垢,但其适用的温度和压力范围远不如一些常用的金属换热器。聚丙烯换热器的耐蚀性也较好,但不宜应用于氧化性介质,且适用的温度和压力范围比氟塑料换热器更窄。另外,由于塑料的强度和导热系数小,该材质换热器不易制成大型的换热器。

随着高分子化学工业的发展,人们已经开发了一些性能优良的涂料去保护工业冷却水系统中碳钢换热器(水冷器)的管束、管板和水室等与冷却水接触的部位,以抑制冷却水引起的腐蚀和结垢。

冷却水防腐阻垢涂料的主要成分有:树脂基料(包括所添加的增塑剂)、防腐颜料、填料、溶剂以及加量很少但又作用显著的各种涂料助剂。树脂基料是涂料配方中的成膜成分,是为了形成连续的涂膜(漆膜);防腐颜料包括铬酸锌磷酸锌等化学防腐颜料和氧化铬、铁红等物理防腐颜料;填料是为了改进液体涂料的流动性及涂膜的机械性能、渗透性、光泽和流平性,包括有重晶石、高岭土和大白粉等矿物材料;溶剂是用于溶解基料和改善涂料粘度的挥发性液体。常用的溶剂有甲苯、二甲苯、丁醇等。另外,还可添加偏硼酸钡、氧化锌、氧化亚铜等杀生剂。

防腐阻垢涂料的作用机理主要有:

(1)屏蔽作用。涂料干燥后,在金属表面形成一层连续的牢固附着的薄膜,使腐蚀性介质不与金属表面接触,避免金属的腐蚀。

(2)缓蚀作用。包裹在涂膜中的防腐颜料在使用过程中逐渐溶解于水中,在涂膜的屏蔽作用下,它们在涂层内金属表面的局部浓度可保持在较高的水平上,从而发挥其缓蚀的作用。

(3)阴极保护作用。有些涂膜中含有大量的电位较负(较活泼)的金属粉末,例如富锌涂料中的锌粉。在水中金属锌的电极电位远负于铁的电极电位,故锌粉层对被涂覆的碳钢基体来说,成了腐蚀电池中的牺牲阳极,碳钢基体则受到保护。事实上,牺牲阳极防腐法应用很广,但在应用时要注意生物附着物的影响。有研究表明,铝合金牺牲阳极表面易长满海洋生物,能导致牺牲阳极的电阻增高,阳极输出电流下降,影响阴极保护的效果。与之相反,锌牺牲阳极则极少受到生物污染的影响。

(4)pH 缓冲作用。对于无机盐防腐颜料中的氧化锌而言,除了其锌离子有缓蚀作用外,氧化锌本身对酸性物质还有较好的 pH 缓冲作用。

在采用防腐涂料保护金属换热器时,还要考虑涂料对于冷却水中微生物的耐受性。涂料中添加能抑制微生物生长的杀生剂(例如偏硼酸钡、氧化亚铜、氧化锌、三丁基氧化锡等)是人们常采用的一些控制微生物生长、破坏涂料和引起腐蚀的有效措施。用由改性水玻璃、氧化亚铜、氧化锌和填料等制成的无机防藻涂料涂刷在冷却塔和水池的内壁上,不但可以控制冷却水系统中冷却塔、水池内壁、抽风筒、收水器等处藻类的生长,而且还可以抑制冷却水中异养菌的生长。

4. 添加杀生剂和分散剂

微生物对冷却水系统中设备的腐蚀一直是个难解决的问题,腐蚀机理也很复杂,一些微生物在代谢过程中会改变冷却水水质特征,如降低 pH、产生硫化氢等,促进金属的腐蚀。另外,微生物及其代谢产物还可以与其他一些悬浮固体形成污垢沉积物,是引起垢下腐蚀的主要原因,也是某些细菌生存和繁殖的温床。

控制冷却水系统中微生物生长最有效和最常用的方法之一是向冷却水系统中添加杀生剂。杀生剂又称杀菌灭藻剂、杀微生物剂或杀菌剂等。

人们对冷却水杀生剂的要求通常是控制冷却水中微生物的生长,从而控制冷却水系统中的微生物腐蚀和微生物黏泥,但并不一定要求它能杀灭冷却水系统中所有的微生物,其杀生效果受许多因素的影响。

冷却水杀生剂一般分为氧化性杀生剂和非氧化性杀生剂。常用的氧化性杀生剂有氯、次氯酸盐、二氧化氯、臭氧和溴化物等。非氧化性杀生剂主要有氯酚类、有机锡化合物、季铵盐类、有机胺类、有机硫化合物及铜盐等。在某些方面,非氧化性杀生剂比氧化性杀生剂使用起来更有效方便,二者联合使用效果较好。

在选择冷却水杀生剂时要考虑,选用的杀生剂与水中引起故障的微生物的对应性,人们往往将两种或两种以上的杀生剂复合使用,其中的一种是价格昂贵,但杀生效率高,用量较小,另一种则较为便宜,这样的复合使用能起到广谱杀生的作用,价格也较为合理;冷却水中的铁细菌很容易用加氯或加非氧化性杀生剂(例如季铵盐)的方法来控制。只加氯难于控制硫酸盐还原菌的生长,这是因为:① 硫酸盐还原菌通常为黏泥所覆盖,水中的活性氯不容易到达这些微生物生长的深处;② 硫酸盐还原菌周围硫化氢的还原性环境使氯还原生成氯化物,从而使氯失去了杀菌的能力。理论上,需要 8.5 份的氯才能使 1 份硫化氢反应完全。长链的脂肪酸胺盐对控制硫酸盐还原菌是很有效的,其他的非氧化性杀生剂,例如有机硫化物,对硫酸盐还原菌的杀灭也是有效的。

氧对硝化细菌并没有不利的影响。这些微生物对铬酸盐或锌盐等缓蚀剂也是相容的。在控制硝化细菌生长上,氯以及某些非氧化性杀生剂非常有效。然而,当冷却水中有较多的氨时,氯会与氨进行反应而被消耗。

冷却水系统中的真菌可以用杀真菌的药剂,例如五氯酚或三丁基锡的化合物等来控制,氯对于真菌不是很有效。用挡板、盖板、百叶窗等遮盖冷却塔和水池,阻止阳光进入冷却水系统,可以控制藻类的生长。向冷却水中添加氯以及非氧化性杀生剂,特别是季铵盐,对于控制藻类的生长十分有利。

杀生剂的适用环境条件,如冷却水系统的 pH、温度以及换热器的材质等要认真考虑,还要注意杀生剂的二次污染问题,如氯酚类虽然是一类高效、广谱的杀生剂,对异养菌、铁细菌和硫酸盐还原菌等都有良好的杀生作用,但由于其毒性大、易污染环境水体,故近年来已经"失宠"。

在进行杀生水质处理时,投加一定量的分散剂,是控制污垢的好方法。分散剂能将粘合在一起的泥团杂质等分散成微粒使之悬浮于水中,随着水流流动而不能沉积在传热表面上,从而减少污垢对传热的影响,同时部分悬浮物还可随排污水排出循环水系统。聚羧酸类(如聚丙烯酸、水解聚马来酸酐等)是常用的分散剂;还有天然材料分散剂,如丹宁、木质素、淀粉及羧甲基纤维素等,这些药剂一般也具有一定的阻垢性能。

5. 改善冷却水水质

(1) 控制水中营养

控制水质主要是控制冷却水中的氧含量、pH、悬浮物和微生物的养料。油类是微生物的养料,故应尽可能防止它泄漏入冷却水系统。如果漏入冷却水系统中的油较多,则应及时清除。清洗对于一个被微生物严重污染的冷却水系统来说,是一种十分有效的措施,可以把冷却水系统中微生物生长所需的养料(例如漏入冷却水中的油类)、微生物生长的基地(例如黏泥)和庇护所(例如腐蚀产物和淤泥)以及微生物本身从冷却水系统中的金属设备表面上除去,并从冷却水系统中排出。清洗还可使清洗后剩下来的微生物直接暴露在外,从而为杀生剂直接达到微生物表面并杀死它们创造有利的条件。

另外,氮肥厂中进入冷却水系统的氨能引起硝化细菌的繁殖和降低氯的杀生能力,应加以控制。藻类的生长和繁殖需要阳光,故冷却水系统应避免阳光的直接照射。为此,水池上面应加盖,冷却塔的进风口则可加装百叶窗。

（2）降低补充水的浊度

天然水中尤其是地面水中总夹杂有许多泥砂、腐殖质以及各种悬浮物和胶体物,它们构成了水的浊度。作为循环水系统的补充水,其浊度愈低,带入系统中可形成污垢的杂质就愈少,干净的循环水不易形成污垢。当补充水浊度低于 5 mg/L 以下,如城镇自来水、井水等,可以不作预处理直接进入系统。当补充水浊度高时,必须进行预处理,使其浊度降低。为此《设计规范》中规定,循环冷却水中悬浮物浓度不宜大于 20 mg/L。当换热器的型式为板式、翅片管式和螺旋扳式时,不宜大于 10 mg/L。

（3）冷却水处理

冷却水经过冷却塔与空气接触时,空气中的灰尘会被洗入水中,特别是工厂所在地理环境干燥、灰尘飞扬时更是明显。这样即使在水质处理较好、补充水浊度也较低的情况下,循环水系统中的浊度仍会不断升高,从而加重污垢的形成,必然会产生设备腐蚀,生成腐蚀产物污垢。因此,做好水质处理,是减少系统设备腐蚀的好方法。如果在系统中增设旁滤设备,只要控制旁流量和进、出旁流设备的浊度,就可保证系统在长时间运行下浊度也不会增加,维持在控制的指标内,从而减少污垢的生成。

在循环冷却水系统中,设计安装用砂子或无烟煤等为滤料的旁滤池过滤冷却水是一种控制微生物生长的有效措施。通过旁流过滤,可以在不影响冷却水系统正常运行的情况下除去水中大部分微生物。当过滤效果较差时,还可以在过滤前增加混凝工工艺来强化过滤效果。

冷却水的旁流量是一个重要的参数,一般经验是取 1%～5% 的循环水量,也可根据公式进行较准确的计算。

【例 3-1】　某厂循环冷却水系统循环水量 $R=8\ 000\ m^3/h$,排污水量 $B=30\ m^3/h$,循环冷却水混浊度 $C_R=100\ mg/L$,今要求设置旁滤池,并使循环冷却水混浊度 $C=20\ mg/L$,出旁滤池的混浊度 $C_s=5\ mg/L$,求旁滤量 S。工艺如图 3-8 所示。

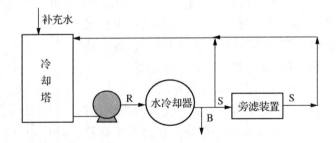

图 3-8　带旁滤装置的循环冷却水系统

解:在没有设置旁滤装置时,需要带出的悬浮物为 BC_R;设置旁滤后能去除 $S(C-C_s)$,仍然有排污,去除量为 BC,这样总需要带出的量为 $S(C-C_s)+BC$;与没有旁滤系统条件下带出悬浮物应相等,维持正常运行。这样两者物料平衡则有:

$S(C-C_s)+BC=BC_R$

$S=B(C_R-C)/(C-C_s)=160\ m^3/h$;

则旁滤量与循环水的比例为 2%。

第4章 锅炉水处理

锅炉是工业企业、城市居民和公共设施的重要热能及动力设备。锅炉的作用是通过水介质实现的,是用水大户,对水质要求很高。如果用水水质达不到标准要求,不但会造成能源浪费,还会缩短锅炉的使用寿命,甚至发生事故。因此,世界各国都在积极开发安全、经济及环保的锅炉水处理技术。

4.1 锅炉及其用水标准

4.1.1 锅炉水汽系统

锅炉是一种产生蒸汽的换热设备。它通过煤、油或天然气等燃料在炉膛内燃烧释放出热能,再通过传热装置把热能传递给水,使水转变成蒸汽,蒸汽直接供给工业生产中所需热能,或通过蒸汽动力机械转换为机械能,或通过汽轮发电机转换为电能。

锅炉应用领域广泛,类型多样,其容量和工艺参数相差很大。按用途可分为工业锅炉、船舶锅炉和电站锅炉等;按蒸汽压力可分为低压锅炉、中压锅炉、高压锅炉、亚临界压力锅炉和超临界压力锅炉;按燃料类型可分为燃煤锅炉、燃油锅炉和燃气锅炉;按燃烧方式可分为火床炉、煤粉炉、沸腾炉等;按水汽流动的情况可分为自然循环锅炉、强制循环锅炉和直流锅炉。为了提高热机的效率,锅炉日益向高压、高温和大容量方向发展,这样会对锅炉用水有更高的要求,以保证其安全稳定的运行。

锅炉的型式不同,它们的构造亦不尽相同。一台中等容量锅炉的基本组成概括起来可分为两部分,即锅炉本体和辅助装置。锅炉本体的作用是保证燃料(煤、气、油)充分燃烧,同时产生合格的蒸汽;锅炉辅助装置的作用是保证连续可靠地供给锅炉合格的燃料、空气和水,并将燃料燃烧后所产生的灰渣和烟气排出。

水冷壁最初设计时主要为了冷却炉膛不受高温破坏,后来逐渐取代汽包成为锅炉的主要受热部分。它由数排钢管组成,分布于炉膛四周,内部为流动的水或蒸汽,外部接受炉膛火焰的热量。水冷壁循环路线如图4-1所示。处理达标的给水经加热器加热到150~170℃(中压锅炉)或215~240℃(高压锅炉),由给水管道送至省煤器,在其中被加热到某一温度后,进入锅筒(汽鼓或称汽包),然后沿下降管下行流至水冷壁进入联箱。水在水冷壁内吸收炉膛内的辐射热而形成汽水混合物上升回到锅筒中,蒸汽经过汽水分离装置,饱和蒸汽由锅筒上部离开。大部分工业锅炉不设置过热

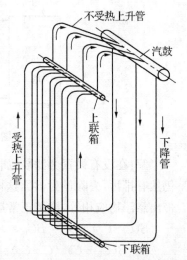

图4-1 水冷壁循环路线

器,只提供饱和蒸汽,而电站、机车和船用锅炉中,为了提高整个蒸汽动力装置的循环热效率,一般都装有过热器。在过热器内,饱和蒸汽继续吸热变成过热蒸汽。

锅炉在运行过程中会涉及到多种不同来源和性质的水,主要包括有原水、补给水、凝结水、锅水、排污水及减温水等。

原水是指未经任何处理的天然水(如江河水、湖泊水、地下水、水库水等)或城市自来水,可作为锅炉补给水的水源。锅炉补给水是原水经各种水处理工艺处理后,其水质符合补给水水质要求,用来补充锅炉汽水损失的水。根据补给水处理工艺不同,包括常规处理去除悬浮杂质的澄清水、软化水及除盐纯水等。凝结水是锅炉产生蒸汽使用后再冷凝成的水,各种蒸汽管道和各种热力设备中的蒸汽凝结水,称为疏水,这部分水一般可以与补给水混合作为锅炉的给水。锅水是指在锅炉本体的蒸发系统中流动着受热沸腾而产生蒸汽的水。排污水是为了保持锅水中成分在一定浓度范围内运行,从而防止锅炉结垢和改善蒸汽品质,需从汽锅中排放掉一部分锅水,降低锅水的盐分和锅内的沉渣。减温水是用于调节过热器出口蒸汽的温度而引入的水。

4.1.2　锅炉用水的质量标准

不论锅炉蒸发量大小或蒸汽参数高低,合格的供水是锅炉能够安全、经济、可靠而稳定运行,以及产出合格蒸汽或热水的前提。实践证明,大多数蒸汽锅炉和废热锅炉的损坏与水质不良有关。随着锅炉给水进入锅内的杂质成分,在受热蒸发和锅水不断浓缩的条件下,会析出沉淀物,产生水垢或水渣。水垢类型包括有碳酸盐型、硫酸盐型、硅酸盐型、铁垢和油污垢等。由于水垢的导热性能很差,导致锅炉热能传递困难,致使锅炉水吸热量减少,锅炉的蒸发量降低,排烟温度升高,造成排烟热损失增大。据报道,在锅炉壁上生成 1 mm 厚的水垢多耗煤 5%～8%,锅炉效率降低 1%～2%。受热面结垢后,受热面壁温增加,强度降低,严重时引起金属过热,容易发生爆炸事故。

因此,必须要熟悉锅炉用水指标,掌握水、汽质量标准,了解水质不良对锅炉的危害,做好锅炉用水处理,并在运行中严格按标准要求监督水、汽质量,以确保锅炉的安全运行及产生蒸汽的品质。

1. 低压锅炉水质标准

《低压锅炉水质标准》(GB 1576 - 1996)是根据中国的国情,综合考虑低压锅炉的蒸发量、蒸汽压力、蒸汽温度、水处理工艺和锅炉热化学试验等多方面的情况,在总结我国研究成果和运行经验基础上,参照国外现行的锅炉水质标准制定和修订的。

《低压锅炉水质标准》规定了锅炉运行时的水质要求。锅炉房设计时应根据锅炉的参数、用途及水质要求选用适当的水处理方法,并配备适当的水处理设备。该标准既适用于额定蒸汽压力≤2.5 MPa 以水为介质的固定式蒸汽锅炉,也适用于额定功率≥0.1 MW、额定出水压力≥0.1 MPa 的以水为介质的固定式热水锅炉。

蒸汽锅炉的给水应采用锅外化学水处理,其给水和锅水的水质要求如表 4-1 所示。可以看出该标准将低压锅炉按额定蒸汽压力分为三种类型,分别是≤1.0 MPa、>1.0 MPa 而≤1.6 MPa 和>1.6 MPa 且≤2.5 MPa。不同额定蒸汽压力锅炉所要求的水质有所不同。总体看来,低压蒸汽锅炉采用锅外化学水处理时,给水要求指标包括有悬浮物含量、总硬度、

pH、溶解氧含量和含油量 5 项,锅水要求指标包括总碱度、pH、溶解固形物含量、硫酸根、磷酸根和相对碱度 6 项。

表 4-1　蒸汽锅炉采用锅外化学水处理时的水质标准

项　目		给　水			锅　水		
额定蒸汽压力/(MP)		≤1.0	>1.0 ≤1.6	>1.6 ≤2.5	≤1.0	>1.0 ≤1.6	>1.6 ≤2.5
悬浮物含量/(mg/L)		≤5	≤5	≤5	—	—	—
总硬度/(mmol/L)		≤0.03	≤0.03	≤0.03	—	—	—
总碱度/(mmol/L)	无过热器	—	—	—	6～26	6～24	6～16
	有过热器	—	—	—		≤14	≤12
pH(25℃)		≥7	≥7	≥7	10～12	10～12	10～12
溶解氧含量/(mg/L)①		≤0.1	≤0.1	≤0.05			
溶解固形物含量/(mg/L)	无过热器	—	—	—	<4 000	<3 500	<3 000
	有过热器	—	—	—		<3 000	<2 500
SO_4^{2-} 浓度/(mg/L)		—	—	—		10～30	10～30
PO_4^{3-} 浓度/(mg/L)		—	—	—		10～30	10～30
$\left[\dfrac{相对游离 NaOH 碱度}{溶解固形物}\right]$		—	—	—		<0.2	<0.2
含油量/(mg/L)		≤2	≤2	≤2	—	—	—

① 当锅炉额定蒸发量大于等于 6 t/h 时应除氧,额定蒸发量小于 6 t/h 时锅炉如发现局部腐蚀时,应采取除氧措施,对于供汽轮机用汽的锅炉给水含氧量应小于等于 0.05 mg/L。

（1）悬浮物

对于锅外水处理的给水,因悬浮物进入离子交换器会沉积或覆盖在离子交换树脂的表面上,不仅降低离子交换树脂的交换容量,而且会使交换树脂板结,造成水流通过时产生短流,直接影响离子交换器出水质量,所以,悬浮物含量一定要控制。经验证明,只要将原水经初沉、混凝、过滤等预处理后,一般悬浮物含量可降低到 5 mg/L 以下。所以,该标准要求悬浮物含量小于等于 5 mg/L。锅水由于经过了锅外深度水处理,悬浮物很低,没有做具体要求。

（2）总硬度

采用锅外化学处理时,在采用锅炉定期化学清洗条件下,能保证锅炉热强度最大的受热面上每年所积水垢厚度不超过 0.5 mm,因此规定给水总硬度小于等于 0.03 mmol/L。一般采用离子交换水处理方法时很容易达标。

（3）总碱度

采用锅外化学水处理时,经钠离子交换软化后的水,由于去除了水中的硬度,而不能除去原水中的碱度,所以其软水中碱度与硬度的差值增大,容易造成锅水中碱度过高,导致锅炉金属的碱腐蚀、锅水发泡和汽水共腾,影响蒸汽品质,所以规定蒸汽锅炉的额定蒸汽压力≤1.0 MPa时,其锅水碱度的上限为 26 mmol/L。当额定蒸汽压力>1.0 MPa 的锅炉,按有无过热器分为两种情况,对有过热器的锅炉,因用于发电机组或特殊用户要求,对蒸汽品质要求高,所以锅水碱度取值较小;无过热器时取值高些。又因随着锅炉压力、温度的升高,锅水中的碳酸盐分解率也随着增加,所以锅水的碱度取值更小些。规定锅水碱度的上限值是为了防止腐蚀和保证蒸汽品质,规定锅水碱度的下限值是为了阻垢。锅炉热化学试验证明,锅水碱度低于 6 mmol/L 时,锅水的阻垢率急剧下降,达不到防垢目的,故锅外化学处理时规定锅水碱度的下限值为 6 mmoL/L。给水没有总碱度的具体要求,但要考虑其对锅水的影响。

（4）pH

给水 pH 低会引起给水系统腐蚀,使给水含有大量腐蚀产物带入锅炉。虽然给水 pH 高一些,对管道和设备腐蚀控制有利,但为提高给水 pH,因必须添加化学药剂而会增加给水处理的复杂性。对于低压锅炉给水 pH,不论是锅外加药还是锅内加药水处理,调节不宜过于复杂,同时考虑我国的水源 pH 一般为 7 左右,所以,规定锅炉给水水质标准 pH≥7。

由于锅水的不断蒸发浓缩和某些盐类的分解,致使锅水的 pH 高于给水的 pH,在锅炉正常运行时能在锅炉金属表面上形成致密的 Fe_3O_4 保护膜,由 $Fe-H_2O$ 体系的电位－pH 图可知,当锅水的 pH<8 或 pH>13.5 时,会使锅炉金属发生腐蚀或使保护膜溶解而破坏,所以规定给水 pH 控制在 10～12 之间,以使锅炉金属表面上形成良好的保护膜。此外,锅水中 PO_4^{3-} 和 Ca^{2+} 反应,只有在 pH 足够高的条件,才能生成容易排除的水渣。

（5）溶解氧

给水中的溶解氧会引起锅炉金属的腐蚀,因锅炉是受压系统,水中溶解氧对锅炉金属腐蚀随着锅炉内压力、温度增加而加重。所以必须控制给水中溶解氧的含量,且随其锅炉参数越高,要求给水的溶解氧含量越低。锅炉额定蒸汽压力≤1.6 MPa 时,规定给水中溶解氧含量≤0.1 mg/L;当锅炉额定蒸汽压力在 1.6 MPa～2.5 MPa 时,规定给水中溶解氧含量≤0.05 mg/L。一般采用热力除氧法可以达标,即将给水用蒸汽加热至沸腾,使溶解氧逸出。还可以采用化学除氧法,如加入联氨或亚硫酸钠等还原物质,该方法一般是消除热力除氧后的残余溶解氧和除去由于水泵及给水系统不严密而漏入给水中的溶解氧。当锅炉额定蒸发量≥6 t/h 时应除氧,这是因蒸汽锅炉蒸发量越大,单位水容积越小,故在同样的时间内,锅炉金属表面接触溶解氧也就越多,其腐蚀也就越严重。额定蒸发量<6 t/h 的锅炉如发现局部腐蚀时,应采取除氧措施,对于供汽轮机用汽的锅炉给水含氧量应≤0.05 mg/L。热水锅炉额定功率≥4.2 MW 时,热水锅炉给水应除氧,其氧含量≤0.1 mg/L;额定功率<4.2 MW 的热水锅炉给水应尽量除氧。

（6）溶解性固形物

锅水中溶解性固形物含量过高亦会影响蒸汽品质,这是由于当锅水的含盐量达到某一极限值时,在锅水表面形成泡沫层,发生汽水共腾,使蒸汽携带水量急剧增加,使蒸汽品质急剧恶化,这时锅水含盐量称临界含盐量。锅水临界含盐量可通过锅炉热化学试验确定。对于采用锅外化学水处理的蒸汽锅炉,我国运行的锅炉的锅水中溶解性固形物含量是小于 3 000 mg/L。对有过热器的锅炉,为了避免过热器和汽轮机积盐,必须保持蒸汽品质,因此锅水溶解固形含量要小于无过热器的锅炉的锅水中溶解固形物含量,并随着锅炉额定蒸汽压力升高,其锅水中溶解固形物含量要求更低。给水该指标没有做具体要求,但要针对其水质设计除盐工艺,可以采用离子交换或膜技术。

(7) SO_3^{2-} 和 PO_4^{3-}

在化学药剂除氧过程中会增加锅水中含盐量。当锅炉压力升高时,亚硫酸钠在锅内发生高温分解或水解,产生有害的 SO_2 和 H_2S 气体,故要控制锅水中 SO_3^{2-} 的浓度为 $10\sim30$ mg/L。当锅水中磷酸根维持一定浓度时,它与锅水中 Ca^{2+} 反应生成易被排除的松软的水渣,所以要控制锅水 PO_4^{3-} 浓度为 $10\sim30$ mg/L。

(8) 相对碱度

指锅水中碱度折合成游离 NaOH 的含量与锅水中溶解性固形物含量的比值。根据国内外蒸汽锅炉的运行经验,规定其比值应小于 0.2。这样就不会发生苛性脆化。

(9) 油

锅炉给水中的油需要严格控制,因为带入锅炉中的油会影响炉管管壁的导热及产生蒸汽的质量。

对于额定蒸发量 $\leqslant 2$ t/h,且额定蒸汽压力 $\leqslant 0.1$ MPa 的蒸汽锅炉也可以采用锅内水处理。但必须对锅炉的结垢、腐蚀和水质加强监督,并认真做好加药、排污和清洗工作,同时也要做好给水处理工作,使锅炉给水、锅水符合水质要求(表 4-2)。

表 4-2 蒸汽锅炉采用锅内加药水处理时的水质标准

项 目	给 水	锅 水	项 目	给 水	锅 水
悬浮物含量/(mg/L)	$\leqslant 20$	—	pH(25℃)	$\geqslant 7$	$10\sim12$
总硬度/(mmol/L)①	$\leqslant 4$	—	溶解固形物含量/(mg/L)③	—	$<5\,000$
总碱度/(mmol/L)②	—	$8\sim26$			

① 硬度 mmol/L 的基本单元为 $c\left(\frac{1}{2}Ca^{2+}、\frac{1}{2}Mg^{2+}\right)$,下同。

② 碱度 mmol/L 的基本单元为 $c\left(OH^-、HCO_3^-、\frac{1}{2}CO_3^{2-}\right)$,下同。

③ 如测定溶解固形物有困难时,可采用测定氯离子(Cl^-)的方法来间接控制,但溶解固形物与氯离子(Cl^-)的比值关系应根据试验确定。并应定期复试和修正此比值关系。

(1) 悬浮物

对于锅内加药水处理为了防止锅内形成大量沉积物,应将给水的悬浮物含量限制在 $\leqslant 20$ mg/L,以减少锅内沉积物,能提高锅炉的传热效率,并能防止发生汽水共腾。

(2) 总硬度

采用锅内加药水处理时,在采用锅炉定期化学清洗条件下,能保证锅炉热强度最大的受热面上每年所积水垢厚度不超过 1.5 mm,因此规定给水总硬度 $\leqslant 4$ mmol/L。这样才能防止锅内生成过多的沉淀物,否则硬度过高,在锅内生成大量沉积物,会影响锅内水循环,从而影响锅炉的安全经济运行。

(3) 总碱度

规定锅水保持一定的碱度是为防止结垢(防止由给水残余硬度引起的水垢和防止形成硅酸盐水垢等),为在金属表面上形成良好的保护膜,而防止金属的腐蚀和汽水共腾,保证蒸汽品质等。采用锅内加药水处理时,锅水总碱度应控制在 $8\sim26$ mmol/L。

（4）溶解固形物

对采用锅内加药水处理的蒸汽锅炉，其锅水中溶解性固形物含量应控制在 5 000 mg/L 以下。这样，在锅炉安全可靠运行的前提下保证产品品质和使锅炉的排污损失较小。

不论是锅内加药处理还是锅外化学处理，热水锅炉对给水和锅水的水质要求相对较低，其标准规定如表 4-3 所示。

表 4-3　热水锅炉的水质标准

项　目	锅内加药处理		锅外化学处理		项　目	锅内加药处理		锅外化学处理	
	给水	锅水	给水	锅水		给水	锅水	给水	锅水
悬浮物含量/(mg/L)	≤20	—	≤5	—	溶解氧含量/(mg/L)			≤0.1	≤0.1
总硬度/(mmol/L)	≤4	—	≤0.6	—	含油量/(mg/L)	≤2		≤2	
pH(25℃)①	≥7	10~12	≥7	10~12					

① 通过补加药剂使锅水 pH 控制在 10~12。

2. 中、高压锅炉水质标准

1999 年颁布的《火力发电机组及蒸汽动力设备水汽质量标准》（GB/T 12145-1999），规定了火力发电机组及蒸汽动力设备在正常运行和停、备用机组启动时的水汽质量标准，并适用于锅炉出口压力为 3.8 MPa~25.0 MPa 的火力发电机组及蒸汽动力设备。同年，中国石油化工集团公司"关于炼油化工企业水管理制度"中明确规定：中、高压锅炉水汽质量应按国标执行；若进口锅炉采用水汽质量标准低于我国标准的，应按国标执行；若进口锅炉采用水汽质量标准高于我国标准的，按进口锅炉制造厂所在国国标或按制造厂厂标执行；废（余）热锅炉水汽质量也按国标执行。

锅炉给水的硬度、溶解氧、铁、铜、钠和二氧化硅的含量和电导率（氢离子交换后）应符合表 4-4 的规定，锅炉给水的 pH、联氨及含油量指标应符合表 4-5 规定；锅炉锅水质量标准如表 4-6 规定。

表 4-4　锅炉给水质量标准（1）

炉型	锅炉过热蒸汽压力/(MPa)	电导率(氢离子交换后,25℃)/(μS/cm)		硬度/(μmol/L)	溶解氧含量	铁含量	铜含量		钠含量		二氧化硅含量	
							μg/L					
		标准值	期望值	标准值	标准值	标准值	标准值	期望值	标准值	期望值	标准值	期望值
汽包炉	3.8~5.8	—	—	≤2.0	≤15	≤50	≤10	—	—	—	应保证蒸汽中二氧化硅符合标准	
	5.9~12.6	—	—	≤2.0	≤7	≤30	≤5	—	—	—		
	12.7~15.6	≤0.30	—	≤1.0	≤7	≤20	≤5	—	—	—		
	15.7~18.3	≤0.30	≤0.20	≈0	≤7	≤20	≤5	—	—	—		
直流炉	5.9~18.3	≤0.30	≤0.20	≈0	≤7	≤10	≤5	≤3	≤10	≤5	≤20	—
	18.4~25	≤0.20	≤0.15	≈0	≤7	≤10	≤5	≤3	≤5	≤5	≤15	≤10

表 4 – 5　锅炉给水质量标准（2）

炉　型	锅炉过热蒸汽压力 /(MPa)	pH(25℃)	联氨含量/(μg/L)	含油量/(mg/L)
汽包炉	3.8～5.8	8.8～9.2	—	<1.0
	5.9～12.6	8.8～9.3(有铜系统) 或 9.0～9.5(无铜系统)	10～50 或 10～30 (挥发性处理)	≤0.3
	12.7～15.6			
	15.7～18.3			
直流炉	5.9～18.3	8.8～9.3(有铜系统) 或 9.0～9.5(无铜系统)	10～50 或 10～30 (挥发性处理)	≤0.3
	18.4～25.0		20～50	<0.1

表 4 – 6　汽包炉锅水质量标准

锅炉过热 蒸汽压力 /(MPa)	处理方式	总含 盐量[1]	二氧化硅 含量[1]	氯离子 含量[1]	磷酸根含量/(mg/L)			pH (25℃)[1]	电导率 25℃/ (μS/cm)
					单段蒸发	分段蒸发			
		mg/L				净段	盐段		
3.8～5.8		—	—	—	5～15	5～12	≤75	9.0～11.0	—
5.9～12.6	磷酸盐处理	≤100	≤2.00[2]		2～10	2～10	≤50	9.0～10.5	<150
12.7～15.8		≤50	≤0.45[2]	≤4	2～8	2～8	≤40	9.0～10.0	<60
15.7～18.3	磷酸盐处理	≤20	≤0.25	≤1	0.5～3			9.0～10.0	<50
	挥发性处理	≤2.0	≤0.20	≤0.5	—			9.0～9.5	<20

① 均指单段蒸发炉水,总含盐量为参考指标。
② 汽包内有洗汽装置时,其控制指标可适当放宽。

由表 4 – 4 可以看出,铜和铁作为锅炉给水的控制指标,这是由于水中的铁和铜会在金属受热面上形成铜垢或铁垢,与金属表面产生电位差,从而会引起金属的局部腐蚀。

在高压锅炉中,蒸汽对水中某些物质(如硅酸)有选择性溶解性携带现象,又称选择性携带,炉水中含硅量越大,则蒸汽中含硅量也就越高,影响蒸汽的品质,因此需要控制二氧化硅的含量。

上述可以看出,用于低压锅炉的给水,要经过软化处理或部分除盐处理,主要是去除水中的硬度,通常采用离子交换或石灰软化法处理。中高压锅炉给水和锅水在电导率或含盐量方面都有更为严格的要求,原水不经过脱盐处理不能用作锅炉给水,通常采用离子交换或膜分离技术等方法,将水中的一些阴阳离子以及溶解气体去除或降低到一定程度。

4.2　锅炉水处理技术

锅炉水处理包括锅外给水处理和锅内水处理。其中锅内水处理主要是采用化学投药法来控制锅炉的结垢和腐蚀。如采用苛性钠或磷酸等调节锅水的 pH、碱度,磷酸盐与硬度成分形成不溶沉淀物达到去除硬度的目的,采用丹宁等分散剂分散淤渣防止结垢,采用联氨等进行化学除氧防腐,采用酰胺等消泡剂防止锅炉水起泡沫等。锅外给水处理主要是采用离子交换和膜分离技术进行水的软化和脱盐处理。

4.2.1　离子交换法

原水经混凝和过滤等预处理后,除去了水中的悬浮物和胶态物质,但其硬度、碱度、盐量仍然存在,可以通过锅内加药处理作为低压蒸汽锅炉的补给水,但通常需要进行离子交换水处理,来达到中高压锅炉补给水要求。

离子交换现象是在 100 多年前发现的。1845 年英国的土壤学家 H. M. Thompson 土壤中的沸石细颗粒可以降低液体肥料中的氨,从此离子交换法大量应用于农业、医学及水处理领域。离子交换水处理就是指采用离子交换剂,与水溶液中可交换离子之间发生符合等物质量规则的可逆性交换,从而改善水质,而离子交换剂的结构并不发生实质性变化。尽管国际理论和应用化学联合会(IUPAC)反对将高分子离子交换材料称为离子交换树脂,但一直以来人们仍然习惯这样称呼。由于原水水质及处理后水质要求的差异,离子交换工艺可以进行多种组合,分别可以达到水的软化、脱碱及除盐的目的。离子交换树脂可分为阳离子型和阴离子型树脂,若离子交换树脂中参与反应的离子是 Na^+ 时,则此离子交换树脂被称为钠(Na)型阳离子交换树脂,相类似的有氢型强酸性阳离子交换树脂。阴离子型树脂常用的有氢氧根型和氯离子型树脂。

1. 离子交换软化水处理工艺

水的软化是离子交换的第一个工业应用,由德国总电公司的 Robert Gans 在 1905 年最先使用的,就是利用阳离子交换树脂中可交换的阳离子(如 Na^+、H^+)把水中所含的钙、镁离子等效量交换出来。在软化处理中,最常用的是钠型强酸性阳离子交换树脂,用 RNa 表示。在原水软化过程中,水中 Ca^{2+}、Mg^{2+} 被 RNa 型树脂中 Na^+ 置换出来,存留在树脂中,使离子交换树脂由 RNa 型变成 R_2Ca 或 R_2Mg 型树脂,水硬度降低或基本消除,出水残留硬度可降至 0.03 mmoL/L 以下。

该过程中水的碱度基本不变,这是由于在钠离子交换过程中,只是水中碳酸盐硬度按照等物质量的规则转变成碳酸氢钠,故水中的 HCO_3^- 含量不变,所以水的碱度不变。水中含盐量稍有增加。由钠型离子交换软化反应可见,按等物质量的变换规则,1 mol(40.08 g)的钙离子与 2 moL(45.98 g)的钠离子进行交换反应,使水的含盐量增加。

使用钠型离子交换软化原水过程中,当水流经树脂层后的出水硬度超过某一规定值,水质已不符合锅炉补给水的水质标准要求时,则交换柱中的离子交换树脂将视为“失效”,不再起软化作用,需要再生来恢复离子交换树脂的交换能力。通常采用工业食盐水溶液(8%~10%)对离子交换树脂进行再生,也就是用食盐水中浓度较高的钠离子将树脂中吸附的钙、镁离子置换出来。离子交换过程对氯化钠再生液的化学成分要求较高,采用工业食盐时其中的杂质含量不宜太多,一般需要进行澄清预处理。离子交换树脂再生效果通常采用树脂的再生度来表达,即离子交换树脂中已再生离子量占全部交换容量的比例。

常用的钠离子交换软化系统有单级钠离子和双级钠离子串联两种系统。

(1) 单级钠离子交换软化系统

单级钠离子交换软化系统一般适用于总硬度小于 5 mmol/L 的原水,出水残余硬度小于 0.03 mmol/L,可达到低压锅炉水质标准的要求,具有设备简单、运行操作管理方便和投资少等优点。

(2) 双级钠离子交换软化系统

双级钠离子交换软化系统适用于总硬度小于 5 mmol/L 和进水碱度较低(一般小于 1 mmol/L)的原水,出水残余硬度小于 0.5 μmol/L,一般可用于中压锅炉补给水;交换器工作能力提高和出水水质稳定可靠。这是由于双级串联运行,使第一级钠离子交换器允许其出水硬度达 0.2 mmol/L,即提高了第一级钠离子交换器的"失效度",保证了出水的水质。

对于硬度较高的原水和碱度较高(如碱度在 2 mmol/L 以上)的原水,若仅单独进行阳离子交换软化处理时,因其所得软化水中含盐量高,且碱度亦高,那么这种水作为锅炉补给水会使锅炉的排污量增加,运行的经济性降低。因此,对于高硬度或高碱度的水质,必须考虑与其他水处理方法相结合,或改用其他方法处理。

2. 离子交换软化及脱碱联合水处理

前已述及,钠型离子交换树脂软化水处理,仅能降低原水中的硬度成分,不能除去原水中的碱度成分。含碱度的软水进入锅内,在高温高压下,其中的重碳酸钠被浓缩并发生分解和水解反应,致使锅水中相对碱度增加。这种情况不仅危及锅炉的安全运行,造成锅水系统的碱腐蚀,恶化蒸汽品质,增大排污率,而且由于蒸汽中 CO_2 含量增加,造成蒸汽和冷凝水系统的酸腐蚀,所以,原水的碱度高于 2 mmol/L 时,需要进行离子交换软化和脱碱的联合水处理。

锅炉补给水的软化和脱碱联合水处理方法很多,如:氢-钠离子交换、石灰-钠离子交换、铵-钠离子交换等。

氢型强酸性阳离子交换树脂的 H-Na 离子交换反应概括为:

$$Ca^{2+} + 2RH \Longrightarrow R_2Ca + 2H^+$$

$$Mg^{2+} + 2RH \Longrightarrow R_2Mg + 2H^+$$

$$Na^+ + RH \Longrightarrow RNa + H^+$$

氢型强酸性阳离子交换后的出水水质与运行时间的关系如图 4-2 所示。

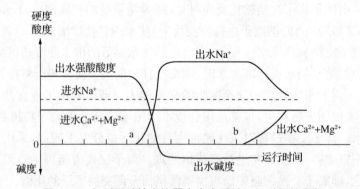

图 4-2 氢型强酸性交换器出水水质随运行时间的变化

如图 4-2,整个变化过程可分为三个阶段:从运行开始到钠离子开始漏泄(a 点)为 H 离子交换阶段;从钠离子开始漏泄到出水钠离子浓度或出水碱度达到最大值为过渡阶段(在此阶段 H 离子交换和 Na 离子交换同时存在);此后即转入出水钠离子浓度或碱度保持定值的钠离子交换阶段,钠离子不断释放,钙镁离子被交换了。当硬度开始漏泄(b 点)时,释放的钠离子逐渐减少,钙镁离子交换逐渐减弱,出水浓度逐渐增高,趋于进水的钙镁离子浓度。

　　在氢型强酸性阳离子交换过程中,当出水中出现钠离子,并超过一定的控制值时,则视该树脂为已经失效。为恢复其交换能力,离子交换树脂就需要进行再生。其再生过程是用酸液(盐酸或硫酸)通过失效的树脂层,使树脂中的其他阳离子被排到溶液中去,而酸液中的氢离子则被树脂吸着,再次形成 RH 型树脂而恢复其交换能力。

　　采用硫酸再生失效树脂时,必须防止在树脂层中产生 $CaSO_4$ 沉淀。因此,根据原水进水中的 Ca^{2+} 含量,应对硫酸的浓度进行控制。在实际再生过程中,常采用先用低浓度、高流速的硫酸再生液再生,然后逐步提高硫酸浓度、降低流速的分步再生的办法,以取得满意的效果。这是由于前者用低浓度、高流速的硫酸再生,可使硫酸根与高浓度的 Ca^{2+} 反应时,未达到硫酸钙的溶度积,不会产生沉淀;之后钙离子浓度已降低,与高浓度的硫酸根反应时,因未达到硫酸钙的溶度积也不会有沉淀析出,即使形成了沉淀,因其颗粒细可被再生液带走,而不会滞留在树脂层中。

　　以盐酸作再生剂时,再生操作过程简单,只要将一定量的稀盐酸以一定的流速通过树脂就可进行再生;离子交换树脂再生后的工作交换容量比较高,可达到树脂全交换容量的 $50\%\sim60\%$,但是,工业盐酸的浓度低(一般为 30% 左右),相对用量大,产生的再生废液较多,而且盐酸的腐蚀性较强,配酸系统防腐蚀的要求高;尤其当使用不慎时,有可能使水中 Cl^- 浓度增加,引起不锈钢设备严重的局部腐蚀。以硫酸作再生剂时,由于硫酸浓度高(一般为 96% 左右),故其相对用量较小;由于碳钢耐浓硫酸的腐蚀,故直接可用碳钢制贮槽存放、运输,配酸系统比较简单,防腐措施易解决。但是,由于硫酸二级离解度低,离解出的氢离子相对较少,所以再生后树脂的工作交换容量相对于盐酸再生就比较低,仅为全交换容量的 30% 左右;而且为了防止再生过程中 $CaSO_4$ 沉淀析出和提高再生后的工作交换容量,必须采用分步再生法,再生操作过程比较复杂。

　　3. 离子交换除盐水处理

　　随着锅炉参数的提高,对给水水质要求也提高,特别是中高压锅炉对溶解性固体及电导率指标要求很高。否则水中盐度的危害会凸显出来,出现蒸汽溶解能力的提高和汽水分离效果的恶化所造成的蒸汽品质的恶化,使锅炉的过热器和汽轮机部分有积盐的危险,这也会影响石油化工等工业对蒸汽品质的要求。因此,要求锅炉补给水必须除盐。

　　目前在我国已经应用的水除盐工艺方法,有离子交换除盐、膜分离技术(作为锅炉补给水处理的预除盐)和蒸馏法除盐水处理等。除盐水处理工艺的确定是根据原水的含盐量及出水含盐量的要求。离于交换除盐水处理可使水的含盐量达到几乎不含离子的纯净程度,即它可作为深度的化学除盐方法,但它亦可用作部分化学除盐的方法。

　　当水中的各种阳离子被阳离子交换树脂交换后,水中就只含一种从阳树脂上被交换下来的阳离子;而水中的各种阴离子和阴离子交换树脂反应后,水中就只含一种从阴离子树脂上被交换下来的阴离子。若水中仅存在的这种阳离子和这种阴离子能结合成水,则就能实现水的离子交换除盐。显然这种阳离子和阴离子一定分别是氢离子和氢氧根离子,所用的阳树脂一定是氢型的,而所用的阴树脂一定是氢氧型的,这就是离子交换除盐水处理的原理。

（1）阳床-阴床的变换反应

氢型阳树脂的交换反应（阳床交换反应）：

$$Ca^{2+}+2RH\Longrightarrow R_2Ca+2H^+$$
$$Mg^{2+}+2RH\Longrightarrow R_2Mg+2H^+$$
$$Na^++RH\Longrightarrow RNa+H^+$$

氢氧型阴树脂的交换反应（阴床交换反应）：

$$Cl^-+ROH\Longrightarrow RCl+OH^-$$
$$HSO_4^-+ROH\Longrightarrow RHSO_4+OH^-$$
$$SO_4^{2-}+2ROH\Longrightarrow R_2SO_4+2OH^-$$
$$HCO_3^-+ROH\Longrightarrow RHCO_3+OH^-$$
$$HSiO_3^-+ROH\Longrightarrow RHSiO_3+OH^-$$

由上述交换反应可见，水中的阳离子和阴离子各自与 H 型阳树脂和 OH 型阴树脂反应，分别形成的 H^+ 和 OH^- 结合成水。

一级复床离子交换是常见的除盐工艺，一般指原水只一次相继地通过阳离子交换器（阳床）和阴离子交换器（阴床）的除盐水处理。典型的一级复床除盐系统如图 4-3 所示。

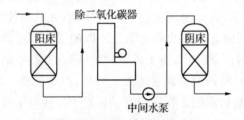

图 4-3　一级复床除盐系统

系统包括 H 型强酸性阳离子交换器、除碳器（除二氧化碳器）和 OH 型强碱性阴离子交换器，并构成串联系统。

原水经 H 型强酸性阳离子树脂交换后，除去了水中所有的阳离子，被交换下来的 H^+ 与水中的阴离子基团结合形成相应的酸，原水中的 HCO_3^-，则变成了游离 CO_2，水中含有的 CO_2 用除碳器除去，这样又免去了 OH 强碱性阴树脂用于交换 HCO_3^- 而消耗其交换容量，也降低了再生剂消耗，而 OH 型强碱性阴树脂对进水中以酸形式存在的阴离子（包括 H_2SiO_3）很容易进行交换反应，除去水中所含的阴离子，从而得到除盐水。由此可见，在化学除盐系统中，一般均设有除碳器。这种系统具有操作简单、运行费用少的优点。

在一级复床除盐水处理时，一般阳床运行终点的监督是控制出水中的钠离子，常用 pNa 计测定水中的钠离子浓度。一般不控制酸度和 pH，因它们受原水水质变化的干扰较大，酸度不易控制。出水开始漏钠立即停止运行，用酸进行再生；同样，当 OH 型强碱性阴离子交换器出水有硅漏出时，立即停止运行，用 NaOH 进行再生，这样便能保证一级复床除盐水的水质。原水经一级复床除盐处理的出水，电导率（25℃）低于 10 $\mu S/cm$，水中硅酸含量（以 SiO_2 计）可低于 100 $\mu g/L$。

（2）混合床离子交换器中的离子交换反应

混合床离子交换器是指阳、阴两种离子交换树脂按一定比例混合后装填于同一交换柱内的离子交换器,简称为混合床。

在混合床离子变换器内,由于阴、阳离子交换树脂放在同一交换器内且是均匀混合的,所以,在离子交换运行时,水中的阴、阳离子几乎同时发生交换反应,经氢型阳树脂交换反应生成的 H^+ 和经氢氧型阴树脂交换反应生成的 OH^-,在混合床离子交换器内立即得到中和并生成水,不存在反离子的干扰。因此,离子交换反应进行得很彻底,其出水水质纯度很高。其处理效果相当于一个多级的除盐系统,但操作过程相对复杂些,生产中常采用一级复床加混合床除盐水处理系统。

混合床树脂失效后,可利用 H 型强酸性阳树脂的湿真密度与 OH 型强碱性阴树脂的湿真密度不同,用水力反洗法将两种树脂分开,然后用酸和碱液分别对其进行再生,再生后用除盐水正洗至合格,再用压缩空气将两种树脂混和,即可投入新一轮的运行。

由于离子交换是遵循等物质量规则,当原水的含盐量过高时,单纯采用离子交换除盐方法会使制水成本过高,需要进行技术经济分析,考虑多种除盐法联用,或单独选用其他除盐方法。

4.2.2　膜分离技术

膜分离技术的推广应用虽然只有几十年,但膜分离现象的发现却已有数百年的历史。1748 年法国学者 Nollet 首次发现渗透现象和膜分离现象。1864 年 Traube 制成第一张人造膜(亚铁氰化铜膜)。1925 年世界第一家滤膜公司 Sartorius 在德国的 Gottingen 成立。1950 年 Juda 等人研制成功第一张有实用价值的离子交换膜。1960 年 Loeb 和 Sourirajan 研制出透水率和脱盐率都较高的醋酸纤维素反渗透膜,反渗透膜技术因而得以工业化。1963 年 Dubrunfaut 制成第一个膜渗析器。此后,70 年代的超滤,80 年代的气体膜分离和 90 年代的渗透汽化等相继进入市场。以膜为基础的其他膜分离过程,如膜溶剂萃取、膜气体吸收、膜蒸馏、膜反应器及膜分离与其他过程结合的集成膜过程也正日益得到重视和发展。目前已经工业化应用的膜分离过程有微滤(MF)、超滤(UF)、纳滤(NF)、反渗透(RO)、电渗析(ED)等。

用于水处理的膜分离技术主要有 MF、UF、NF、RO 及 ED 等。它们可以分离出悬浮微粒、胶体和微生物、大分子溶质及盐类等,只有溶剂和小分子物质可以透过分离膜。这几种分离膜工艺主要用于纯水的制备、海水和苦咸水的淡化、有害污染物的分离、有用物质的提纯以及贵重物质的回收等。

与常规水处理工艺相比,膜分离工艺总体优点是:可在常温下操作,不发生相变,能耗较低,特别适合对热敏感的物质的分离;浓缩分离同时进行;不需投加其他物质,不改变分离物质的性质;分离装置简单,适应性强,运行稳定。

海水和苦咸水淡化是 RO 技术应用规模最大的领域。1967 年美国杜邦(Du Pont)公司推出以尼龙-66 为膜材料的中空纤维膜组件;1970 年又推出芳香聚酰胺中空纤维 RO 膜及元件。美国陶氏(Dow Chemical)公司和日本东洋纺(Oyobo)公司也先后开发出三乙酸纤维素中空纤维 RO 膜。RO 复合膜(膜材料多为聚酰胺和醋酸纤维素)对臭氧敏感,利用活性炭的吸附作用和亚硫酸氢钠的还原作用可以降低膜对溶解氧和游离氯的敏感度。高水通量、高选择性和具有一定抗游离氯性能的 RO 复合膜一直是 RO 膜生产商努力研究的目标。20 世纪 80 年代，Film Tec 公司研制出性能优异的 FT-30 复合膜，日本东丽（Toray）公司开发出了 PEC-100 复合膜。日本日东电工（Nitto Denko）公司于 1996 年推出的 ES20 系列超低压膜代表了当时 RO 膜的较高水准。国外 RO 膜的主要生产商为美国和日本的公司，其中 Du Pont 和 Oyobo 垄断了中空纤维 RO 膜的世界市场。RO 膜技术在我国主要用于海水淡化、苦咸水脱盐、锅炉补给水的处理和饮用水的制备。

1965 年我国开始研究 RO 膜，较早研究 RO 膜元件国产化的是国家海洋局杭州水处理中心和原电力部西安热工研究所，目前国产的 RO 膜和组件形成产品的不多。国内生产的 RO 装置多为进口国外的膜元件和压力容器组装而成，主要来自美国的海德能（Hydranautics）公司和 Dow Chemical，Toray 公司也于本世纪初进入中国市场。

NF（Nanofiltration）膜是在 RO 膜基础上发展起来的，因具有纳米级的孔径而得名，主要用于去除 1 nm 左右的溶质和颗粒，截留物的相对分子质量约为 200～1 000，介于 UF 和 RO 之间。NF 膜材料有聚醚砜、聚哌嗪酰胺、聚丙烯酸以及醋酸纤维等，并用聚砜作支撑。NF 膜工艺所需的膜压差比 RO 膜达到同样的渗透通量所需的膜压差低 0.5 MPa～3 MPa，可在小于 1 MPa 下操作，因此也称为低压 RO 和疏松 RO，主要用于水的软化和废水处理。用 NF 软化水的设备费和运行维修费用均远远低于 RO、电渗析和多级闪蒸等技术。我国于 20 世纪 80 年代末开始研究 NF，但是研制出的膜产品的性能与国外产品相比差距较大。

UF（Ultrafiltration）以超滤膜为分离介质，在压力作用下，利用超滤膜的膜孔大小来分离、浓缩或提纯溶液中的溶质和杂质。其分离机理一般认为是筛分作用，因此超滤膜也称为分子筛膜。它可以分离出相对分子质量约为 300 的糖类和 20 万的蛋白质。超滤膜的操作压力一般为 0.1 MPa～0.5 MPa。UF 膜的寿命与膜的清洗频率有关，一般为 1～3 年。在 UF 的范围内，一般将膜制成有粗孔支撑层和细孔活性分离层的不对称膜，活性层的表皮孔隙率低于 10%。

MF（Microfiltration）也是筛分过程，MF 膜的微孔直径处于微米范围，属于深层精密过滤，可截留粒径为 0.1～10 μm 的颗粒。所用膜一般为对称膜，操作压力为 0.01 MPa～0.2 MPa。常用的 MF 膜材料是聚丙烯和聚四氟乙烯，但也可用纤维素酯、聚砜、聚偏氟乙烯和聚碳酸酯等。除陶瓷（氧化铝和氧化锆）外，还可用玻璃、铝、不锈钢和增强的碳纤维等无机材料作 MF 膜。

对于锅炉水脱盐，需要采用反渗透膜才能完成，我国从 20 世纪 70 年代开始将反渗透用于电站锅炉补给水处理等领域。然而，对于污染物浓度较高的原水，在反渗透膜工艺前，需要其他类型的膜，如微滤膜、超滤膜进行预处理，去除膜污染物质，保护反渗透膜。纳滤膜一般用于软化水质。

1. 反渗透膜组件和膜装置

以一张能选择性透过水而难透过溶质（盐类）的半透膜将淡水和盐水分开，由于淡水中水的化学位比盐水中水的化学位高，因此水分子会自动地从化学位高的左边一侧透过半透膜向化学位低的右边盐水一侧转移，这一过程称为渗透。水不断进入右室，右室液面升高，静压力增加，右室中水的化学位增加，直至与左室中水的化学位相等，渗透停止。这种对溶剂水的膜平衡称为渗透平衡,平衡时淡水液面和同一水平面的盐水液面所承受的压力之差称为渗透压差。如果在右室盐水液面上的外加压力超过渗透压差,则溶剂水将从右室向左室渗透,此为上述渗透过程的逆过程,因此称为反渗透。

渗透压是选择操作压力和设计反渗透的重要依据,表4-7列出了一些典型溶液的渗透压数据。

表 4-7　典型溶液的渗透压

组　分	浓度	渗透压	组　分	浓度	渗透压
	mg/L	MPa		mg/L	MPa
NaCl	35 000	2.8	MgSO₄	1 000	0.025
海水	32 000	2.4	MgCl₂	1 000	0.068
苦咸水	2 000~5 000	0.105~0.28	CaCl₂	1 000	0.058
NaHCO₃	1 000	0.09	蔗糖	1 000	0.007
Na₂SO₄	1 000	0.042	葡萄糖	1 000	0.014

反渗透膜组件是由膜、支撑物和容器按一定的技术要求制成的组合构件,它是能将膜付诸于实际应用的最小单元。成品膜的外形有片状、管状和中空纤维状,相应可制成卷式、板式、管式、中空纤维式的反渗透膜组件(元件)。卷式、中空纤维式膜组件(元件)由于膜的充填密度大、单位体积膜组件的处理量大,常用于大水量的脱盐处理;而对含悬浮物、粘度较高的溶液,则主要采用管式及板式膜组件。

卷式膜组件是在天然水脱盐中使用最广泛的反渗透组件,其结构如图4-4所示。

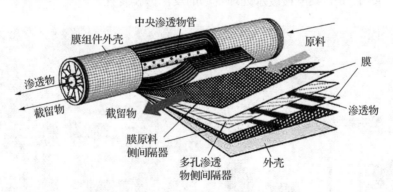

图 4-4　反渗透卷式膜组件结构特征

在卷式膜元件中膜袋与网状分隔层一起围着轴心及透过液收集管卷绕。膜袋由两张膜以及两张膜之间的多孔网状支撑层构成,膜袋的3条边经粘合密封,第4条边粘接到组件中央透过液收集管的狭缝通道上,类似一个长信封状的膜口袋,开口的一边黏结含有开孔的产品水中心管上。原水从一端进入,在压力的推动下,沿轴向流过膜袋之间的网状分隔网从另一端流出;而透过液在膜袋内多孔网状支撑层沿径向垂直方向流进中央透过液收集管。

卷式膜组件是由膜元件及装载膜元件的承压壳体构成。在卷式膜组件中,原水由膜组件的端部进入,在膜元件的隔网中沿中心管平行方向流动,淡水从两侧的膜透过,沿卷膜的方向旋转流进中心集水管,然后引出;浓缩水流入下一个膜元件作进水,并依次流过组件内的每个膜元件进行脱盐,浓缩到一定程度后排出。

装载膜元件的压力容器一般由玻璃钢或不锈钢材料制成。有可装单个膜元件至 7 个膜元件的不同规格供不同需要时选用,卷式膜元件直径有 2.5 in、4 in 及 8 in 等规格,一般以 4 in 及 8 in 膜元件常用,在工业水处理中以 8 in 膜元件使用最多。图 4-5 列出了这几种规格膜元件的外形尺寸。

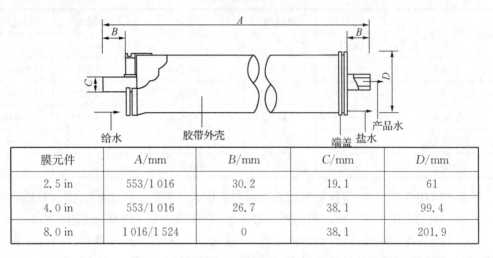

膜元件	A/mm	B/mm	C/mm	D/mm
2.5 in	553/1 016	30.2	19.1	61
4.0 in	553/1 016	26.7	38.1	99.4
8.0 in	1 016/1 524	0	38.1	201.9

图 4-5 卷式膜组件的规格(1 in＝25.4 mm)

由膜组件、仪表、管道、阀门、高压泵、控制柜和机械架组成的可以单独运行的成套设备称为膜装置。图 4-6 是某电镀废水处理现场的反渗透膜装置。

图 4-6 电镀废水回用膜装置

2. 反渗透脱盐系统设计

反渗透脱盐系统的设计是依据原水水质、产水水质及水量要求等情况确定的。通过分析确定反渗透系统选用的膜类型及所要求的预处理工艺系统;产水水质的要求则是进行反渗透脱盐系统膜的选型、组件的排列方式以及后处理系统设计的依据。这样,反渗透脱盐系统的基本流程包括预处理、反渗透、后处理三道工序。

预处理通常采用杀菌、混凝沉降、多介质过滤、活性炭过滤、微滤等工艺。经预处理后,原水中的污染物质被减少和控制,达到反渗透膜元件对进水水质的要求(如表 4-8)。反渗透装置是反渗透脱盐过程的核心部分,在反渗透装置中进水中的大部分盐类被除去,同时除去的还包括有机物。后处理工序则根据用途需要设置,如脱 CO_2、离子交换除盐等。

表 4-8　卷式反渗透膜元件对进水水质的要求

项目 膜类型	悬浮物含量 (mg/L)	污染指数 (SDI)	pH	化学需氧量 (mg/L) (KMnO₄ 法)	游离氯含量 (mg/L) (以 Cl₂ 计)	铁含量(mg/L) (以 Fe 计)
醋酸纤维膜	<0.3	<4	5.0~6.0	<1.5	0.2~1	<0.05
复合膜	<1	<5	3~11	<1.5	<0.1	<0.05

通常进行反渗透装置设计的程序为:① 根据水源及水质确定使用膜元件的类型;② 根据对产水量和产水水质的要求,确定膜元件的数量、膜组件的排列方式和反渗透装置的回收率;③ 根据计算出的膜组件所需的推动压力进行高压泵的选型;④ 配置仪表、阀门等配件。图 4-7 为一级二段反渗透脱盐装置系统。

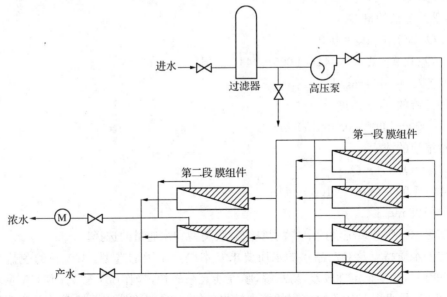

图 4-7　一级二段反渗透脱盐装置

如图 4-7 所示,经过预处理的给水通过过滤器,经加压进入第一段 RO 膜组件,错流运行,浓水进入第二段膜组件进一步提高水收率,收集产水。产水品质都是经过一级 RO 膜处理,只是两段的原水水质有所不同,透过液质量也有所区别,后者透过液质量下降。分级式(产水分级)用于对最终产水要求高的流程中,第一级 RO 产水作为第二级反渗透的给水,以此类推,这样可最终制出高纯度产水。

反渗透装置的性能参数

(1) 给水、浓缩水和透过水的流量

$$(给水) Q_f=(浓水) Q_b+(产品水) Q_P$$

(2) 脱盐率(R)

$$R=(1-c_p/c_f)\times100\%$$

式中:R 为脱盐率或称截留率,%;c_p、c_f 为透过水(产品水)和给水(进料水)的含盐量,mg/L。

由于电导率的测定比较方便,因此在水处理中通常用电导率作为含盐量指标来计算反渗透装置的盐透过率和脱盐率。

(3) 回收率(y)

$$y=(Q_p/Q_f)\times100$$

式中:y 为透过水(产品水)的流量与给水(进料水)的流量之比(即回收率),%;Q_p、Q_f 为透过水(产品水)和给水(进料水)的流量,m³/h。

【例 4 - 1】 某工厂采用 RO 技术进行废水再生回用于冷却塔中。设计产水量为 4 000 m³/d,水收率与污染物截流率为 90%,原水 TDS=1 000 mg/L。计算 RO 浓缩液的 TDS 与水量 Q_b。

解:求浓缩液的量 Q_b

$Q_f=Q_b+Q_p$,$Q_p/Q_f=0.9$

$Q_b=Q_p/0.9- Q_p=4\ 444-4\ 000=444 (m³/d)$

原水流量=4 444 m³/d

求渗透液的 TDS 浓度

$c_p=1\ 000-1\ 000\times0.9=100 (mg/L)$

求浓缩液的浓度

$Q_f\times c_f=Q_b \cdot c_b+Q_p \cdot c_p$

$4\ 444\times1\ 000=4\ 000\times100+444 c_b$

$c_b=9\ 108\ mg/L$

在实际 RO 脱盐系统设计中,特别要注意膜类型和水通量的选择。

原水的水质特点及对产品水的水质要求基本决定了膜的选型。CA 膜的脱盐率较低(95%~98%),化学稳定性较差,易水解,膜性能衰减较快,操作压力较高;但 CA 膜表面光滑、不带电荷,因此其抗钙染物沉积的能力较强,微生物不易在膜表面粘滞;CA 膜耐氧化能力较强,要求进水中维持 0.3~1.0 mg/L 的游离氯,这部分游离氯可持续保护反渗透装置中的 CA 膜不受细菌侵蚀,还可防止由微生物和藻类的生长而引起的污堵。因此在处理污染较为严重的地表水及废水的场合,常选用 CA 膜。复合膜的脱盐率高(>99%),化学稳定性好,耐生物降解,并且操作压力低;复合膜允许的 pH 范围比较宽,运行时为 3~10 (Filmtec/Dow 为 2~11),清洗时为 2~11(Filmtec/Dow 为 1~12),可使反渗透给水少加酸或不加酸,清洗膜时可在较低酸性条件下进行,清洗效果好;复合膜允许的运行温度最高为 45℃(CA 膜为 35℃),有利于在较高温度下清洗膜元件。因此对于地下水和污染较轻的地表水,应优先选用复合膜。近年来,国外膜厂商先后推出了新一代抗污染膜,这类膜的脱盐率、稳定性及耐游离氯的能力等性能基本与复合膜相同,其主要特点是膜表面光滑不带电荷(一般复合膜带负电荷),因此抗污染能力较强,适用于严重污染的地表水或废水处理。

在产品水量一定的条件下,选取水通量的大小基本确定了反渗透装置的膜元件数量。如设计选取的水通量低,则装置要求的膜元件数量就多,设备投资就高;但水通量低,污染物在膜表面沉淀量少,因而污染速度慢。如水通量选得高,则装置需要的膜元件数量就少,设备投资就低;但运行经验表明,在膜的水通量超过一定值时,污染速度呈指数规律上升,高通量的系统增加了膜污染的速率和化学清洗的频率。因此,水通量的选取既要考虑经济性,又要考虑膜污染的因素。通常对于地下水,因其水质好,设计时可选取较高的通量,对于受污染的地表水,则应选用较小的水通量。

另外,在设计过程中还要注意针对产水要求设计多段、多级膜组件,选择正确的高压泵及仪表、控制设备等配件。

3. 膜的清洗

膜的清洗方法可分为两类:物理清洗和化学清洗。其中化学清洗在反渗透膜的清洗中使用最广,大多数膜生产商推荐用化学清洗方法。对于不同的污染物应采用特定的化学清洗剂,同时使用的化学清洗剂必须与膜材料相容,以防止对膜产生不可逆的损伤。常用的 RO 膜清洗配方如表 4-9 所示。

表 4-9　常用的 RO 膜清洗方法

污染物类型	清洗液配方	
	复合膜	醋酸纤维素膜
碳酸钙 磷酸钙 金属氧化物(铁)	2%柠檬酸溶液,用氨水调节 pH 至 4.0,控制温度为 35~40℃或 pH 为 2~3 的盐酸水溶液	2%柠檬酸溶液,0.1%非离子清洗剂,用氨水调节 pH 至 4.0,控制温度为 30~35℃
硫酸钙 混合胶体 小分子天然有机物	2.0%三聚磷酸钠溶液,0.8%Na-EDTA 溶液,pH 为 10.0,控制温度为 35~40℃或 pH<10 的 NaOH 水溶液	2.0%三聚磷酸钠溶液,0.8%Na-EDTA 溶液,0.1%非离子清洗剂,pH7.5,控制温度为 30~35℃
大分子天然 有机物微生物	2.0%三聚磷酸钠溶液,0.25%十二烷基本磺酸钠溶液,pH 为 10.0,控制温度为 35~40℃	0.5%过硼酸钠溶液,0.1%非离子清洗剂,0.25%十二烷基苯磺酸钠溶液,pH7.5,控制温度为 35℃

第 5 章　城镇污水处理技术

污水按其来源和特点一般分为生活污水、工业废水、城镇污水及初期雨水。其中城镇污水属于混合型污水，一般包括生活污水、工业废水及雨雪水等，但不同地区的城镇污水混合比例不同，处理难度有差异，生活污水比例较大的相对容易处理。

总体看来，一个城镇污水处理厂都分污水处理和污泥处理两大部分，污水处理一般都包括物理处理(一级处理)、生物处理(二级处理)。对于出水要求较高的污水厂，还有深度及回用处理，总体流程如图 5－1 所示。

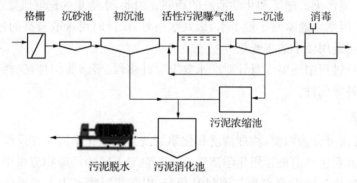

图 5－1　典型城镇污水处理厂工艺流程

近年来，污水处理厂逐渐重视废气和臭味的治理，采用设施加盖、废气收集处理及喷淋香精等工程。

5.1　物理处理技术

水的物理处理是通过重力或机械力作用净化水质的过程，主要去除对象是水中漂浮物和悬浮物，一般用于污水的预处理或一级处理工艺中。采用的方法有：筛滤截留法、重力分离法和离心分离法。筛滤截留法主要包括格栅与筛网工艺，广泛应用于市政污水、工业废水及给水领域。重力分离法包括沉淀、气浮和除油等工艺，其中沉淀、气浮工艺在给水与排水中都有广泛的应用，而除油工艺主要应用于生活含油污水及工业含油废水处理领域，离心分离法主要应用于工业废水处理和污泥脱水等领域。

5.1.1　筛滤截留法

1. 格栅

格栅是由一组(或多组)相平行的金属栅条与框架组成，倾斜安装在进水的渠道或进水泵站集水井的进口处，以拦截污水中粗大的漂浮物和悬浮垃圾，如木块、树枝等，防止水泵机组及管道阀门的堵塞，保证后续处理设施能正常运行。

格栅按栅条间距可分为粗格栅($50\sim100$ mm)、中格栅($10\sim40$ mm)、细格栅($1.5\sim10$ mm)。对于一个污水处理系统,可设置粗细两道格栅,有时甚至采用粗、中、细三道格栅。

格栅截留污染物的数量与地区的情况、污水沟道系统的类型以及栅条的间距等因素有关。其中,与栅条间距关系密切,当栅条间距为 $16\sim25$ mm 时,栅渣截留量一般设计为 $0.10\sim0.05$ m³/(10^3m³污水);当栅条间距为 40 mm 左右时,栅渣截留为 $0.03\sim0.01$ m³/(10^3m³污水)。

格栅的清渣方法是其设计的重要环节,包括有人工清除和机械清除两种。中小型城市的生活污水处理厂或所需截留的污染物量较少时,可采用人工清理的格栅,一般与水平面成 $45°\sim60°$倾角安放,倾角小时,清理时较省力,但占地则较大;机械清渣的格栅,倾角一般为 $60°\sim70°$,有时为 $90°$。每天的栅渣量大于 0.2 m³时,一般应采用机械清除方法,主要类型包括有往复式、回转式、钢丝牵引式及转鼓式等。

格栅设计实例:

【例 5-1】　已知某污水处理厂的最大设计流量 $q_{max}=0.2$ m³/s,总变化系数 K_Z 为 1.50,设计格栅的各部分尺寸。

设栅前水深:$h=0.4$ m(建筑渠道的水深);

过栅流速:$v=0.9$ m/s(规范要求 $0.6\sim1.0$ m/s);

栅条间隙宽度:$d=0.021$ m(选用中格栅);

格栅倾角:$a=60°$(规范要求 $45°\sim70°$);

栅渣量:0.07 m³/(10^3m³污水)(在 $0.10\sim0.05$ 范围选择)。

(1) 计算栅条的间隙数

$$n=q_{max}\sqrt{\sin a}/(d\cdot h\cdot v)$$

$n\approx26$ 个

(2) 栅槽宽度

设栅条宽度 $S=0.01$ m;则 $B=S(n-1)+d\cdot n=0.8$ m;

按照 $B=0.8$ m 计算,进水渠流速为 0.625 m/s,符合 $0.4\sim0.9$ m/s 规范要求。

(3) 进水渠道渐宽部分长度

设进水渠道宽 $B_1=0.65$ m,渐宽部分展开角 $a_1=20°$

$$L_1=(B-B_1)/2\tan a_1=0.22\ \text{m}$$

出水渠道渐窄部分的长度:$L_2=L_1/2=0.11$ m。

(4) 过栅水头损失(栅条断面为锐边矩形)

$$h_2=h_0\cdot k$$

$$h_0=\xi\frac{v^2}{2\text{g}}\cdot\sin a=\beta\left(\frac{s}{d}\right)^{\frac{4}{3}}\frac{v^2}{2\text{g}}\cdot\sin a$$

式中:h_0 为计算水头损失,m;v 为污水流经格栅的速度,m/s;ξ 为阻力系数,与栅条断面几何形状有关;α 为格栅的放置倾角;k 为考虑到格栅受污染物堵塞后阻力增大的系数,可用式:$k=3.36v-1.32$ 求定,一般采用 $k=3$。

$$h_2 = 2.42 \left(\frac{0.01}{0.021} \right)^{\frac{4}{3}} \frac{0.9^2}{19.6} \cdot \sin 60° \times 3 = 0.097 \text{ m}$$

格栅的水头损失一般为 0.08～0.15 m；城市污水一般取 0.1～0.4 m。

（5）栅后槽总高度

$H = h + h_1 + h_2 = 0.4 + 0.3 + 0.097 = 0.8$ m（栅前渠道超高 h_1 取 0.3 m）。

（6）栅槽总长度

$L = L_1 + L_2 + 0.5 + 1.0 + H/\tan = 2.24$ m。

（7）每日栅渣量：$W = 0.8 \text{ m}^3/\text{d} > 0.2 \text{ m}^3/\text{d}$；采用机械清渣方式。

格栅设计简图如图 5-2 所示。

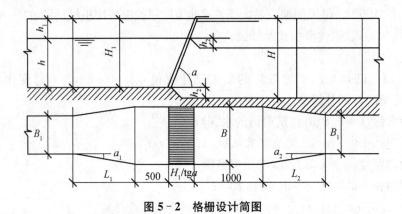

图 5-2　格栅设计简图

目前市场上格栅类型较多。粉碎型格栅能将污水管网中的木片、空瓶、布片等杂物垃圾进行粉碎，以保护泵站中其他设备使其正常运转，可代替格栅或与格栅配合使用，无需清理废弃杂物。

2. 筛网

筛网较格栅能够去除更细小的悬浮物，相当于细格栅，用于截留布料碎片、塑料、纸张碎片等，纺织印染企业采用筛网回收废水中短小纤维；有时可以替代初次沉淀池，不但节约了占地，而且还可以保留碳源进行生物的反硝化。

连续流污水处理中采用的筛网主要有两种型式，即振动筛网和水力筛网，主要区别是清除筛渣的动力不同。振动式筛网是利用机械振动，将呈倾斜面的振动筛网上截留的纤维等杂质卸到固定筛网上，进一步滤去附在纤维上的水滴；水力筛网是依靠进水的水流作为动力旋转的。

格栅和筛网截留的污染物需要处置，主要方法有：填埋、焚烧（820℃以上）以及堆肥等也可将栅渣粉碎后再返回废水中，作为可沉淀的固体进入初次沉淀池。粉碎机应设置在沉砂池后，以免大的无机颗粒损坏粉碎机。

5.1.2　重力分离法

1. 沉淀法

沉淀法是水处理中最基本、也是最常用的方法。它是利用水中悬浮颗粒的重力下沉作用,达到固液分离。在给水厂中,混凝—沉淀是传统的工艺;在典型的污水厂中,可以用于废水的预处理,如沉沙池、初沉池;用于生物处理后的固液分离,如二次沉淀池;用于污泥处理阶段的污泥浓缩,如重力污泥浓缩池。

根据水中悬浮颗粒的凝聚性能和浓度,沉淀通常可以分成自由沉淀、絮凝沉淀、区域沉淀和压缩沉淀四种不同的类型。

为了说明沉淀池的工作原理,分析沉淀过程中影响沉淀效率的因素,Hazen 和 Camp 提出了理想沉淀池的概念,并通过理论推导得出了重要的结论:理想沉淀池的沉淀效率与池的水面面积有关,与池深和池体积无关,这就是著名的浅池理论。依据这个理论开发出具有沉淀效率高、停留时间短、占地少等优点的斜板(管)沉淀池的新工艺,并在给水处理和工业废水处理中得到广泛的应用,而沉淀池的表面负荷成为沉淀池设计的重要参数。

与沉淀相关的工艺包括沉砂池和沉淀池。

沉砂池主要工艺类型包括有平流式沉砂池、旋流沉砂池和曝气沉砂池。其中平流沉砂池结构简单、操作方便。

平流沉砂池的设计步骤及参数:设计过程中要分别计算出沉砂部分的长度、水流断面积、池的总宽度、贮砂斗的容积、尺寸,验证最小流速等。污水在池内的最大流速为0.3 m/s,最小为 0.15 m/s;最大流量时,污水在池内的停留时间不少于30 s,一般为30~60 s;有效水深应不大于 1.2 m,一般采用 0.25~1.0 m,池宽不小于 0.6 m;池底坡度一般为 0.01~0.02,当设置除砂设备时,可根据除砂设备的要求,考虑池底形状。

曝气沉砂池处理效果较好,由于曝气以及水流的螺旋旋转作用,污水中悬浮颗粒相互碰撞、摩擦,并受到气泡上升时的冲刷作用,使粘附在砂粒上的有机污染物得以去除,沉于池底的砂粒较为纯净。有机物含量只有 5%左右的砂粒,长期搁置也不至于腐化。

曝气沉砂池一般控制流速在 0.3 m/s 左右,以保证足够的水力停留时间使泥砂在池中沉淀,在曝气沉砂池刚开始运行或重新启动时,应在污水进入池前打开曝气器,以避免曝气器被水中砂砾堵塞。一般要求曝气沉砂池中的曝气量控制在 4.6~12.4 L/s·m 范围内,具体设计参数如表 5-1。如果曝气沉砂池中出现短流,可在扩散器附近或沿扩散器对面的池壁安装淹没式横向挡板或纵向挡板,来消除短流现象。

表 5-1　曝气沉砂池典型设计参数

项　目	单　位	范　围	典型值
停留时间	min	2~5	3
深		2~5	
长	m	7.5~20	
宽		2.5~7	
宽/深	比值	1:1~5:1	1.5:1
长/宽		3:1~5:1	4:1
单位长度空气供应量	$m^3/m \cdot min$	0.2~0.5	
砂量	$m^3/10^3 m^3$	0.004~0.2	0.015

　　空气扩散装置设在池子的一侧,距离池底约 0.6～0.9 m,送气管应设置调节气量的阀门。每立方米污水的曝气量约为 0.2 m³ 空气。

　　旋流式沉砂池为一种涡流式沉砂池,是一种利用离心分离和重力沉降实现固液分离的水处理装备,由进水口、出水口、沉砂分选区、集砂区、砂提升管、排砂管、电动机和变速箱组成(如图 5-3)。污水由流入口沿切线方向流入沉砂区,利用电动机及其传动装置带动转盘和斜坡式叶片旋转,在离心力的作用下,污水中密度较大砂粒被甩向池壁,掉入砂斗,其他污染物则留在污水中。通过调整转速,可以达到最佳的沉砂效果。沉砂用压缩空气经砂提升管、排砂管清洗后排除,清洗水回流至沉砂区。

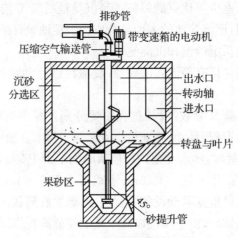

图 5-3　旋流沉砂池结构

　　沉淀池是分离悬浮物的一种常用处理构筑物。用于生物处理法中作预处理的称为初次沉淀池,而设置在生物处理构筑物后的称为二次沉淀池,是生物处理工艺中一个重要的组成部分,担负着固液分离的任务,二次沉淀池的主要功能是活性污泥的泥水分离。对于一般的城市污水,初次沉淀池可以去除约 30% 的 BOD_5 与 55% 的悬浮物。

　　沉淀池常按水流方向来区分为平流式、竖流式、辐流式及斜流沉淀池等四种。当废水是自流进入沉淀池时,应按最大流量作为设计流量;当用水泵提升时,应按水泵的最大组合流量作为设计流量。沉淀时间应不小于 30 min。对于城市污水厂,沉淀池的个数不应少于 2 个无污水沉淀性能的实测资料时,沉淀池设计参数可以参考表 5-2 的数据。

表 5-2　城市污水沉淀池设计参数

沉淀池类型		沉淀时间 (h)	表面负荷 (日平均流量) [m³/(m²·h)]	污泥含水率	固体负荷 [kg/(m²·d)]
初次沉淀池		1.0～2.5	1.2～2.0	95～97	
二次沉淀池	活性污泥法后	2.0～5.0	0.6～1.0	99.2～99.6	≤150
	生物膜法后	1.5～4.0	1.0～1.5	96～98	≤150

　　沉淀池的构造尺寸:超高不少于 0.3 m;有效水深 2～4 m;缓冲层高采用 0.3～0.5 m;

贮泥斗斜壁的倾角,方斗不宜小于 60°,圆斗不宜小于 55°;排泥管直径不小于 200 mm,一般采用静水压力排泥,初次沉淀池静水压力数值不应小于 14.71 kPa(1.5 mH₂O);贮泥斗的容积,一般按不大于 2 d 的污泥量计算。出水部分一般采用堰流,在堰口保持水平。出水堰负荷:对初沉池,应不大于 2.9 L/(s·m);对二次沉淀池,一般取 1.5～2.9 L/(s·m)。

平流沉淀池的设计实例:

【例 5-2】 某城市污水处理厂日平均流量为 0.2 m³/s,设计人口 10 万人,沉淀时间 1.5 h,采用机械刮泥,设计平流沉淀池的各部分尺寸。

根据实际废水特征和设计经验参数设表面负荷 $q=2.0$ m³/m²·h。

(1) 池表面积 $A=Q/q=0.2$ m³/s / 2.0 m³/m²·h$=360$ m²。

(2) 池有效水深 $h_2=q\cdot t=2.0\times1.5=3.0$ m(沉淀时间为 1.5 h);

(3) 沉淀区有效容积 $V=Q\cdot t=0.2$ m³/s $\times$ 1.5 h$=0.3\times3\,600=1\,080$ m³;

(4) 沉淀池长度 $L=V\times t\times3.6\approx25$ m(设水平流速为 4.5 mm/s$<$5 mm/s);

(5) 池总宽 $B=A/L=360/25=15$ m;池个数 $n=B/b=15/4=4$ 个(设 $b=4$ m);

　　校核长宽比$=25/4>4$;长深比>8

(6) 产生污泥及所需容积:

所需的总容积:设 $T=2$ d,污泥量为 25 g/(人·d),污泥含水率为 95%,则

$$S=\frac{25\times100}{(100-95)\times1\,000}=0.5\ \text{L/(人·d)}$$

$$V=\frac{SNT}{1\,000}=\frac{0.5\times100\,000\times2}{1\,000}=100\ \text{m}^3$$

污泥所需总容积:$V=100$ m³;则每格$=25$ m³;

(7) 污泥斗的容积:

$$V_1=\frac{1}{3}h'_4(S_1+S_2+\sqrt{S_1S_2})$$

$V_1=3.12\times1/3(16+0.16+4)=21$ m³;

(8) 污泥斗以上梯形部分的容积:

$$V_2=\left(\frac{L_1+L_2}{2}\right)h''_4 b$$

$V_2=14.9\times0.213\times4.0=12.69$ m³

污泥总设计容积:$V=V_1+V_2=33.69$ m³;设计容积大于需求的 25 m³,符合要求。

(9) 设缓冲层高度 $h_3=0.5$ m;$h_4=h'_4+h''_4=3.33$ m,则池子总高度:

$H=0.3+3.0+0.5+3.33=7.13$ m

竖流式沉淀池中污水自下向上做竖向流动,污泥下沉。当颗粒属于自由沉淀类型时,在相同的表面水力负荷条件下,竖流式沉淀池的去除率要比平流式沉淀池低。当颗粒属于絮凝沉淀类型时,在竖流沉淀池中会出现上升着的颗粒与下降着的颗粒,上升颗粒与上升颗粒之间、下沉颗粒与下沉颗粒之间的相互接触、碰撞,致使颗粒的直径逐渐增大,有利于颗粒的沉淀。

竖流式沉淀池的构造及中心管尺寸如图 5-4 所示。

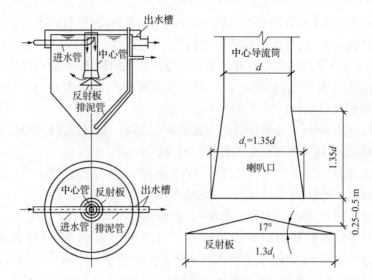

图 5 - 4　竖流式沉淀池的构造及中心管尺寸

　　竖流沉淀池的池径不大于 8 m,一般 4～7 m;喇叭口直径及高度为中心管的 1.35 倍;池径/有效水深<3;中心管流速 V_0≤30 mm/s;反射板出流速度 V_1≤20 mm/s;反射板底与泥面应不小于 0.3 m;反射板直径 1.3 d_1,反射板与水平面倾角 17°。中心管下端与反射板表面间距 0.25～0.5 m。

　　设计步骤:

　　(1) 计算中心管的截面积与直径:截面积 f_1＝Q/V_0,直径可以换算;

　　(2) 计算间隙高度 $\pi d_1 h_2$＝Q/V_1;

　　(3) 计算沉淀池面积和池径:面积 f_2＝3 600Q/q,池径可以换算;其中 q 为水力负荷参数;

　　(4) 总面积 A＝f_1＋f_2。

　　其他各部分与平流沉淀池相似。

　　辐流式沉淀池是一种大型沉淀池,池径可达 100 m,池周水深 1.5～3.0 m。有中心进水周边出水(如图 5 - 5)、周边进水中心出水、周进周出等几种形式。污泥一般采用刮泥机刮除。

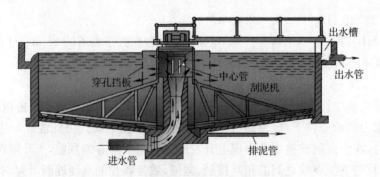

图 5 - 5　中心进水周边出水的辐流式沉淀池

　　对辐流式沉淀池而言,目前常用的刮泥机械有中心传动式刮泥机和吸泥机以及周边传动式的刮泥机与吸泥机等。

辐流式沉淀池池子直径(或正方形的一边)与有效水深的比值,宜为 6～12;池径不宜小于 16 m;池底坡度,一般采用 0.05;一般采用周边传动机械刮泥;池径较小时(<20 m),采用中心传动的刮泥机。

设计实例:

【例 5-3】　某城市污水处理厂日平均流量 $Q=2\,450$ m³/h,设计人口 $N=34$ 万;采用机械刮泥,设计辐流沉淀池各部分尺寸。

(1) 计算沉淀部分水面面积,设表面负荷 $q=2$ m³/(m²·h),$n=2$ 个,则

$$F=\frac{Q}{nq}=\frac{2\,450}{2\times2}=612.5 \text{ m}^2$$

(2) 计算池子的直径:

$$D=\sqrt{\frac{4F}{\pi}}=\sqrt{\frac{4\times612.5}{\pi}}=27.9 \text{ m},取 D=28 \text{ m};$$

(3) 沉淀区有效水深,设停留时间 $t=1.5$ h,则

$$h_2=qt=2\times1.5=3 \text{ m}$$

(4) 计算沉淀区有效容积:

$$V=\frac{Q}{n}t=\frac{2\,450}{2}\times1.5=1\,838 \text{ m}^3$$

(5) 污泥所需要的容积,设 $S=0.5$ L/(人·d),$T=4$ h,则

$$V_{泥}=\frac{\text{SNT}}{1\,000\,n}=\frac{0.5\times340\,000\times4}{1\,000\times2\times24}=14.2 \text{ m}^3$$

(6) 设计污泥斗容积,设 $r_1=2$ m,$r_2=1$ m,$a=60°$,则

$$h_5=(r_1-r_2)\text{tg}a=(2-1)\tan60°=1.73 \text{ m},$$

$$V_1=\frac{\pi h_5}{3}(r_1^2+r_1r_2+r_2^2)=12.7 \text{ m}^3$$

(7) 设计泥斗以上污泥容积,设池底坡度为 0.05,则

$$h_4=(R-r)\times0.05=0.6 \text{ m}$$

$$V_2=\frac{\pi h_4}{3}(R^2+Rr_1+r_1^2)=143.3 \text{ m}^3$$

(8) 计算设计的污泥总容积:

$V_1+V_2=156$ m³>14.2 m³,满足要求。

(9) 设计沉淀池总高度,设超高 $h_1=0.3$ m,缓冲层高度 $h_3=0.5$ m,则

$$H=h_1+h_2+h_3+h_4+h_5=0.3+3+0.5+0.6+1.73=6.13 \text{ m}$$

(10) 直径深度比校:

$D/h_2=28/3=9.3$,符合要求。

辐流沉淀池设计尺寸如图 5-6 所示。

斜板式沉淀池具有沉淀效率高(普通沉淀池水力负荷的 2 倍)、停留时间短、占地少等优点;在给水处理中得到比较广泛的应用,在废水处理中,应用于隔油、絮凝等工艺。在固体负荷较高

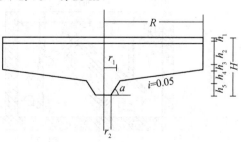

图 5-6　辐流沉淀池设计尺寸

条件下,容易发生粘附堵塞,如二沉池,不宜采用斜板沉淀池。

异向斜板沉淀池中,斜板(管)与水平面呈 60°,长度通常为 1.0～1.2 m 左右;斜板净距(或斜管孔径)一般为 80～100 mm;斜板(管)区上部清水区水深为 0.5～1.0 m,底部缓冲层高度为 1.0 m 左右。一般采用重力排泥,每日排泥次数 1～2,或连续排泥。

5.1.3　隔油和破乳

含油废水来源广泛,除了石油开采及石化工业排出大量含油废水外,还有固体燃料热加工、纺织工业中的洗毛废水、轻工业中的制革废水、铁路及交通运输业、屠宰及食品加工以及机械金属加工工业中切削工艺中的含油乳化液等,生活污水中的餐饮废水也常常含油。这些行业的污水处理工艺都需要考虑油的去除,以达到排放水体或纳管的标准。城镇污水处理厂如果接纳工业废水比例较高,特别是采油、石化等行业的含油废水量较大时,也要考虑除油问题。

含油废水的处理一般利用油水的密度差,采用重力法进行分离,具体选择的处理工艺与油在废水中的存在状态关系密切。油在水中的存在状态包括可浮油、细分散油、乳化油和溶解油四种。

一般呈悬浮状态的可浮油,粒径一般大于 100 μm,可以采用隔油池进行处理。平流隔油池具有构造简单、便于运行管理及油水分离效果稳定等特点(如图 5-7)。

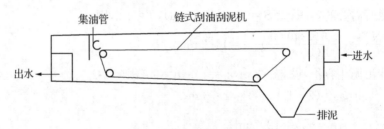

图 5-7　平流隔油池构造

隔油池运行过程中,废水以较低的水平流速(2～5 mm/s)流经隔油池,密度小于水的油粒上升到水面,被一侧开口的集油管收集,密度大于水的颗粒杂质沉于池底。大型隔油池应设置刮油刮泥机,以及时排油及排除底泥。隔油池表面一般设置盖板,冬季保持浮渣的温度,从而保持它的流动性,同时可以防火与防雨。

粒径较小的细分散油一般在 10～100 μm 范围,长期静置可以形成浮油,可采用斜板隔油池去除(如图 5-8)。

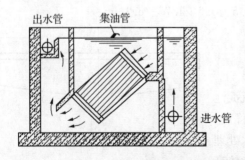

图 5-8　斜板隔油池工艺及实物

乳化油油滴细小，一般小于 10 μm，难以用静沉法从废水中分离出来，需要进行破乳，使乳化油转化为可浮油，再用重力法来分离。在含油废水处理中，乳化油废水处理难度较大。目前破乳的方法有多种，但基本原理一样，即破坏液滴界面上的稳定薄膜，使油、水得以分离。破乳途径主要包括：① 投加换型乳化剂；② 投加盐类、酸类；③ 投加某种本身不能成为乳化剂的表面活性剂；④ 通过剧烈的搅拌、震荡或转动；⑤ 过滤；⑥ 改变温度等。破乳方法的选择是以试验为依据。某些石油工业的含油废水，当废水温度升到 65℃～75℃时，可达到破乳的效果。相当多的乳状液，必须投加化学破乳剂。目前所用的化学破乳剂通常是钙、镁、铁、铝的盐类或无机酸。有的含油废水亦可用碱(NaOH)进行破乳。水处理中常用的混凝剂也是较好的破乳剂。它不仅有破坏乳化剂的作用，而且还对废水中的其他杂质起到混凝的作用。乳化油废水也可以采用膜滤工艺处理，低压的微滤膜和超滤膜及陶瓷膜适合去除废水中的油。

油一般在水中的溶解度很低，所以废水中溶解油含量很低，通常只有几个毫克每升，对后续污水处理效果影响不大，可以通过后续微生物作用去除，也可以采用吸附法加以去除。

5.1.4　气浮法

气浮法是一种有效的固-液和液-液分离方法，常用于对那些颗粒密度接近或小于水的细小颗粒的分离。该工艺是将空气以微小气泡形式通入水中，使微小气泡与在水中悬浮颗粒相粘附，上浮水面，从水中分离出去，形成浮渣层排出。

相对于沉淀工艺，气浮对颗粒的重度及大小要求不高，能减少絮凝时间及节约混凝剂用量；气浮工艺一般出水水质较好，"跑矾花"现象少，工艺占地面积小，工艺排泥方便，泥渣含水率较低。然而，气浮工艺需要一套供气、溶气和释气装置，日常运行的电耗有所增加。

气浮法处理工艺必须满足下述基本条件：① 必须向水中提供足够量的细微气泡；② 必须使污水中的污染物质能形成悬浮状态；③ 必须使气泡与悬浮的物质产生粘附作用。有了上述这三个基本条件，才能完成浮上处理过程，达到污染物质从水中去除的目的。

按生产微细气泡的方法，气浮法分为：电解浮上法、分散空气浮上法和溶解空气浮上法。其中，电解气浮法产生的气泡小于其他方法产生的气泡，故特别适用于脆弱絮状悬浮物；然而，由于电耗高、操作运行管理复杂及电极结垢等问题，较难适用于大规模水厂；分散空气气浮法主要包括微气泡曝气法和剪切气泡法等两种形式；溶解空气浮上法有真空浮上法和加压溶气浮上法两种形式，其中加压溶气气浮法应用较广。

加压溶气气浮法是目前常用的工艺，是使空气在加压的条件下溶解于水，然后通过将压力降至常压而使过饱和的空气以细微气泡形式释放出来。加压溶气气浮法的主要设备为水泵、溶气罐、空气供气及释放系统和浮上池。

加压溶气浮上法有全溶气流程、部分溶气流程和回流溶气气浮流程三种基本工艺。前两种工艺流程是全部或部分污水进入压力溶气罐，与气混合之后通过释气头释放微气泡进行气浮分离；回流溶气气浮法是采用处理后的相对干净的水作为溶气水，该工艺较为常用，对压力溶气罐腐蚀轻微，在给水处理中也常采用。部分回流溶气气浮工艺如图5-9所示。

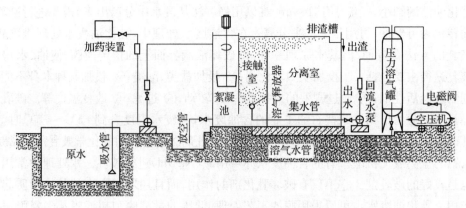

图 5-9　部分回流溶气气浮工艺

在操作回流溶气气浮工艺时,要选择恰当的溶气压力和回流比(指溶气水量与待处理水量的比值)。通常溶气压力采用 0.2 MPa～0.4 MPa,回流比取 5%～10%。通常絮凝时间取10～20 min;一般絮凝池与接触室连建,进入气浮接触室的水流尽可能分布均匀,流速一般控制在0.1 m/s 左右,接触室中水流上升速度一般取 10～20 mm/s,水力停留时间不宜小于 60 s。气浮分离室一般取 1.5～2.5 mm/s 的水流流速,即分离室表面负荷率 5.4～9.0 $m^3/m^2 \cdot h$。气浮池的有效水深一般取 2～2.5 m,池中水流停留时间一般为 15～30 min。

气浮工艺是依靠气泡来托起絮体的,絮体越多、越重,所需要气泡量就越多,故气浮工艺一般不宜用于高浊度原水的处理,这一点在大水量的给水处理领域尤为重要。

5.2　污水的生物处理技术

水的生物处理是利用微生物的新陈代谢作用对水进行净化的处理方法。根据微生物代谢过程中的生化环境,生物水处理工艺可以分为好氧、缺氧和厌氧生物处理;根据生物反应器构型,生物处理又可分为悬浮型和附着型两类。污水的生物处理工艺类型主要是按照反应器构型和生化环境的区别而划分的。

5.2.1　生物处理的基本概念和生化反应动力学基础

污水生物处理法是建立在水环境自净作用基础上的人工强化技术,具有百余年发展历史。具有高效、低耗、产能等优点,运行费用低,广泛应用于大规模生活污水和工业废水处理工程中。

1881 年,法国发明的 Moris 池是最早的废水处理生物反应器,属于封闭厌氧型;1893年,在英国首先应用了生物滤池;1914 年,英国又首先采用活性污泥法处理废水。此后的半个多世纪,好氧生物处理成为稳定废水中有机物的核心工艺;而厌氧处理长期以来用于污泥稳定。目前,美国有 18 000 座废水处理厂,84% 为二级生物处理;英国有 3 000 座均为二级生物处理装置;日本的 703 座城市、2 000 座村镇污水处理厂中 99% 为生物处理工艺。

然而,由于工业和城市的飞速发展,在世界范围内,特别是发展中国家,水污染至今还没有得到有效控制,污水生物处理技术离尽善尽美还相差很远。主要缺点是生化环境不够理想、微生物数量不够多、反应速率尚低、处理设施的基建投资和运行费用较高、运行不够稳定、难降解有机物处理效果差等。另外，从可持续发展的战略观点来衡量，废水生物处理还需消耗大量有机碳、剩余污泥量大、释放较多二氧化碳等缺点。

1. 微生物的特性及污水生物处理特点

污水生物处理的优势是由微生物的特性及其生长规律所决定的。微生物的特性是理解与应用污水生物处理工艺特点和优势的关键，预示着微生物对污染物降解的巨大潜力。

（1）微生物个体微小、比表面积大、代谢速率快；

较大的酵母菌，一般为椭圆形，宽 $1\sim5\ \mu m$，长 $5\sim30\ \mu m$；比表面积大，大肠杆菌与人相比，其比表面积约为人的 30 万倍，为营养物的吸收与代谢产物的排泄奠定了基础；代谢速度快，发酵乳糖的细菌在 1 h 内可分解其自重的 $1\ 000\sim10\ 000$ 倍，假丝酵母（Candida utilis）合成蛋白质能力比大豆强 100 倍。

（2）种类繁多、分布广泛、代谢类型多样

W. B. Whitman 细菌普查，地球上存在 5×10^{30} 个细菌，活跃在海、陆、空等一般环境中，在极端环境中也存在极端微生物。微生物代谢能力强，有的细菌能降解几十种有机物，甲基汞、有毒氰、酚类化合物等都能被微生物作为营养物质分解利用。

（3）繁殖快、易变异、适应性强

大肠杆菌在条件适宜时 17 min 就分裂一次；有一种假单胞细菌在不到 10 min 就分裂一次；低温、高温、高压、酸、碱、盐、辐射等条件下可以快速适应；对于进入环境中的"陌生"污染物，甚至是抗生素类污染物，微生物可通过突变而改变原来的代谢类型而降解之，而微生物本身会成为抗药性细菌。

利用微生物的无穷潜力、反应设备的发展及材料等相关学科技术的进步，发挥微生物污水处理廉价的优势，与其他工艺相交叉，利用协同作用。污水生物处理工艺必将取得更大的发展，发挥更大的作用。

2. 污水生物处理的基本原理

微生物不断从外界环境中摄取营养物质，通过生物酶催化的复杂生化反应，在体内不断进行物质转化和交换的过程，但总体分两类：

分解代谢：分解复杂营养物质，降解高能化合物，获得能量。

合成代谢：通过一系列的生化反应，将营养物质转化为复杂的细胞成分。

根据氧化还原反应中最终电子受体的不同，分解代谢可分为发酵和呼吸，呼吸又分为好氧呼吸和缺氧呼吸。

发酵是微生物将有机物氧化释放的电子直接交给底物本身未完全氧化的某种中间产物，同时释放能量并产生不同的代谢产物。这种生物氧化作用不彻底，最终形成的还原性产物，是比原来底物简单的有机物，在反应过程中，释放的自由能较少，故厌氧微生物在进行生命活动过程中，为了满足能量的需要，消耗的底物要比好氧微生物的多。

呼吸是微生物在降解底物的过程中，将释放的电子交给电子载体，再经过电子传递系统传给外源电子受体，从而生成水或其他还原型产物并释放能量的过程。以分子氧作为最终电子受体的称为好氧呼吸，以氧化型化合物作为最终电子受体的称为缺氧呼吸，如反硝化过程。

污水的生化环境是生物处理工艺分类的重要依据,对生化处理效果具有重要影响。特别是对工业废水处理,生化环境尤为重要;有些降解之能够以厌氧方式,或者相反。

污水的好氧生物处理是在有游离氧(分子氧)存在的条件下,好氧微生物降解有机物,使其稳定、无害化的处理方法。微生物利用废水中存在的有机污染物,以溶解状与胶体状的为主,作为营养源(碳源)进行好氧代谢。有机物通过代谢活动,约有 1/3 被分解、稳定,并提供其生理活动所需的能量;约有 2/3 被转化,合成为新的原生质(细胞质),即进行微生物自身生长繁殖。其主要优点是:反应速度较快,所需的反应时间较短,故处理构筑物容积较小(除难降解废水以外);处理效果好,一般在厌氧生物处理后要加好氧生物处理进一步降低污染物浓度;处理过程中散发的臭气较少,对有毒废水的适应能力强。

污水的厌氧生物处理是在没有游离氧存在的条件下,兼性细菌与厌氧细菌降解和稳定有机物的生物处理方法。在厌氧生物处理过程中,复杂的有机化合物被降解、转化为简单的化合物,同时释放能量。在这个过程中,有机物的转化分步进行,部分转化为 CH_4,可回收利用;还有部分被分解为 CO_2、H_2O、NH_3、H_2S 等无机物,并为细胞合成提供能量;少量有机物被转化、合成为新的原生质的组成部分,其污泥增长率小得多。该工艺主要的特点是由于废水厌氧生物处理过程不需另加氧气源,故运行费用低;另外突出的优点是剩余污泥量少和可回收(CH_4)等能源。其主要缺点是启动和反应速度较慢,反应时间较长,处理构筑物容积大;为维持较高的反应速度,需维持较高的温度,就要消耗能源;产臭气、处理效果较差。

3. 微生物的生长规律

按微生物生长速率可分为四个生长期:

(1) 延迟期(适应期)

如果活性污泥被接种到与原来生长条件不同的废水中(营养类型发生变化),或污水处理厂因故中断运行后再运行,则可能出现适应期。废水生物处理实验初期的污泥培养驯化阶段也会出现适应期。延迟期是否存在或停滞时间的长短,与接种活性污泥的数量、废水性质、生长条件等因素有关。

(2) 对数增长期

当废水中有机物浓度高,且培养条件适宜,则活性污泥很快就会进入对数生长期。处于对数生长期的污泥絮凝性较差,呈分散状态,镜检能看到较多的游离细菌,混合液沉淀后其上层液混浊,含有机物浓度较高,活性强沉淀不易,用滤纸过滤时,滤速很慢。

(3) 稳定期

当污水中有机物浓度较低,污泥浓度较高时,污泥则有可能处于稳定期。此时,活性污泥絮凝性好,混合液沉淀后上清液清澈,以滤纸过滤时滤速快,污水的处理效果好。

(4) 衰亡期

当污水中有机物浓度较低,营养物明显不足时,则可能出现衰老期。处于衰老期的污泥松散,沉降性能好,混合液沉淀后上清液清澈,但有细小泥花,以滤纸过滤时,滤速快。

该规律可以指导污水生化实验,并应用到实际污水生物处理系统的操作与调试中。

4. 微生物生长的影响因素

在污水生物处理过程中,如果条件适宜,活性污泥的增长过程与纯种单细胞微生物的增殖过程大体相仿,其生长受废水性质、浓度、水温、pH、溶解氧等多种环境因素的影响。这些因素影响微生物的生长过程和污水处理效果,是污水处理实际操作的重要控制指标。

微生物要求的营养物质必须包括组成细胞的各种原料和产生能量的物质,主要有水、碳素营养源、氮素营养源、无机盐及生长因素。在实际污水处理中,特别是工业废水处理中,好氧生物处理一般估算营养比例:BOD：N：P＝100 ：5 ：1。

各类微生物所生长的温度范围不同,约为 5~80℃。依微生物适应的温度范围,微生物可以分为中温性(20~45℃)、好热性(高温性)(45℃以上)和好冷性(低温性)(20℃以下)三类。当温度超过最高生长温度时,会使微生物的蛋白质迅速变性及酶系统遭到破坏而失活;低温会使微生物代谢活力降低,进而处于生长繁殖停止状态,但仍保存其生命力。厌氧微生物对温度的依赖性相对较高,一般需要在中温条件下进行。

不同的微生物有不同的 pH 适应范围。大多数细菌适宜中性和偏碱性(pH＝6.5~7.5)的环境。废水生物处理过程中应保持最适 pH 范围,当废水的 pH 变化较低时,pH 低了,丝状菌、真菌繁生,会发生污泥膨胀,应设置调节池,使进入反应器(如曝气池)的废水保持在合适的 pH 范围。

溶解氧是影响好氧生物处理效果的重要因素,好氧微生物处理的溶解氧一般以 2~4 mg/L为宜,溶解氧偏高,一般不会影响处理效果,但能耗较高,总体需要量与污水处理系统有机负荷及溶解氧的传质有关。

在工业废水中,有时存在着对微生物具有抑制和杀害作用的化学物质,这类物质称之为有毒物质。其毒害作用主要表现在细胞的正常结构遭到破坏以及菌体内的酶变质,并失去活性,因此对有毒物质应严加控制,使毒物浓度在的允许范围。有毒物质的浓度要求与其毒性及微生物种类有关,如有研究表明,当苯酚浓度为 100 mg/L 时,生物比增长速率达到最大;之后受到抑制;有研究结果,苯酚的 Sc 为 3.7 mg/L,o-甲酚的 Sc 为 1.3 mg/L,,Sc 为100％抑制硝化作用的毒物浓度。

5. 生化反应动力学基础

生物化学反应是一种以生物酶为催化剂的化学反应。污水生物处理中,人们总是创造合适的环境条件去得到希望的反应速度。生化反应动力学目前的研究内容是底物降解速率与底物浓度、生物量、环境因素等方面的关系;微生物增长速率与底物浓度、生物量、环境因素等方面的关系;进行反应机理的研究,确定从反应物过渡到产物所经历的途径。

在生化反应中,反应速率是指单位时间里底物的减少量、最终产物的增加量或细胞的增加量。在废水生物处理中,是以单位时间里底物的减少或污泥的增加来表示生化反应速率。

1913 年前后,米歇里斯和门坦提出了表示整个反应中底物浓度与酶促反应速度之间关系的式子,称为米歇里斯-门坦方程式,简称米氏方程式。

$$v = v_{\max}\frac{S}{K_m + S}$$

式中:v 为酶促反应速度;$v_{\max}$ 为最大酶反应速度;S 为底物浓度;K_m 为米氏常数。

由上式:当 $v = 1/2 v_{\max}$ 时,$K_m = S$,即 K_m 是 $v = 1/2 v_{\max}$ 时的底物浓度,故又称半速率常数。

在环境条件具备情况下,微生物增长速率与现有微生物浓度 X 成正比。即

$$\mathrm{d}X/\mathrm{d}t = \mu X$$

莫诺特(Monod)方程描述了微生物的比增长速率与底物浓度的关系:

$$\mu = \mu_{\max} \frac{S}{k_s + S}$$

式中:S 为限制微生物增长的底物浓度,mg/L;μ 为微生物比增长速率(h^{-1});k_s 为饱和常数。

在环境条件具备情况下,底物利用速率与现有微生物浓度 X 成正比。即

$$\mathrm{d}S/\mathrm{d}t = rX$$

r 为比底物利用速率,即单位微生物量利用底物的速率常数。

劳-麦(L-M)方程式描述了底物浓度与微生物比底物利用速率的关系:

$$r = r_{\max} \frac{S}{k_s + S}$$

在生化反应过程中,微生物增长与有机底物降解是同时进行的。1951 年由霍克来金(Heukelekian)等人提出了两者的关系式:

$$\left(\frac{\mathrm{d}X}{\mathrm{d}t}\right)_g = Y\left(\frac{\mathrm{d}S}{\mathrm{d}t}\right)_u - K_d \cdot X$$

式中:K_d 为内源呼吸(或衰减)系数;X 为反应器中微生物浓度;Y 为产率系数,mg(生物量)/mg(降解的底物)。

在实际工程中,产率系数(微生物增长系数)Y 常以实际测得的观测产率系数 Y_{obs}(表观产率系数)代替,即

$$\left(\frac{\mathrm{d}X}{\mathrm{d}t}\right)_g = Y_{obs}\left(\frac{\mathrm{d}S}{\mathrm{d}t}\right)_u$$

上述建立了污水生物处理的基本动力学方程式,在建立污水生物处理反应器数学模型中具有十分重要的意义。

5.2.2　好氧悬浮型生物处理工艺——活性污泥法

1912 年英国的克拉克(Clark)和盖奇(Gage)发现,对污水长时间曝气会产生污泥,同时水质会得到明显的改善。继而阿尔敦(Arden)和洛开脱(Lockgtt)对这一现象进行了研究。曝气试验是在瓶中进行的,每天试验结束时把瓶子倒空,第二天重新开始,他们偶然发现,由于瓶子清洗不干净,瓶壁附着污泥时,处理效果反而好。由此,污泥的重要性显现出来,由于其中以微生物成分为主,被称为活性污泥。1916 年建成了第一个活性污泥法污水处理厂,此后活性污泥成为污水处理应用最广的生物处理工艺。

1. 活性污泥法的基本流程

活性污泥法是由曝气池、沉淀池、污泥回流和剩余污泥排除系统所组成(如图 5-10)。

活性污泥系统的主要操作过程是：① 污水（与回流污泥一起）进入曝气池；② 通过曝气设备充氧、搅拌进行好氧生物代谢；③ 反应完成后，混合液进入沉淀池进行固液分离；④ 泥回流保持污泥浓度，剩余污泥排放处理。

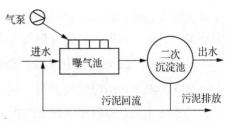

图 5‑10　活性污泥法基本流程

构成活性污泥法有三个基本要素，一是引起吸附和氧化分解作用的微生物，也就是活性污泥；二是废水中的有机物，它是处理对象，也是微生物的食料；三是溶解氧，没有充足的溶解氧，好氧微生物既不能生存也不能发挥氧化分解作用。作为一个有效的处理工艺，必须使微生物、有机物和氧充分接触，活性污泥法在充氧的同时，也使混合液悬浮固体处于悬浮状态，因此不需要其他搅拌装置。回流污泥的目的是使曝气池内保持一定的悬浮固体浓度，也就是保持一定的微生物浓度。曝气池中的生化反应引起了微生物的增殖，增殖的微生物通常从沉淀池中排除，以维持活性污泥系统的稳定运行。这部分污泥叫剩余污泥。剩余污泥中含有大量的微生物，排放环境前应进行处理和最终处置。

活性污泥中的细菌是一个混合群体，常以菌胶团的形式存在，其性状是系统稳定运行的关键。污泥除了有氧化和分解有机物的能力外，还要有良好的凝聚和沉淀性能，以使活性污泥能从混合液中分离出来，得到澄清的出水。污泥的性状决定了系统运行状况和处理功效，必须及时测试评价污泥性状参数，活性污泥的传统方法包括有表观性状分析（颜色、味道、状态等），显微镜的生物相观察，污泥沉降比（SV）和污泥浓度（MLSS、MLVSS）及污泥体积指数（SVI）等。

活性污泥曝气池中混合液（ML）中污泥的沉降体积比可采用污泥沉降比测定（SV），但 SV 不能确切表示污泥沉降性能，还需要考虑沉降污泥的质量，用单位干泥形成湿泥时的体积来表示污泥沉降性能，简称污泥指数（SVI），单位为 mL/g。

$$SVI = SV(ml/L) / MLSS (g/L)$$

SVI 在 100～150 时，污泥沉降性能良好；SVI ＞200 时，污泥沉降性差，容易发生污泥膨胀；SVI 过低时，污泥中无机成分较多，污泥活性差。该指数是判断活性污泥系统运行稳定性常用的判别标志。

2. 活性污泥降解污水中有机物的重要阶段

有实验研究发现，活性污泥污水处理系统运行开始时，BOD迅速下降，在 40 min 内就去除 69%；2 h 后，总去除率也只有 76%，由此发现了活性污泥法降解有机物的过程规律，包含两个重要阶段，即吸附和稳定两个阶段（如图 5‑11 所示）。

在吸附阶段，由于活性污泥具有巨大的表面积，而表面上含有多糖类的粘性物质，对废水中污染物有较强的吸附作用，在短时间内使污水的 BOD 大幅度下降，但并没有实质降解。在稳定阶段，主要是吸附转移到活性污泥上的有机物为微生物所代谢利用。当污水中的有机物处于悬

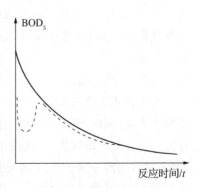

图 5‑11　活性污泥系统中有机污染物的降解过程

浮状态和胶态时,吸附阶段很短,一般在 $15\sim45$ min 左右,而稳定阶段较长。该降解规律的发现为之后活性污泥工艺的变型与改进提供了理论依据。

3. 活性污泥法曝气池的基本类型及其发展演变

活性污泥工艺的曝气池实质上是一个反应器,反应器中污水的水力特征、传质性能与设计池型密切相关。目前曝气池分为推流式、完全混合式、序批式(SBR)和封闭环流式四种基本类型,各种类型的反应器各有优点,应用于不同的水质和环境条件下,而且在应用的过程中不断地进行改革与演变。

传统的活性污泥法或称普通活性污泥法,为提高污水处理效率、适应水质变化、增强系统稳定性及满足实时需要,普通活性污泥法经不断的发展,已有多种运行方式,其发展的主要原因如表 5-3 所示。

表 5-3　活性污泥法演变及其原因

序号	原工艺	改变原因	演变工艺
1	推流式	抗毒性冲击性差	完全混合式
2	传统活性污泥法	节能增效	渐减曝气、分段进水法、深井曝气法
3	传统活性污泥法	提高负荷	高负荷曝气法、吸附再生法、AB 法、纯氧曝气法
4	传统活性污泥法	提高系统稳定性	克劳斯法、投料活性污泥法
5	传统活性污泥法	脱氮除磷	SBR、氧化沟
6	传统活性污泥法	提高降解率、降低污泥产量	延时曝气法

（1）渐减曝气

在推流式的传统曝气池中,混合液的需氧量在长度方向是逐步下降的。因此等距离均量地布置扩散器是不合理的。实际情况是:前半段氧远远不够,后半段供氧超过需要。渐减曝气的目的就是合理地布置扩散器,使布气沿程变化,而总的空气用量不变,这样可以提高处理效率。

（2）分步曝气

针对溶解氧与污水 BOD 不合理的状况,除了上述改变曝气方式外,还可以改变进水方式。在 20 世纪 30 年代,纽约市污水厂的曝气池空气量供应不足,厂总工程师把入流的一部分从池端引到池的中部分点进水,解决了问题。使同样的空气量,同样的池子,得到了较高的处理效率。

（3）完全混合法

为了根本上改善长条形池子中混合液不均匀的状态,在分步曝气的基础上,进一步大大增加进水点,同时相应增加回流污泥并使其在曝气池中迅速混合,它就是完全混合的概念。在完全混合法的曝气池中,池液中各个部分的微生物种类和数量基本相同,生活环境也基本相同;进水出现冲击负荷时,池液的组成变化也较小,因为骤然增加的负荷可为全池混合液所分担,而不是像推流中仅仅由部分回流污泥来承担。因而完全混合池从某种意义上来讲,是一个大的缓冲器。它不仅能缓和有机负荷的冲击,也减少有毒物质的影响,在工业污水的处理中有一定优点。为适应完全混和的需要,机械曝气的圆形池子也得到了发展。机械曝气器很像搅拌机,而圆形池子便于完全混合。

然而,对于毒性较小的生活污水或城镇污水,一般认为完全混合式曝气池的处理效果没有推流式的好(如图 5 - 12)。

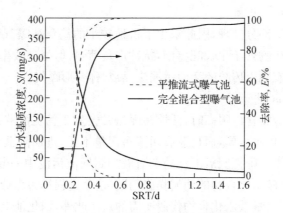

图 5 - 12　完全混合与推流式曝气池基质去除对比

(4) 浅层曝气

1953 年,派斯维尔(Pasveer)曾计算并测定氧在 10℃ 静止水中的传递特性。他发现了气泡形成和破裂瞬间的氧传递速率最大的特点。在水的浅层处用大量空气进行曝气,就可获得较高的氧传递速率。该工艺反应器中扩散器放置的深度在水面以下 0.6~0.8 m 范围为宜,此时与常规深度的曝气池相比,可以节省动力费用。此外,由于风压减小,风量增加,可以用一般的离心鼓风机。

浅层曝气与一般曝气相比,空气量虽然增大,但风压仅为一般曝气的 1/3~1/4,故电耗并不增加而略有下降。浅层池适用于中小型规模的污水厂。但由于布气系统进行维修上的困难,没有得到推广应用。

(5) 深层曝气

曝气池的经济深度是按基建费和运行费用来决定的。根据长期的经验,并经过多方面的技术经济比较,经济深度一般为 4~5 m。但随着城市的发展,普遍感到用地紧张,为了节约用地,从 20 世纪 60 年代开始,研究发展了深层曝气法。

一般深层曝气池水深可达 10~20 m。70 年代以来,国外又发展了超深层曝气法,又称竖井或深井曝气,水深竟达 150~300 m,大大节省了用地面积。同时由于水深大幅度增加,可以促进氧传递速率,从而提高了曝气池处理污水的负荷。

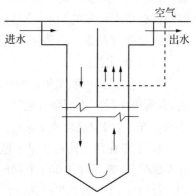

图 5 - 13　深井曝气池示意图

在深井中可利用空气作为动力,促使液流循环。采用空气循环的方法是启动时先在上升管中比较浅的部位输入空气,使液流开始循环,待液流完全循环后,再在下降管中逐步供给空气。液流在下降管中与输入的空气一起,经过深井底部流入上升管中,并从井颈顶管排出,并释放部分空气。由于下降管和上升管的气液混合物存在着密度差,故促使液流保持不断循环(如图 5-13 所示)。

国外已建成了几十个深井曝气处理厂,国内也正在开展研究。但是,当井壁腐蚀或受损时污水是否会通过井壁渗透,污染地下水,要认真对待。

(6) 高负荷曝气或变型曝气

有些污水厂只需要部分处理,因此采用了占地较小的高负荷曝气法。该工艺曝气时间短,约为 1.5~3 h,微生物处于生长旺盛期,抗冲击负荷强,但处理效率仅约 65% 左右,污泥产量也较大。该工艺有别于传统的活性污泥法,故常称变形曝气。

(7) 克劳斯(Kraus)法

污水中的碳水化合物含量很高时,活性污泥法常会发生污泥膨胀。膨胀的活性污泥随水流带走,不仅降低了出水水质,而且造成回流污泥量不足,进而降低了曝气池中混合液悬浮固体浓度。克劳斯工程师把厌氧消化的上清液加到回流污泥中一起曝气,然后再进入曝气池,成功地克服了高碳水化合物的污泥膨胀问题,这个过程称为克劳斯法。消化池上清液中富有氨氮,可以供应大量碳水化合物代谢所需的氮。此外,消化池上清液挟带的消化污泥比重较大,有改善混合液沉淀性能的功效。

(8) 延时曝气

延时曝气在 20 世纪 40 年代末到 50 年代初在美国流行起来。特点是曝气时间很长,达 24 h 甚至更长,MLSS 较高,达到 3 000~6 000 mg/L,活性污泥在时间和空间上部分处于内源呼吸状态,排放剩余污泥少而稳定,无需消化,可直接排放。该工艺性能稳定,处理效果好,在处理难降解有机废水时,如焦化废水,常采用该工艺。然而,由于曝气时间较长,耗气量大,处理成本相对较高;由于水力停留时间很长,曝气池体积很大,占地面积较大。

(9) 接触稳定法

该工艺也称为吸附再生法,利用微生物降解污染物的吸附和稳定原理而发展起来。第一阶段 BOD_5 的下降是由于吸附作用造成的,类似于高负荷曝气,完成了吸附作用后,回流污泥的曝气完成稳定作用(恢复活性)。

该工艺占地面积小。吸附池小,再生池接纳已经排除剩余污泥的回流污泥,且浓度较高,容积也较小;抗冲击负荷较好,污泥补充方便。悬浮固体浓度影响大,较高些好,对于含溶解性有机物较多的污水,不适用该法。该工艺剩余污泥量较多增加,处理时间较短,限制了有机物降解及氨氮的硝化,处理效果较差。

(10) 氧化沟法

在 20 世纪 50 年代开发的氧化沟是延时曝气法的一种特殊形式,它的池体狭长,池深较浅,在沟槽中设有表面曝气装置。曝气装置的转动,推动沟内液体迅速流动,取得曝气和搅拌两个作用,沟中混合液流速约为 0.3~0.6 m/s,使活性污泥呈悬浮状态。

1954 年在荷兰建造的第一座氧化沟废水处理厂,目前发展迅速,欧洲有 2 000 个,北美有 9 000 个,亚洲有 1 000 个;处理水量不断在增加,过去一般在 3 000 t/d,现在处理量在 100 000 t/d 以上的工艺已比较普遍。

氧化沟工艺主要包括 Carrousel 型氧化沟,即多沟串联系统;Orbal 型氧化沟,有多条同心圆或椭圆组成,多组沟道相对独立。氧化沟工艺一般采用转刷曝气方式,既可以为污水充氧,也能够推动水流运动。因此,沟内溶解氧有梯度变化规律,产生不同生化环境的交替变化,具有脱氮除磷的潜质。

20 世纪 80 年代初,美国开发了将二次沉淀池设置在氧化沟中的合建式氧化沟,即在沟内截出一个区段作为沉淀区,两侧设隔板,沉淀区底部设一排呈三角形的导流板,混合液的一部分从导流板间隙上升进入沉淀区,沉淀的污泥也通过导流板回流到氧化沟,出水由设于水面的集水管排出。因省去二沉池,故节省占地,更易于管理。

(11) 纯氧曝气

以纯氧代替空气,又利于氧的传质,提高生物处理的速度。纯氧曝气需要采用密闭的池子。曝气时间较短,约 1.5～3.0 h,MLSS 较高,约 4 000～8 000 mg/L。

纯氧曝气的缺点主要是纯氧发生器容易出现故障,装置复杂,运转管理较麻烦。水池顶部必须密闭不漏气,结构要求高,施工要特别小心。如果进水中混入大量易挥发的碳氢化合物,容易引起爆炸。同时生物代谢中生成的二氧化碳,将使气体中的二氧化碳分压上升,溶解于溶液中,会导致 pH 的下降,妨碍生物处理的正常运行,影响处理效率。因而要适时排气和进行 pH 的调节。

(12) 吸附-生物降解工艺(AB 法)

20 世纪 70 年代,德国亚深工业大学的 Boehnkg 教授提出了吸附-生物降解工艺,简称 AB 法。工艺分为 A、B 两段,A 段曝气池停留时间短,30～60 min,以高负荷或超高负荷运行,B 段采用停留时间较长,为 2～4 h,以低负荷运行;A、B 两段各自有独立的污泥回流系统,污泥互不相混(图 5-14)。

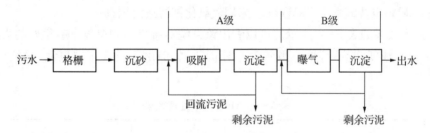

图 5-14　吸附—生物降解工艺流程

该工艺处理效果稳定,具有抗冲击负荷、pH 变化的能力,在德国以及欧洲有广泛的应用。该工艺还可以根据经济实力进行分期建设。例如,可先建 A 级,以削减污水中的大量有机物,达到优于一级处理的效果,等条件成熟,再建 B 级以满足更高的处理要求。近年来,AB 法在我国的青岛海泊河污水处理厂、淄博污水处理厂等有应用。

(13) 序批式活性污泥法(SBR 法)

SBR 法是早期充排式反应器(Fill-Draw)的一种改进,比连续流活性污泥法出现得更早,但由于当时运行管理条件限制而被连续流系统所取代。随着自动控制水平的提高,SBR 法又引起人们的重新重视,并对它进行了更加深入的研究与改进。

SBR 工艺的曝气池,在流态上属完全混合。SBR 工艺的基本操作流程由进水、反应、沉淀、出水和闲置等五个基本过程组成,从污水流入到闲置结束构成一个周期,在每个周期里上述过程都是在一个设有曝气或搅拌装置的反应器内依次进行的。

SBR工艺与连续流活性污泥工艺相比,具有工艺系统组成简单(不设二沉池)、耐冲击负荷、运行操作灵活及易自动化控制等优点;然而,该工艺处理效率较低,一般应用于中小型污水处理中,但可以通过改良,如松江某污水处理厂采用的MSBR工艺,应用于水量较大的场合。

(14) 膜生物反应器(MBR)

采用膜(一般为MF和UF,也用筛网和无纺布膜)代替二沉池进行污泥固液分离的污水处理装置,是膜技术和活性污泥法的有机结合。按照膜组件在系统中的位置,MBR分为内置式和外置式两种类型,其中内置浸没膜生物反应器在污水处理中应用较广。

该工艺的主要优点:膜分离替代污泥沉淀,避免污泥膨胀问题,系统运行稳定性好;污泥浓度可比普通活性污泥法高几倍,处理效率高;污泥龄长(硝化效果好),剩余污泥量少;出水水质好,特别是浊度很低;最明显的优点是占地面积小。该工艺的主要缺点是膜成本较高,这样导致工艺投资大;另外膜污染(Membrane Fouling)限制了膜的使用寿命,增加了投资成本。MBR工艺随着膜材料价格的降低,应用越来越广。1995年MBR全球市值为1 000万美元,2005年超过2.17亿美元,广泛应用于污水深度处理技术中。

MBR工程实例:城市生活污水回用于高尔夫球场灌溉,水质要求较高;该工艺以占地面积小、启动周期短的优点而被选用。处理水量为890 m^3/d。

工艺特征:工艺流程为细格栅(2 mm)—缺氧池—好氧膜池;缺氧池和好氧池的HRT分别为3 h和8 h;回流比(好氧池-缺氧池)5.7,SRT=35 d,MLSS为12 g/L;膜池深3.6 m,160个膜组件,总面积1 600 m^2;膜净通量为16 L/(m^2·h);单位面积曝气量0.18 Nm^3/(m^2·h)。总体电耗29 kW,电费成本1.1 kW/m^3。采用氢氧化钠溶液清洗。

系统处理效果如表5-4所示。可以看出该系统对有机物和氨氮都有很好的去除效果,MBR工艺出水浊度、TSS很低。虽然没有分析数据,但由于设置了缺氧池,总氮也应有去除效果。

表5-4 MBR污水处理效果

水质指标	进水	出水
BOD_5 (mg/L)	250	<5
TSS (mg/L)	220	<5
$NH_4^+ - N$ (mg/L)	30	<1
TKN (mg/L)	45	<10

4. 气体传递原理

好氧生物的需氧量是系统重要的设计参数,是好氧生物处理工艺的主要能耗单元,与系统设备选型及其处理费用密切相关。同时气体传递研究对气-液或气-液-固传质研究方面具有重要的理论意义。

双膜理论的基点是认为在气液界面存在着两层膜(即气膜和液膜)(如图5-15所示)。其厚度与两个主体(气相和液相主体)的紊流程度关系密切,同时也是气体分子从一相进入另一相的阻力来源。在气膜中存在着氧的分压梯度，在液膜中存在着氧的浓度梯度，它们是氧转移的推动力。由于氧是一种难溶气体，溶解度很小，故传质的阻力主要在液膜上，控制着传质速率，是主要的分析对象。即研究浓度梯度（$dc/d\delta$）造成的扩散。

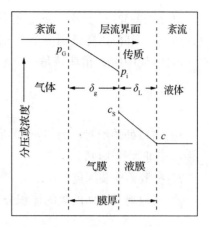

扩散速率与该浓度梯度和介质的综合扩散能力（D-扩散系数）相关，可以采用扩散过程的基本定律（Fick 定律）进行传质规律的研究。V_d（物质的扩散速率）$=-D\dfrac{dc}{d\delta}$，其中，介质的扩散能力又与介质特性和温度等环境因素相关。

图 5-15 气体传递的双膜理论示意图

液相中氧分子的传质系数 $K_L=\dfrac{D}{\delta_L}$，单位为 m/h；

通常以 $K_{La}=K_L\dfrac{A}{V}$ 表示氧分子的总传质系数；A 为气液接触界面的面积（m^2）；V 为液相主体体积（m^3）。

由上推导：

$$\frac{dc}{dt}=K_L\frac{A}{V}(c_s-c)=K_{La}(c_s-c)$$

式中：c_s 为对应气相氧浓度的饱和液相浓度；c 为液相剩余浓度。这个关系式可以测试总传质系数。同时，通过该公式可以看出，提高氧转移速率应从以下几方面考虑：

（1）提高 K_{La} 值，降低液膜厚度，提高紊流程度；

（2）采用微孔曝气扩大气液接触面积；

（3）提高 c_s 值，即提高气相中的氧分压，可以采用纯氧曝气、深井曝气等工艺来实现；

（4）当然也可以通过降低 c 值，但这是微生物生化的基本要求，一般在 2 mg/L 左右，降低幅度不大。

氧在污水中转移的影响因素：

（1）污水水质

污水中有机物、表面活性剂等杂质，与清水相比，采用一个小于 1 的系数 a 进行修正；污水中的溶解盐类影响溶解氧的饱和值 c_s，对此引入另一个小于 1 的参数 β 修正。

（2）污水的温度

水温对溶解氧的传递具有双重作用。温度提高，水黏度减低，液膜厚度减小，K_{La} 增大，温度校正公式：

$$K_{La}(T)=K_{La(20)}\times 1.024^{(T-20)}$$

温度提高，饱和溶解氧 c_s 降低；

两个作用不能完全抵消，总体水温降低有利于氧的转移。

（3）氧分压

气压降低，c_s 也随之下降，在气压不是 1.013×10^5 Pa 的地区，c_s 应乘以压力校正系数 ρ。

氧分压差异:对于鼓风曝气池,池底扩散器出口的氧分压最大,而随着气泡上升到水面,气体压力逐渐降低,降低到一个大气压;而且气泡中的一部分氧已经转移到液相中。

因此,池中的 c_s 值应该是一个平均值。

$$\overline{c}_s = \frac{1}{2}(c_{s1} + c_{s2}) = c_s\left(\frac{p_d}{2.026 \times 10^5} + \frac{\varphi^0}{42}\right)$$

p_d:出口处的绝对压力$= p + 9.8 \times 10^3 H$;

p:标准大气压(Pa);

H:扩散器安装深度(m);

φ^0:气泡离开池面的氧的体积分数,%,可按下式计算:

$$\varphi^0 = \frac{21(1 - E_A)}{79 + 21(1 - E_A)}$$

E_A:空气扩散器的氧转移效率,小孔和微孔装置有差异。

设备工艺选择导致的气泡的大小,液体的紊流程度和气泡与液体的接触时间也对气体的传递有影响。

实际污水中氧转移速率和供气量的计算:

先计算实际需氧量 O_2 = 去除的 bCOD - 合成微生物的 COD,即

$$O_2 = \frac{Q(S_0 - S_e)}{0.68} - 1.42\triangle Xv$$

污水的氧转移速率区别较大,选择曝气设备需要知道其清水氧转移性能,即计算出实际需氧量 O_2,换算出转移到清水中的总氧量 O_s。

在标准条件下,即水温为 20℃,一个大气压条件下,单位时间转移到一定体积脱氧清水中的总氧量 $O_s = K_{La} \cdot c_s \cdot V$($O_s$,单位 kg/h)。

在实际污水处理条件下,由于气体转移受上述诸多因素的影响,同样的曝气设备能够转移到同样体积曝气池中混合液的总氧量(O_2,单位 kg/h)。

$$O_s = aK_{La}[\beta \cdot \rho \cdot \overline{c}_{S(T)} - c] \cdot 1.024^{(T-20)} \cdot F \cdot V$$

式中:F 为曝气扩散设备堵塞系数,通常取 0.65~0.9,其他参数同前。可以看出由于各种因素的影响,相同的体积、曝气设备条件下,实际转移的氧量 O_2 一般仅仅为清水中转移的量 O_s 的 60%~75%,这样联解上面两个公式,以实际需氧量 O_2(计算方法如上述)换算出清水需氧量 O_s:

$$O_s = \frac{O_2 c_s}{\alpha[\beta \cdot \rho \cdot c_{S(T)} - c] \times F \times 1.024^{(T-20)}}$$

根据氧利用效率 E_A(单位,%)来计算供氧量 S:

$$S = O_s / E_A$$

依据供氧量 S 计算出设备的供气量:

$G_s = S / 0.28 = O_s / 0.28E_A$

确定了鼓风机的风量,设计购置适宜气量的设备,但还要考虑设备的鼓风压力问题,即

$$p = H + h_d + h_f$$

式中:p 鼓风机出口风压;H 扩散设备的淹没深度;h_d 扩散设备的风压损失,与充氧设备有关,3 kPa~5 kPa;h_f 输气管道的总风压损失;另外,还有留有 2 kPa~3 kPa 的安全风压余地。

对于机械曝气,各种设备在标准条件下的充氧量与设备的相关参数关系也是厂商通过实际测定提供的。如泵型叶轮的充氧量与叶轮的直径和线速度的关系可以参考公式:

$$Q_s = 0.379 V^{2.8} \cdot D^{1.88} \cdot K$$

式中:Q_s 为在标准条件下脱氧清水中的充氧量,kg/h;V 为叶轮线速度,m/s;D 为叶轮直径,m;K 为池型修正系数。

通过实际需氧量 O_2 换算出标准需要量 O_s,之后根据设定的叶轮转速,估算出叶轮所需要的直径。

5. 去除有机物的过程设计

主要设计内容包括:① 确定活性污泥工艺流程,选择曝气池的类型;② 曝气池容积和构筑物尺寸的确定;③ 二沉池澄清区、污泥区的工艺设计;④ 确定污泥回流比;⑤ 计算所需供气量;⑥ 曝气设备的选择和剩余污泥量计算。

曝气池容积设计计算:

(1) 有机物负荷率法

污泥负荷率是指单位质量活性污泥在单位时间内所能承担的 BOD_5 量;

$$L_s = \frac{F}{M} = \frac{Q(S_0 - S_e)}{XV}$$

式中:L_s 为污泥负荷率,kg BOD_5/(kg MLVSS · d);Q 为与曝气时间相当的平均进水流量,m^3/d;S_0,S_e 分别为曝气池进水和出水的 BOD_5 值,mg/L;X 为曝气池中的污泥浓度,mg/L。

容积负荷是指单位容积曝气区在单位时间内所能承担的 BOD_5 量,即

$$L_v = \frac{Q(S_0 - S_e)}{V}$$

式中:L_v 为容积负荷率,kg (BOD_5)/(m^3 · d)。

根据经验值设定活性污泥系统的容积或污泥负荷,可计算曝气池的体积(如表 5 - 5 所示)。

(2) 污泥龄法——劳伦斯和麦卡蒂法

劳伦斯和麦卡蒂强调了生物固体停留时间(SRT),即污泥龄的重要性,通过公式推导污泥龄与出水 BOD 的关系。

表 5－5　各种活性污泥工艺参数的设定

工艺名称	曝气时间(h)	泥龄(d)	MLSS(g/L)	污泥负荷(kg BOD/kgMLVSS·d)	容积负荷(kg BOD/m³·d)	处理效率(%)	污泥回流比(%)	kgO₂/kg BOD₅	kg 产泥/kg BOD₅
改良曝气	1～2	<1	0.4～1	1.5～3	2～2.4	60～75	10～30	0.4～0.6	0.8～1.2
高速曝气	0.5～2	2～4	3～8	0.4～1.5	2～4	75～85	≥100	0.7～0.9	0.5～0.7
吸附再生	1～3吸附段	3～10	1.5～3吸附段	0.2～0.6	0.5～1.4	85～90	50～100	0.7～1.1	0.4～0.6
阶段曝气	3～8	5～15	1.5～3	0.2～0.6	0.4～1	85～95	25～75	0.8～1.1	0.4～0.6
常规曝气	4～12	5～15	1.5～3	0.2～0.4	0.4～0.9	90～95	25～50	0.8～1.1	0.4～0.6
延时曝气	>16	>15	2～5	0.05～0.15	0.1～0.4	≥95	75～150	1.4～1.8	0.15～0.3

根据污泥龄的定义有下式：

$$\theta_C = \frac{XV}{(Q-Q_W)X_e + Q_W X_R}$$

式中：θ_C 为污泥龄；X 曝气池中活性污泥浓度，$gVSS/m^3$；V 为曝气池的容积，m^3；Q 为进水流量，m^3/d；Q_W 剩余污泥排放量 m^3/d；X_e 出水中微生物浓度，$gVSS/m^3$；X_R 回流污泥浓度，$gVSS/m^3$。

对活性污泥系统进行物料平衡计算，忽略进水中微生物浓度，则有：

$$(Q-Q_W)X_e + Q_W X_R = \left(\frac{dX}{dt}\right)_g V$$

得到 $\dfrac{1}{\theta_c} = Y\dfrac{1}{X}\left(\dfrac{dS}{dt}\right) - K_d = Y\dfrac{r_{max} S_e}{K_S + S_e} - K_d$；从该公式中解出 S_e，得到

$$S_e = \frac{K_S(1+K_d\theta_c)}{\theta_c(Yr_{max}-K_d)-1}$$

式中：S_e 为出水中有机物浓度；K_s 为饱和常数，$r = \dfrac{r_{max}}{2}$ 时的底物浓度；K_d 内源代谢系数；θ_c 为曝气池中微生物的平均停留时间，污泥龄；r_{max} 最大比底物利用速率，$gBOD/gVSS·d$；Y 为活性污泥的产率系数 $gVSS/gBOD$。

上式表明，系统出水有机物浓度仅仅是污泥泥龄和动力学参数的函数，与进水浓度无关。因此，要达到预期废水处理目标，需要强调 SRT 作为首选设计参数。好氧系统各种反应对应的 SRT 范围（20℃）与污水性质密切相关，如生物性溶解有机物的去除污泥龄范围为 0～2 d；颗粒态有机物的溶解和代谢为 1.8～4 d；污泥稳定化为 8.5～20 d；人工合成物质的降解为 5～20 d；生活污水为 1～2 d；工业废水为 2.5～5 d；硝化为 2～15 d（与温度有关）；磷的去除一般需要 2～3 d。

城镇污水典型动力学参数如表 5－6 所示。

表 5-6　城镇污水的典型动力学参数

动力学参数	单位	范围	典型值
r_{max}	$gCOD/gVSS \cdot d$	$2 \sim 10$	5
K_S	$gBOD_5/m^3$	$25 \sim 100$	60
Y	$gVSS/gBOD_5$	$0.4 \sim 0.8$	0.6
K_d	d^{-1}	$0.01 \sim 0.075$	0.06

固体停留时间(SRT)对于系统处理效果的影响至关重要。最小的 SRT 也称为生物量流失点,小于该值,微生物就无法在反应器中停留和生长,基质也就难以利用。

在上述理论中,CSTR 反应器不存在最小 HRT,只要微生物从出水流被分离出来返回反应器,保持 SRT 大于污泥龄(θ),微生物就能维持生长。但实际中,HRT 应大于最小污泥龄,以避免固液分离出现问题导致的系统失效。

曝气池中的污泥浓度与进水水质、污泥龄和动力学参数密切相关。

$$X = \frac{YQ(S_0 - S_e)\theta_c}{V(1 + K_d\theta_c)}$$

该式在设计中用来计算曝气池的体积。

$$V = \frac{YQ(S_0 - S_e)\theta_c}{X(1 + K_d\theta_c)}$$

① 剩余污泥量与污泥龄计算

按污泥龄计算 $\Delta X = VX/\theta_c$

按污泥产率系数计算 $\Delta X = YQ(S_0 - S_e) - k_dVX = Y_{obs}Q(S_0 - S_e)$;计算出 MLVSS 按一定比值(0.7)换算出总悬浮固体量 MLSS。

② 需氧量设计计算

$$所需的氧量 = \frac{Q(S_0 - S_e)}{0.68} - 1.42X_V$$

还可以按其他公式进行计算:

$$O = aQ(S_0 - S_e) + bVX$$

式中:a 为氧化每 kgBOD 需氧 kg 数$(kgO_2/kgBOD_5)$,一般 $0.42 \sim 0.53$;b 为污泥自身氧化需氧率$(kgO_2/kgMLVSS \cdot d)$,一般 $0.19 \sim 0.11$。

6. 生物脱氮除磷原理及工艺

(1) 生物脱氮除磷原理

氮、磷营养物质引起的水体富营养化问题日益突出,水华与赤潮现象频发,水质恶化。污染物主要来源于工业废水与城市污水的排放,以农业污染为主的面源污染,农药、化肥、养殖动物粪便以及广泛使用的含磷洗涤剂。

污水中氮的存在形式包括有机氮、氨氮、亚硝酸盐氮、硝酸盐氮。例如:生活污水中总氮浓度 $21 \sim 43$ mg/L,其中有机氮占 19%,氨氮占 70%,其他为硝态氮。污水中氮转化过程包括氨化、硝化、反硝化。另外,同化作用也需要一定的氮源,生物脱氮就是将有机氮氨化、氨氮亚硝酸盐和硝化、硝态氮反硝化产生氮气的过程。其中,有机氮的氨化作用可以在好氧或厌氧生化环境中进行,硝化需要溶解氧和碱度,反硝化是在缺氧条件下进行的。

硝化作用的总反应式:

$$NH_4^+ + 1.98HCO_3^- + 1.83O_2 \longrightarrow 0.02C_5H_7NO_2 + 1.04H_2O + 0.98NO_3^- + 1.88H_2CO_3$$

由此分析硝化作用过程中的主要影响因素:

温度:硝化细菌对温度敏感,普通活性污泥法硝化在 $20\sim30℃$,$15℃$ 以下反应速率下降,$5℃$ 基本停止。

溶解氧:由方程式计算氧化 1 g 氨氮为硝酸盐氮,需要消耗 4.57 g 氧。没有有机物去除过程,$DO>2$ mg/L 可以发生硝化;当在较高有机负荷(F/M)条件下,异养菌对溶解氧的竞争,对硝化极为不利,也是硝化的限定因素。所以污水中 C/N 比一般要求小到一定程度,才能完成硝化。

污泥龄:硝化菌生长缓慢,需要较长的污泥龄方可保证硝化,一般在 6 d 以上,当然污泥龄范围与污水的温度有关,温度较高,污泥龄可以短些。

pH:硝化作用 pH=$7\sim8$ 为适宜,降为 5.5 以下,硝化反应停止。由方程式看出,硝化过程产酸,pH 下降,要有足够的碱度维持适宜的 pH。计算得出硝化反应氧化 1 g 氨氮要消耗碱度 7.14 g ($CaCO_3$ 计)。

有毒物质:包括有重金属、氟化物、氨氮、氰化物、酚类等。

反硝化作用是在缺氧条件下,反硝化菌将亚硝酸盐和硝酸盐还原成氮气等产物的生化反应过程。该过程需要提供有机碳源作为反硝化的电子供体。以甲醇为例,反应式:

$$NO_3^- + 1.08CH_3OH + 0.24H_2CO_3 \longrightarrow 0.056C_5H_7NO_2 + 0.47N_2 + HCO_3^- + 1.68H_2O$$

其主要影响因素:

温度:一般要求在 $20\sim40℃$。

pH:最佳范围在 $7.0\sim7.5$,低于 6 或高于 8 时反硝化会受到明显的抑制。过程释放一定的碱度,还原 1 g 硝酸盐氮产生 3.5 g 的碱度;具有维持作用。

溶解氧:在缺氧条件下进行反应,溶解氧要小于 0.5 mg/L。

C/N:反硝化过程中需要碳源,理论值 1 硝酸盐氮/2.86(BOD_5);实际 BOD/N 要大于 $4\sim6$ 时可以认为碳源充足;另外,反硝化过程中也需要控制有毒污染物质。

常规处理中微生物的同化除磷作用,可获得 $10\%\sim30\%$ 的除磷效果;生物除磷是利用聚磷微生物(PAOs)厌氧释磷和好氧(缺氧)超量吸磷的特性,可以获得 $80\%\sim90\%$ 的除磷效果,出水可低于 1 mg/L;如果要求进一步降低出水磷浓度,需要靠物化除磷技术配合。

(2) 生物脱氮除磷工艺

依据硝化-反硝化作用原理,首先考虑到三段脱氮工艺。采用 O-O-A 顺序的生物处理工艺,分别除有机物(碳)- 硝化-反硝化,该工艺各段设独立回流系统,各自进行反应,处理效率高。但工艺原始且较复杂,需要外加碳源保证反硝化。O-A 工艺合并了碳氧化和硝化池,开发了二阶段生物脱氮工艺。该工艺要求 HRT 和 SRT 要高,反硝化仍需要外加碳源(如图 5-16)。

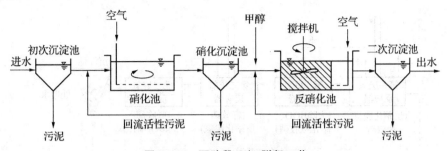

图 5-16　两阶段 O/A 脱氮工艺

上述工艺最大的问题是甲醇碳源的消耗,处理成本高,因此开发了前置缺氧-好氧(A/O)生物脱氮工艺,即将反硝化设置在系统前面,硝化后污水回流系统前置反应器,以污水中有机物为碳源,进行反硝化。工艺流程如图 5-17 所示。

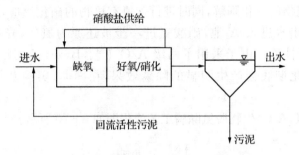

图 5-17　前置缺氧—好氧生物脱氮工艺

该工艺目前应用很广,主要优点是利用原污水中的有机物,无需外加碳源;反硝化产生的碱度补充硝化池硝化反应之需的 50%;工艺简单,容易改造,效果在 70% 左右。工艺的主要缺点是出水中有一定浓度的硝酸盐;二沉池有可能进行反硝化,影响出水水质。

好氧池的硝化液需要内回流进行反硝化脱氮,回流比越大,好氧区产生的硝酸盐 NO 反硝化程度越高脱氮效果越好(如图 5-18),但需要的动力费用也越高。因此要针对出水要求来设定。

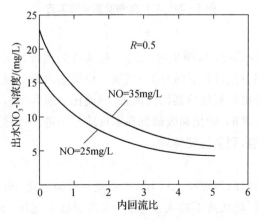

图 5-18　A/O 系统内回流比对出水硝酸盐氮的影响

针对上述 A/O 工艺脱氮不彻底的问题,开发了 Bardenpho 工艺,即采用两级 A/O 工艺组成(如图5-19)。

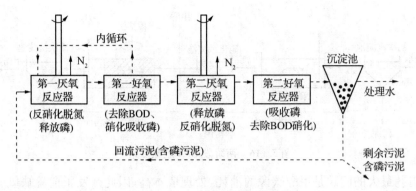

图5-19 巴颠甫脱氮除磷工艺

在 A_1 池中,反硝化细菌利用原水中有机碳将回流混合液中的硝酸氮还原,出水进入 O_1 池,发生含碳有机物的氧化降解,同时进行含氮有机物的硝化反应,使有机氮和氨氮转化为硝酸氮。O_1 池出水进入 A_2 池,硝酸氮进一步被还原为氮气,降低了出水中的总氮量,提高了污泥沉降性能。由于采用了两级 A/O 工艺,Bardenpho 工艺的脱氮效率可达 90%~95%。反硝化彻底会产生明显的除磷效果,在南非、美国及加拿大有着广泛的应用。

厌氧-缺氧-好氧(A^2O)生物脱氮除磷工艺流程图如 5-20 所示。

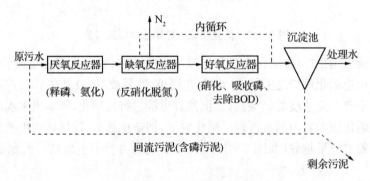

图5-20 A^2O 生物脱氮除磷工艺

① 各单元功能

原污水进入厌氧反应器(A_1),同步进入的还有从沉淀池排出的含磷回流污泥,主要功能为释放磷,部分有机物氨化;污水经过第一厌氧反应器进入缺氧反应器(A_2),首要功能为脱氮,硝态氮通过内循环由好氧反应器回流而来,回流比一般为2Q;混合液从缺氧反应器进入好氧反应器(O),去除 BOD、硝化和吸磷都在本反应器中进行;沉淀池功能为泥水分离,污泥一部分回流厌氧反应器,剩余污泥排放。

② 工艺特点

工艺简单,水力停留时间较短(8~11 h),将脱氮和释磷生化环境的矛盾问题解决;在厌氧、好氧交替运行条件下,丝状菌不能大量繁殖,无污泥膨胀之忧,SVI 值一般均小于 100,

污泥含磷高,肥效高;运行中勿需投药,A 段需搅拌,运行费用低。

存在问题:

除磷效果难于再行提高,污泥增长有一定限度,特别是当 P/BOD 值高时更是如此;脱氮效果难于进一步提高,内回流比为 2Q 为限,不宜太高;

(3) 生物脱氮工艺过程设计

① 缺氧池容积设计

根据反硝化速率计算缺氧池容积。

由 $N_{NO_X} = V_n X_v K_{de}$,则

$$V_n = \frac{N_{NO_X}}{K_{de} X_V} = \frac{Q(N_t - N_{te}) - 0.12\Delta X_V}{K_{de} X_V}$$

式中:N_{NO_X} 为缺氧池去除的硝酸盐,g/d;V_n 为缺氧池的容积,m³;X_v 为混合液挥发性悬浮固体浓度,g/m³;Q 为生物脱氮系统污水设计流量,m³/d;N_t,N_{te} 为生物脱氮系统进水、出水总氮浓度,mg/L;K_{de} 为反硝化速率,gNO₃⁻ $-$N/g MLVSS·d;ΔX_v 为排出生物脱氮系统的剩余污泥量,g MLVSS/d;0.12 为按细胞分子 $C_5H_7NO_2$ 计算,氮占活性污泥总量的 14/113=0.12。

K_{de} 值的确定:

$$K_{de} = 0.03\left(\frac{F}{M}\right) + 0.029,\frac{F}{M} \text{ 缺氧的有机负荷,gBOD}_5\text{/gMLVSS·d}$$

温度修正:

$$K_{de(T)} = K_{de(20)} 1.08^{(T-20)}$$

可以采用经验值。前置反硝化系统利用原污水碳源作为电子供体时,在 200℃ 情况下 K_{de} 值可取 0.03～0.06 gNO₃⁻ $-$N/(gMLVSS·d);对于没有外来碳源的后置反硝化,K_{de} 值可取 0.01～0.03 gNO₃⁻ $-$N/(gMLVSS·d)。

② 好氧区容积设计

好氧区是硝化单元,如果其中溶解氧浓度足够高,再忽略硝化细菌的内源代谢作用。硝化菌的比生长速率可以简写为:

$$\mu_n = \frac{\mu_{nm} N_a}{K_n + N_a} \tag{4-21}$$

式中:μ_n 为硝化菌比增殖速率,d⁻¹;μ_{nm} 为硝化菌最大比增殖速率,d⁻¹;N_a 为氨氮浓度,g/m³;K_n 为硝化作用中半速率常数,g/m³。

硝化菌比增长速率与温度有关:

$$\mu_{n(T)} = 0.47\frac{N_a}{K_n + N_a}e^{0.098(T-15)},15℃ \text{时硝化菌的最大比增值速率为 } 0.47 \text{ d}^{-1}。$$

采用污泥龄法设计好氧区容积,首先要确定污泥龄,而污泥龄与微生物的比增长速率有:

$$\theta = \frac{1}{\mu}$$

选取污泥龄的设计安全系数 $F = 1.5 \sim 2.5$，$\theta = F \dfrac{1}{\mu}$，这样好氧区容积可以计算：

$$V = \frac{Q\theta Y(S_o - S_e)}{X_V(1 + K_d\theta)}$$

需氧量计算。好氧反应中有碳化需氧量、硝化需氧量，而在缺氧池中反硝化过程中还可以释放一定的氧量。这样总需氧量为：

$$O_2 = \frac{Q(S_0 - S_e)}{0.68} - 1.42\Delta X_V + 4.57[Q(N_k - N_{ke}) - 0.12\Delta X_v] - 2.86[Q(N_t - N_{ke} -$$
$$N_{oe}) - 0.12\Delta X_v]$$

式中：O_2 为生物脱氮总需氧量，g/d；Q 为设计污水流量，m³/d；S_0 为曝气池进水平均 BOD_5 值，g/m³；S_e 为出水平均 BOD_5 值；g/m³；ΔX_V 为系统每天排出剩余污泥量；g/d；N_k 为进水总凯氏氮浓度，g/m³；N_t 为进水总氮浓度，g/m³；N_{ke} 为出水总凯氏氮浓度，g/m³；N_{oe} 为出水硝态氮浓度，g/m³。

生物脱氮除磷工艺设计，脱氮除磷经典工艺 A^2O 设计参数如表 5-7 所示。

表 5-7　脱氮除磷 A^2O 工艺设计参数

项　　　目	数　　　值
BOD_5 污泥负荷[kgBOD_5/kgMLSS ·d]	0.13~0.2
TN 负荷[kgTN/kgMLSS ·d]	<0.05（好氧段）
TP 负荷[kgTP/kgMLSS ·d]	<0.06（厌氧段）
污泥浓度 MLSS(mg/L)	3 000~4 000
污泥龄 $\theta_{c/d}$	15~20
水力停留时间 t(h)	8~11
各段停留时间比例 A∶A∶O	1∶1∶3~1∶1∶4
污泥回流比 R(%)	50~100
混合液回流比 $R_内$(%)	100~300
溶解氧浓度 DO(mg/L)	厌氧池≤0.2 缺氧池≤0.5 好氧池=2
COD/TN	≥8（厌氧池）
TP/BOD_5	≤0.06（厌氧池）

5.2.3　好氧附着型生物处理——生物膜法

生物膜法是附着型生物处理法的统称，包括生物滤池、生物转盘、生物接触氧化、曝气生物滤池等工艺形式；其共同特点是微生物附着生长在滤料或填料表面，形成生物膜来降解流过的污水。生物滤池和生物转盘不需要曝气装置，前者采用自然通风，而后者通过机械转动与空气的接触吸收氧,这些工艺虽然总体负荷较低,但相对节能。另外,对于一些曝气产生强烈泡沫的废水可能会收到良好的效果。目前,所采用的生物膜工艺多数是好氧工艺,少数也有厌氧工艺。

1. 生物膜法废水净化过程和特征

微生物附着在介质"滤料"表面上形成生物膜;污水同生物膜接触后,溶解的有机污染物被微生物吸附转化为 H_2O、CO_2、NH_3 和微生物细胞物质,污水得到净化;所需氧气可以来自大气,一般负荷较低,也可以采用人工曝气,提高工艺的负荷。

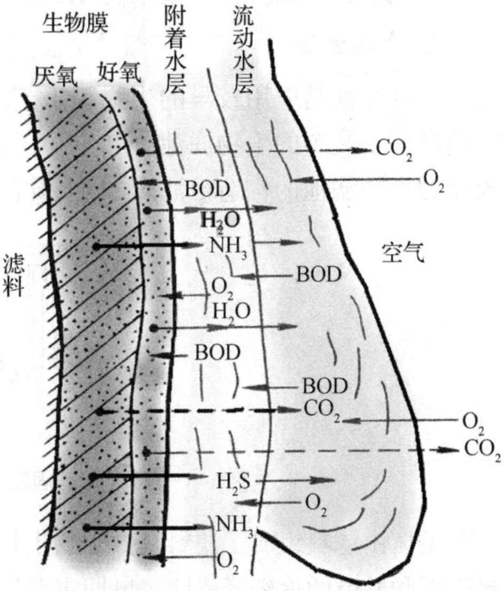

空间上随着深度的下移,微生物分层明显,由低级趋向高级,种类逐渐增多,个体数量减少,厚度变薄,这是污水成分和浓度由于生物降解而改变,又影响微生物的生长。

生物膜是生物处理的基础,必须保持足够的数量。但生物膜太厚,会影响通风,甚至造成堵塞,产生厌氧层,使处理水质下降,而且厌氧代谢产物会恶化环境卫生。由于膜增厚造成重量的增大、原生动物的松动、厌氧层和介质的粘结力较弱等,生物膜会发生脱落、更新。

图 5-21　生物膜净化污水的机理

影响生物膜法污水处理的主要因素包括底物组分和浓度、有机负荷、溶解氧、生物膜量、pH、温度及有毒物质等。

对底物组分的要求首先是对 C、N、P 的需求,其比例为 100∶5∶1;另外还需要一些常量和微量元素。生活污水一般可以满足微生物对营养的需求,而工业废水则存在较多的问题,一般需要补加成分。与其他生物处理工艺一样,底物浓度会导致系统微生物的特性和剩余污泥量的变化,影响出水水质。相比之下,生物膜法具有较强的抗冲击负荷能力,系统对底物组分和浓度的变化有一定的缓冲能力,但会造成出水水质的变化。

负荷是影响生物膜法处理功效的首要因素,是集中反映其工作性能和设计的参数。生物膜法负荷分为有机负荷,单位 $kgBOD/m^3$(滤床)·d;表面水力负荷,单位 m^3(污水)/m^2(滤床)·d,又称滤率。负荷的选取与生物膜载体、供养条件及运行方式(水力冲刷)等有关。

与活性污泥法相比,该工艺的一个显著特征就是溶解氧传质受到限制,因此一般 2～3 mg/L 的 DO 浓度可满足悬浮型生物反应器,但对于生物膜法,由于微生物成膜,可能会限制微生物的生长。

生物膜量指标主要有厚度和密度,生物膜的密度指单位体积微生物烘干的质量,该值与进水污染物浓度和水流搅动强度关系密切。生物膜法废水处理效果与其活性关系密切,不一定需要很多的生物膜量,所以需要不断地更新,才能提高有机负荷。

pH、温度及有毒物质的冲击方面的影响与活性污泥法类似,相对而言,生物膜法抗冲击能力较强。

生物膜法的优点是系统具有丰富的生物相,包括细菌、真菌、原生动物、后生动物、藻类、滤池蝇等,形成了一个良好的生态环境,促进系统的污水处理功效。系统微生物具有分层分布的特征,包括生物膜的厚度变化、微生物的级别变化都具有分层性,有利于废水的梯度降解;生物膜法微生物存活较长,污泥龄可以很长;工艺对水质、水量变动有较强的适应性,不会发生污泥膨胀,不采用污泥回流,运行管理方便;由于有较长的食物链,剩余污泥产量少、易处理。

工艺的主要缺点是滤料、填料材料的投资和装卸费用高;系统容易发生堵塞,传质性能较差,特别是生物滤池,一般适合处理低浓度废水。

2. 生物滤池

生物滤池是应用较早的生物膜工艺。1893 年英国 Corbett 在 Salford 创建了第一个具有喷嘴布水装置的生物滤池。其主要优点是出水水质好,对水质、水量变化的适应性较强。典型的生物滤池的构造由滤床、布水设备和排水系统组成(如图 5-22)。

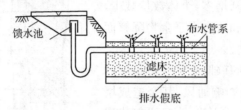

图 5-22　固定式布水生物滤池构造示意图

滤床由滤料组成。滤料是微生物生长栖息的场所,理想的滤料应具备较大的比表面积、机械强度和低廉的价格等特性。早期主要以拳状碎石为滤料,此外,碎钢渣、焦炭等也可作为滤料,其粒径在 3~8 cm 左右。20 世纪 60 年代中期塑料工业发展起来以后,由于其密度较低,比表面积较大,可以提高滤床的高度,进而强化污水处理效果,塑料滤料开始被广泛采用。

布水系统分为移动式布水和固定式布水两种类型。移动式中的回转式布水器的中央是一根空心的立柱,底端与设在池底下面的进水管衔接,其所需水头在 0.6~1.5 m 左右。固定式布水系统是由虹吸装置、馈水池、布水管道和喷嘴组成。这类布水系统需要较大的水头,约为 2 m 左右。馈水池也称投配池,借助虹吸作用,使布水自动间歇进行,投配工作周期=喷嘴喷洒时间+投配池充满延续时间=5~15 min。

池底排水系统包括排水假底、集水沟和池底组成,主要作用是收集滤床流出的污水与生物膜、支撑滤料和保证通风。

低负荷生物滤池又称普通生物滤池,其优点是处理效果好,BOD_5 去除率可达 90% 以上,出水 BOD_5 可下降到 25 mg/L 以下,硝酸盐含量在 10 mg/L 左右,出水水质稳定;缺点是占地面积大,易于堵塞,灰蝇很多,影响环境卫生。

后来,人们通过采用新型滤料,革新流程,提出多种型式的高负荷生物滤池,使负荷率比普通生物滤池提高数倍,池子体积大大缩小。回流式生物滤池、塔式生物滤池属于这种类型的滤池。它们的运行比较灵活,可以通过调整负荷率和流程,得到不同的处理效率(65%~90%)。负荷率高时,有机物转化不彻底。

影响生物滤池性能的主要因素有滤池的高度、负荷率、回流率和供氧等。随着滤床深度增加,有机物去除效率不断提高;但超过某一高度后,去除率提高就不明显了,再增加高度就不经济了。由此开发了塔式生物滤池,该滤池是德国化学工程师舒个兹于 1951 年应用气体洗涤塔原理创立的一种污水处理工艺。高度一般在 8~12 m,污水自上而下滴流,水流紊动剧烈,通风良好,2~10 倍负荷于普通生物滤池,容积负荷一般 1 000~3 000 gBOD$_5$/(m^3·d),水力停留时间(HRT)短,一般仅几分钟,处理一般不完全,60%~85% 去除率,但抗有毒物质冲击适应性强,可作有机废水预处理。

利用污水厂的出水或生物滤池出水稀释进水的做法称回流,回流水量与进水量之比叫回流比。回流可提高生物滤池的滤率,它是使生物滤池负荷率由低变高的方法之一,可以促进氧传质,更新生物膜;回流可改善进水水质、提供营养元素和降低毒物质浓度;进水的质和量有波动时,回流有调节和稳定进水的作用。回流也可以提高滤率(氧气)有利于防止产生灰蝇和减少恶臭。

正常运行的生物滤池,自然通风可以提供生物降解所需的氧量。自然拔风的推动力是池内温度与气温之差以及滤池的高度(塔式滤池通风好些)。自然通风不能满足时,应考虑强制通风。

塔式生物滤池的设计实例:

【例 5 - 5】已知某城镇平均日污水量 $Q=400$ m^3/d,污水 BOD$_{20}=400$ mg/L。冬季平均水温 10℃,拟采用塔式生物滤池处理,处理后出水的 BOD$_{20}$ 要求达到 30 mg/L。

(1) 确定容积负荷,根据处理要求和温度,查图 5 - 23 可以得出系统容积负荷为:$M=$ 1 450 gBOD$_{20}$/(m^3·d);

(2) 滤池滤料总体积计算:$Q(S_0-S_e)/M=102$ m^3;

(3) 滤池滤料层总高度:根据进水条件,查图 5 - 24,得出滤池高度 $H=14$ m;

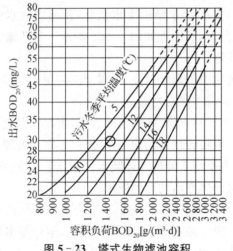

图 5 - 23　塔式生物滤池容积
负荷与出水 BOD$_{20}$ 的关系

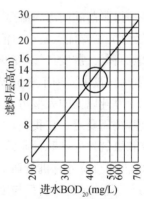

图 5 - 24　进水 BOD$_{20}$ 与
滤料高度的关系

(4) 滤料总面积:$F=V/H=7.29$ m^2;

(5) 采用两座滤池,则单池面积 $F_1=3.65$ m^2;则滤池直径:$D=2.26$ m;校核水力负荷:$q=Q/F=55$ m^3/(m^2·d);小于标准的 80~200 m^3/(m^2·d),有一定的余地。

(6) 滤池总高度 $H_0=H+h_1+(m-1)h_2+h_3+h_4$;

其中,H 为滤料层总高度(m);h_1 为超高(m),取 0.5 m;m 为滤料层层数(层);h_2 为滤料层间隙高度(m),取 0.3 m(0.2~0.4 m);h_3 为最下层滤料底面与集水池最高水位距离(m),

取 $0.4<0.5$ m；h_4 为集水池最大水深(m)，取 0.5 m。

设计滤池分六层，每层 2.35 m$<$2.5 m，则实际 $H=14.1$ m，滤池总高度 $H_0=17$ m。

(7) 校核塔径与塔高比例：$D/H_0=2.26/17=1/7.25$，在 $1/6\sim1/8$ 之间，满足要求。

3. 生物转盘法

生物转盘法是一种生物膜法处理设备，其去除废水中有机污染物的机理，与生物滤池基本相同，但构造形式与生物滤池不相同。

生物转盘的主要组成部分有转动轴、转盘、废水处理槽和驱动装置等。转动轴具有足够的强度和刚度，防止断裂和挠曲，直径在 50 mm 以上，长度 0.5~7 m。盘片需要高强度、轻质、耐腐蚀，直径 2~3 m，转速 2~3 r/min，间距 20~30 mm。受材料、污水与膜接触均匀性、外缘膜易脱落等影响，直径不可能做很大。处理槽与盘片相吻合的半圆形或多边形，净空相距 20~50 mm，设排泥和放空管。驱动装置通常采用附有减速装置的电动机。根据具体情况，也可以采用水轮驱动或空气驱动。

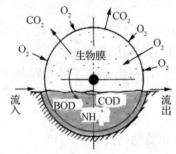

图 5-25　生物转盘污水处理机理

生物转盘主体是垂直固定在水平轴上的一组圆形盘片和一个同它配合的半圆形水槽。微生物生长并形成一层生物膜附着在盘片表面，约 40%~45% 的盘面(转轴以下的部分)浸没在废水中，上半部敞露在大气中。工作时，废水流过水槽，电动机转动转盘，生物膜和大气与废水轮替接触，浸没时吸附废水中的有机物，敞露时吸收大气中的氧气。转盘的转动，带进空气，并引起水槽内废水紊动，使槽内废水的溶解氧均匀分布，其原理如图 5-25 所示。当转盘上的生物膜失去活性时，脱落随同出水流至二次沉淀池。

生物转盘的主要优点是动力消耗低、抗冲击负荷能力强、无需回流污泥、管理运行方便；缺点是占地面积大、散发臭气，在寒冷的地区需作保温处理。

以往生物转盘主要用于水量较小的污水厂站，近年来的实践表明，生物转盘也可以用于日处理量 20 万吨以上的大型污水处理厂。生物转盘可用作完全处理、不完全处理和工业废水的预处理，按需要定。在我国，生物转盘主要用于处理工业废水。在化学纤维、石油化工、印染、皮革和煤气发生站等行业的工业废水处理方面均得到应用。

生物转盘的负荷分有机负荷 kg (BOD₅)/[m²(盘片)·d]和水力负荷 m³(污水)/[m²(盘片)·d]。设计时选取负荷与废水性质、废水浓度、气候条件及构造、运行等多种因素有关，可以通过试验或根据经验值确定。一些生物转盘污水处理经验参数如表 5-8 所示。

表 5-8　生物转盘污水处理设计经验参数

污水性质	处理程度(出水 BOD₅)/(mg·L⁻¹)	盘面有机负荷/(g·m⁻²·d⁻¹)
生活污水	≤60	20~40
生活污水	≤30	10~20
煮炼废水	≤60	12~16
染色废水	≤30	20

生物转盘的设计步骤：

转盘的面积 $A = \dfrac{QS_c}{L_A}$，L_A 为面积负荷，$g/(m^2 \cdot d)$；

转盘盘片数 $m = \dfrac{4A}{2\pi D^2} = 0.64 \dfrac{A}{D^2}$，$D$ 为转盘的直径；

污水处理槽的有效长度 $L = m(a+b)k$；

其中，a 为盘片净间距，mm；b 为盘片厚度；k 为系数，一般取 1.2。

废水处理槽有效容积 $V = (0.294 \sim 0.335)(D+2\delta)^2 \cdot L$，$\delta$ 为盘片边缘与处理槽内壁之间的距离。

净有效容积 $V_1 = (0.294 \sim 0.335)(D+2\delta)^2 \cdot (L-mb)$；

转盘的转速 $n_0 = \dfrac{6.37}{D}\left(0.9 - \dfrac{V}{Q}\right)$（一般为 2.0～4.0 r/min，不宜太高，耗能）。

（4）生物接触氧化法

生物接触氧化池内设置填料，填料淹没在废水中，生长生物膜，废水与生物膜接触过程中，水中的有机物被微生物吸附、氧化分解和转化为新的生物膜。鼓风曝气生物接触氧化池如图 5-26 所示。

生物接触氧化工艺一般前置初沉池，后面设二次沉淀池，从填料上脱落的生物膜，随水流到二沉池后被去除，废水得到净化。生物接触氧化工艺具有较高的微生物浓度，一般可达 10～20 g/L，这样有机负荷就会高；具有较高的氧利用率，传质较好；具有较强的耐冲击负荷能力；不需要污泥回流，没有污泥膨胀的问题，运行管理方便。

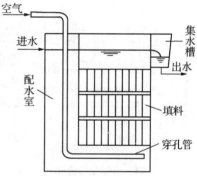

图 5-26　鼓风曝气生物接触氧化池

近年来国内外都进行纤维状填料的研究，纤维状填料是用尼龙、维纶、腈纶、涤沦等化学纤维编结成束，呈绳状连接。为安装检修方便，填料常以料框组装，带框放入池中。当需要清洗检修时，可逐框轮替取出，池子无需停止工作。

生物接触氧化设计示例：

【例 5-6】　某居民小区平均日污水量 $Q = 2\,500$ m^3/d（1 万人左右）；污水 $BOD_5 = 150$ mg/L，拟采用生物接触氧化工艺处理，要求出水 BOD_5 小于 20 mg/L。

根据试验资料及经验：填料容积负荷 $M(L_v) = 1\,500$ $gBOD/(m^3 \cdot d)$；有效接触时间 $t = 2$ h；气水比 $D_0 = 15$ m^3/m^3。

有效容积：$V = Q(S_0 - S_e)/M = 216.7$ m^3；

设 $H = 3$ m，分三层，则氧化池总面积 $F = V/H = 72.2$ m^2；

采用 8 格氧化池，则每格面积 $f = 9$ $m^2 < 25$，每格尺寸：$L \times B = 3 \times 3$；

校核有效接触时间：$t = V/Q = 2.08$ h ≈ 2.0 h；

池总高度：$H_0 = H + h_1 + h_2 + (m-1)h_3 + h_4 = 6.2$ m；

污水在池内的实际停留时间 $t' = 3.88$ h；

填料选择蜂窝型玻璃钢，容积为 216 m^3；

所需气量 $D = D_0 Q = 26.04 \text{ m}^3/\text{min}$。设计示意图如 5 - 27。

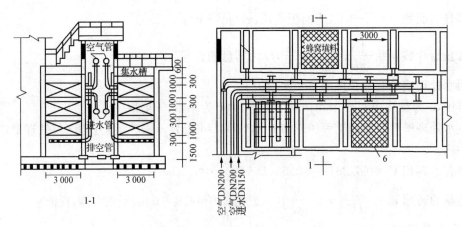

图 5 - 27　生物接触氧化设计示意图

5. 生物流化床

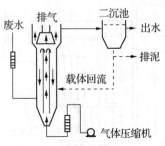

图 5 - 28　三相生物流化床工艺示意图

生物流化床处理技术是借助流体(水或气体)使表面生长着微生物的固体颗粒(生物颗粒)呈流态化,同时进行降解有机污染物的生物膜法处理技术。它是 20 世纪 70 年代开始应用于污水处理的一种高效的生物处理工艺。一些环保公司开发的生物流化床工艺流程如图 5 - 28 所示。

生物流化床的主要优点如下:

(1) 容积负荷高,抗冲击负荷能力强

由于生物流化床是采用小粒径固体颗粒作为载体,且载体在床内呈流化状态,因此其每单位体积表面积比其他生物膜法大很多。这就使其单位床体的生物量很高(10～14 g/L),加上传质速度快,废水一进入床内,很快地被混合和稀释,因此生物流化床的抗冲击负荷能力较强,容积负荷也较其他生物处理法高。

(2) 微生物活性强

由于生物颗粒在床体内不断相互碰撞和摩擦,其生物膜厚度较薄,一般在 0.2 μm 以下,且较均匀。据研究,对于同类废水,在相同处理条件下,其生物膜的呼吸率约为活性污泥的两倍,可见其反应速率快,微生物的活性较强。这也是生物流化床负荷较高的原因之一。

(3) 传质效果好

由于载体颗粒在床体内处于剧烈运动状态,气-固-液界面不断更新,因此传质效果好,这有利于微生物对污染物的吸附和降解,加快了生化反应速率。

生物流化床的缺点是设备的磨损较固定床严重,载体颗粒在湍动过程中会被磨损变小。此外,设计时还存在着生产放大方面的问题,如防堵塞、曝气方法、进水配水系统的选用和载体颗粒流失等,运行管理难度大。因此,目前我国废水处理还少有工业性应用,上述问题的解决,有可能使生物流化床获得较广泛的工业性应用。

5.2.4　污水的厌氧生物处理

废水厌氧生物处理是环境工程与能源工程中的一项重要技术,是有机废水、剩余污泥强有力的处理方法之一。工艺开发早期多用于城市污水处理厂的污泥、有机废料以及部分高浓度有机废水的处理;目前厌氧生化法以其节能、产能及独到的降解能力,也用于或联合用于处理中、低浓度有机废水。

1. 厌氧生物处理的基本原理

废水厌氧处理指在无分子氧条件下,通过厌氧微生物的作用,将废水中的各种复杂有机物分解转化成甲烷和二氧化碳等物质的过程。早期厌氧处理面对的是固态有机物,所以也称为厌氧消化。厌氧生物处理是一个复杂的微生物化学过程。早期经典的两段论将有机物厌氧反应过程归纳如图 5-29。

1979 年,Bryant 研究表明,产甲烷菌不能利用除乙酸、H_2/CO_2 和甲醇等以外的有机酸和醇类。这些有机物必须经过产氢、产乙酸菌转化为乙酸等物质后,才能被产甲烷菌所利用。因此提出了厌氧消化的三阶段理论:第一阶段:水解、发酵阶段;第二阶段:产氢、产乙酸阶段;第三阶段:产甲烷阶段。

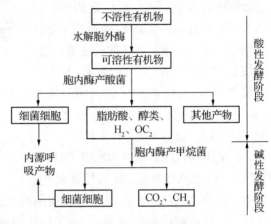

图 5-29　厌氧反应两阶段理论示意图

影响厌氧消化的因素很多,包括微生物量(污泥浓度)、营养比、混合接触状况(搅拌)、有机负荷等;还有环境因素,如温度、pH、氧化还原电位、有毒物质等。

产酸和产甲烷两阶段的微生物对环境条件的要求差异也很大,其中产甲烷细菌是决定厌氧消化效率和成败的主要微生物,产甲烷阶段是厌氧过程速率的限制步骤,各项影响因素也以此为准。产酸细菌适宜的 pH 范围较广,在 4.5~8.0 之间,而产甲烷菌要求环境介质 pH 在中性附近,最适宜 pH 为 6.8~7.2 之间。温度对厌氧消化速度影响很大,一般厌氧消化需要加温,可以在中温(35~38℃)或高温(52~55℃)进行消化。厌氧污泥增殖生长速率慢,对环境条件变化敏感,需要较长的污泥龄才能获得稳定的处理效果。这样,一般厌氧废水处理系统启动慢,但同时剩余污泥量也少。微生物的酶促反应,必须充分混合;由于没有曝气,所以厌氧消化必须外加搅拌系统,包括有水力、机械、生物消化气搅拌方法,这也是厌氧污水处理的一个缺点。相对于好氧生物处理,厌氧消化抗毒性物质冲击能力差,许多有毒物质均对厌氧消化产生较大的影响,如有毒有机物、重金属离子和一些阴离子。有毒物质的最高容许浓度与处理系统的运行方式、污泥驯化程度、废水特性、操作控制条件等因素有关。

基质的组成也直接影响厌氧处理的效率和微生物的增长,但与好氧法相比,对废水中 N、P 营养元素的含量要求低。有资料报道,只要达到 COD∶N∶P=800∶5∶1 即足够。

总体看来,与好氧法相比,污水厌氧生物处理的主要优点是节能(不用曝气),产能(甲烷、氢气),剩余污泥量少及需要的营养物较少。工艺的主要缺点是对温度更敏感,启动时间长,降解不彻底,处理出水难以直接排放,对有毒物的干扰更为敏感,可能产生臭味和腐蚀气体。要克服这些缺点,最主要的方法应是增加参加反应的微生物数量和提高反应时的温度。但要提高反应温度,就要消耗能量(而水的比热又很大)。因此,厌氧生物处理法目前还主要用于污泥的消化、高浓度有机废水和温度较高的有机工业废水的处理。

2. 污水的厌氧生物处理工艺

最早的厌氧生物处理构筑物是化粪池,近年开发的有厌氧生物滤池、厌氧接触法、上流式厌氧污泥床反应器(UASB)、分段消化法及两相厌氧法等。

化粪池属于传统消化工艺,用于处理来自厕所的粪便污水。曾广泛用于不设污水厂的合流制排水系统,尚可用于郊区的别墅式建筑。该工艺又称低速消化池,无加热和搅拌装置,有分层现象,只有部分容积有效,消化速率很低,HRT 很长(30~90 天)。化粪池的构造示意图如5-30所示。

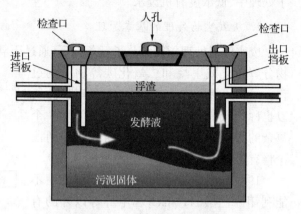

图 5-30 化粪池构造示意图

厌氧生物滤池是密封的水池,池内放置填料,污水从池底进入,从池顶排出。微生物附着生长在滤料上,平均停留时间可长达 100 d 左右。滤料可采用拳状石质滤料,如碎石、卵石等,粒径在 40 m 左右,也可使用塑料填料。塑料填料具有较高的空隙率,重量也轻,但价格较贵。

对于悬浮物较高的有机废水,可以采用厌氧接触法。废水先进入混合接触池(消化池)与回流的厌氧污泥相混合,然后经真空脱气器而流入沉淀池。接触池中的污泥浓度要求很高,在 12 000~15 000 mg/L 左右,因此污泥回流量很大,一般是废水流量的 2~3 倍。

上流式厌氧污泥床反应器(UASB)是由荷兰的 Lettinga 教授等在 1972 年研制,于 1977 年开发的。废水自下而上地通过厌氧污泥床反应器。在反应器的底部有一个高浓度(可达 60~80 g/L)、高活性的污泥层,大部分的有机物在这里被转化为 CH_4 和 CO_2。由于气态产物(消化气)的搅动和气泡粘附污泥,在污泥层之上形成一个污泥悬浮层。反应器的上部设有三相分离器,完成气、液、固三相上流式厌氧污泥床反应器的分离。被分离的消化气从上部导出,被分离的污泥则自动滑落到悬浮污泥层。出水则从澄清区流出。由于在反应器内保留了大量厌氧污泥,使反应器的负荷能力很大。对一般的高浓度有机废水,当水温在 30℃ 左右时,负荷率可达 10~20 kg(COD)/m³·d。UASB 反应器结构如图5-31所示。

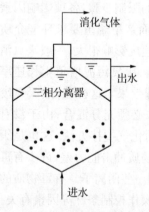

图 5-31 UASB 结构示意图

内循环厌氧反应器(IC)由荷兰 PAQUES 公司于 20 世纪 80 年代中期研制的,是基于 USAB 概念而改进的新型反应器。IC 反应器实际上是由两个上下重叠的 UASB 反应器串联组成。第一个 UASB 反应器产生的沼气作为动力,实现下部混合液的内循环,使废水获得强化的预处理;第二个 UASB 反应器对废水继续进行后处理,使出水可达到预期的处理要求。

根据消化可分阶段进行的事实,研究开发了两相厌氧工艺。该工艺将水解酸化过程和甲烷化过程分开在两个反应器内进行,以使两类微生物都能在各自的最适条件下生长繁殖。第一段的功能是:水解和液化固态有机物为有机酸;缓冲和稀释负荷冲击与有害物质,并将截留难降解的固态物质。第二段的功能是:保持严格的厌氧条件和 pH,以利于甲烷菌的生长;降解、稳定有机物,产生含甲烷较多的消化气,并截留悬浮固体,以改善出水水质。

5.2.5　厌氧和好氧技术的联合运用

近年,水处理工作者打破传统,联合好氧和厌氧技术以处理废水,取得了很突出的效果。有些废水,含有很多复杂的有机物,对于好氧生物处理而言是属于难生物降解或不能降解的,但这些有机物往往可以通过厌氧菌分解为较小分子的有机物,而那些较小分子的有机物可以通过好氧菌进一步降解。

采用缺氧与好氧工艺相结合的流程,可以达到生物脱氮的目的(A/O 法)。在生产实践中,发现有些采用 A/O 法的污水厂同时有脱磷效果,于是,各种联合运用厌氧-缺氧-好氧反应器的研究广泛开展,出现了厌氧-缺氧-好氧法(A/A/O 法)和缺氧-厌氧-好氧法(倒置 A/A/O 法),可以在去除 BOD、COD 的同时,达到脱氮、除磷的效果。

A-O、A/A/O 工艺的优点均是通过改变微生物的生化环境而实现的,主要从两方面强化传统活性污泥工艺的处理效果:首先,由于系统中有缺氧反硝化单元,可以达到脱氮除磷的目的;第二,充分发挥厌氧或缺氧和好氧微生物对有机物各自不同的降解优势,强化总体 COD 去除效果。

A-O 和 A/A/O 工艺在废水有机物去除方面最显著的特点是水解池取代了传统的初沉池,提高了有机物在该工艺段的去除率,更重要的是经过水解处理,废水中的有机物不但在数量上发生了很大的变化,而且在理化性质上也发生了变化,使废水更适宜后续好氧处理。目前,该工艺已广泛应用于城市生活污水处理中,在煤气焦化等工业废水处理中也进行了较多的实验研究。

近年来,由于新型纺织纤维的开发和各种新型染料和助剂的应用,纺织印染厂的工业废水变得很难用传统的好氧生物法处理了,厌氧-好氧联用工艺为难于生物降解的纺织印染废水处理提供了成功的经验。

5.3　污水的稳定塘和土地处理

在悬浮型和附着型生物污水处理技术的基础上,追根溯源,介绍两种污水处理机制较复杂的天然处理及其人工强化工艺。

5.3.1　污水的稳定塘处理

1. 稳定塘的分类及工艺特征

稳定塘又名氧化塘或生物塘,其对污水的净化过程与自然水体的自净过程相似利用天然净化能力处理污水的生物处理设施,历史悠久。稳定塘多用于小型污水处理,可用作一级处理、二级处理,但目前多用作三级处理或景观水处理。

稳定塘按其生化环境主要分为好氧塘、兼性塘、厌氧塘等。

好氧塘的深度较浅(15~50cm),阳光能透至塘底,全部塘水内都含有溶解氧,塘内菌藻共生,溶解氧主要是由藻类供给,好氧微生物起净化污水作用。兼性塘的深度较大(1~2 m),上层是好氧区,藻类的光合作用和大气复氧作用使其有较高的溶解氧,由好氧微生物起净化污水作用;中层的溶解氧逐渐减少,称兼性区(过渡区),由兼性微生物起净化作用;下层塘为厌氧区,沉淀污泥在塘底进行厌氧分解。厌氧塘的塘深在 2 m 以上,有机负荷高,全部塘呈厌氧状态,由厌氧微生物起净化作用,净化速度慢,污水在塘内停留时间长。

稳定塘可以通过人工曝气强化其处理效果,即曝气塘。塘深在 2 m 以上,全部塘水有溶解氧,由好氧微生物起净化作用,污水停留时间较短。

稳定塘的主要优点有:

(1) 基建投资低,当有旧河道、沼泽地、谷地可利用作为稳定塘时,其基建投资更低。

(2) 处理成本低、管理简单;运行费用较低,约为传统二级处理厂的 1/3~1/5。

(3) 污染物去除效果好,包括 BOD、N、P、病源体;

(4) 具有景观效益,可进行综合利用,实现污水资源化,如将稳定塘出水用于农业灌溉,充分利用污水的水肥资源;养殖水生动物和植物,组成多级食物链的复合生态系统。

稳定塘的主要缺点是占地面积大,没有空闲余地时不宜采用;处理效果受气候影响,如季节、气温、光照、降雨等自然因素都影响稳定塘的处理效果;另外设计不当时,可能形成二次污染,如污染地下水、产生臭氧和滋生蚊蝇等。

2. 稳定塘的水净化机理

好氧塘内存在着菌、藻和原生动物的共生系统。塘内的藻类进行光合作用,释放出氧,塘表面的好氧型异氧细菌利用水中的氧,通过好氧代谢氧化分解有机污染物并合成本身的细胞质(细胞增殖),其代谢产物 CO_2 则是藻类光合作用的碳源。塘内菌藻生化反应可用下式表示。

细菌的降解作用:

$$有机物+O_2+H^+ \longrightarrow CO_2+H_2O+NH_4^+ +C_5H_7O_2N$$

藻类的光合作用:

$$CO_2+16NO_3^- +HPO_4^{2-} +122H_2O+18H^+ \longrightarrow C_{106}H_{263}O_{110}N_{16}P+138O_2$$

光合作用使塘水的溶解氧和 pH 呈昼夜变化。白天藻类光合作用使塘水溶解氧浓度高;夜间藻类停止光合作用,细菌降解有机物的代谢没有终止,溶解氧浓度降低。

环境及其降解功能。其中的好氧区对有机污染物的净菌既能利用水中的溶解氧氧化分解有机污染物,也能作为电子受体进行无氧代谢。厌氧区发酵过程中未被甲由好氧菌和兼性菌继续进行降解。而 CO_2、NH_3 等代谢部分参与藻类的光合作用。

厌氧塘对有机污染物的降解,即先由兼性厌氧产酸菌将复杂的有机物水解、转化为简单的有机物(如有机酸、醇、醛等),再由绝对厌氧菌(甲烷菌)将有机酸转化为甲烷和二氧化碳等。厌氧塘很少单独用于污水处理,而是作为其他处理设备的前处理单元,宜用于处理高浓度有机废水,也可用于处理城镇污水。

3. 稳定塘塘体设计要点

塘的位置,稳定塘应设在居民区下风向 200 m 以外,以防止塘散发的臭气影响居民区。此外,塘不应设在距机场 2km 以内的地方,以防止鸟类(如水鸥)到塘内觅食、聚集,对飞机航行构成危险。

防止塘体损害,为防止浪的冲刷,塘的衬砌应在设计水位上下各 0.5 m 以上。若需防止雨水冲刷时,塘的衬砌应做到堤顶。衬砌方法有干砌块石、浆砌块石和混凝土板等。

在有冰冻的地区,背阴面的衬砌应注意防冻。若筑堤土为黏土时,冬季会因毛细作用吸水而冻胀。

塘体防渗,稳定塘的渗漏可能污染地下水源;若塘体出水考虑回用,则塘体渗漏会造成水资源损失,塘体防渗是十分重要的。但某些防渗措施的工程费用较高,选择时应十分谨慎。防渗方法有素土夯实、沥青防渗衬面、膨胀土防渗衬面和塑料薄膜防渗衬面等。

塘的进出口,设计时应注意配水、集水均匀,避免短流、沟流及混合死区。主要措施为采用多点进水和出水;进口、出口之间的直线距离尽可能大;进口、出口的方向避开当地主导风向。

5.3.2　污水的土地处理

污水土地处理是在农田灌溉的基础上,人工调控利用土壤-微生物-植物组成的生态系统使污水中的污染物净化的处理方法。土地处理技术有五种类型:慢速渗滤、快速渗滤、地表漫流、湿地和地下渗滤系统。

污水土地处理系统的净化机理十分复杂,它包含了物理过滤、吸附、沉积、化学沉淀、微生物对有机物的降解及作物的吸收等过程,是一个综合净化过程。

BOD 大部分是在土壤表层土中去除的。土壤中含有种类繁多的异养型微生物,它们能对被过滤、截留在土壤颗粒空隙间的悬浮有机物和溶解有机物进行生物降解,并合成微生物新细胞。当污水处理的 BOD 负荷超过土壤微生物的生物氧化能力时,会引起厌氧状态或土壤堵塞。

磷在土地处理中主要是通过植物吸收、化学沉淀(与土壤中的钙、铝、铁等离子形成难溶的磷酸盐)、闭蓄反应、物理化学吸附(离子交换、络合吸附)等方式被去除。其去除效果受土壤结构、离子交换容量、铁铝氧化物和植物对磷的吸收等因素的影响。

氮主要是通过植物吸收,微生物脱氮(氨化、硝化、反硝化),挥发等方式被去除。其去除率受作物的类型、生长期、对氮的吸收能力以及土地处理系统工艺因素的影响。

污水中的悬浮物质是依靠作物和土壤颗粒间的孔隙截留、过滤去除的。土壤颗粒的大小、颗粒间孔隙的形状、大小、分布和水流通道,以及悬浮物的性质、大小和浓度等都影响悬浮物的截留过滤效果。若悬浮物的浓度太高、颗粒太大,会引起土壤堵塞。

污水经土壤处理后,水中大部分的病菌和病毒可被去除,去除率可达 92%~97%。其去除率与选用的土地处理系统工艺有关,其中地表漫流的去除率较低,但若有较长的漫流距离和停留时间,也可以达到较高的去除效率。

　　重金属主要是通过物理化学吸附、化学沉淀等途径被去除的。重金属离子在土壤胶体表面进行阳离子交换而被置换、吸附,并生成难溶性化合物被固定于矿物晶格中。重金属与某些有机物生成螯合物被固定于矿物质中;重金属离子与土壤的某些组分进行化学反应,生成金属磷酸盐和有机重金属等沉积于土壤中。

　　天然湿地具有调节气候、涵养水源、蓄洪防旱、净化环境和维持生物多样性的功能,有"自然之肾"之称。基于天然湿地净化机理,人工湿地在20世纪50年代诞生于德国,目前欧洲已有数以百计的人工湿地在运行,规模大小不一。我国在80年代后期开始研究、建造。与传统工艺相比,具有"一高、三低、一不"的特点,即高效率、低投资、低运行费用和低维护技术,基本不耗电。

　　人工湿地的污染物去除主要是填料、植物和微生物的作用。填料包括土壤、沙等为基质,为植物和微生物生长介质,同时具有沉淀、过滤和吸附等作用。植物一般要求处理性能好、成活率高、抗水力强等特点,且具有一定的美学和经济价值。微生物生态系统稳定,降解污染物贡献较大。

　　人工湿地包括表面流湿地、水平潜流湿地和垂直流湿地等类型。表面流湿地操作简单、水力负荷低、受气候条件影响大,易滋生蚊蝇;水平潜流湿地水力负荷较大,少恶臭和蚊蝇,但控制相对复杂;垂直流湿地是水平潜流湿地和渗滤型土地处理系统相结合的一种湿地工艺,氧气通过大气扩散输入湿地,硝化能力较强,控制复杂。

　　人工湿地的设计内容包括水力负荷、工艺流程、植物选择、防渗、基质选择等。一般水力停留时间(HRT)取 $7 \sim 10$ d,投配负荷为 $2 \sim 20$ cm/d,有机负荷取 $15 \sim 20$ kg BOD/hm² · d,长宽比大于 $10 : 1$,植物常采用芦苇、香蒲、水葱等。图 5-32 为一个小型潜流式人工湿地污水处理设施。

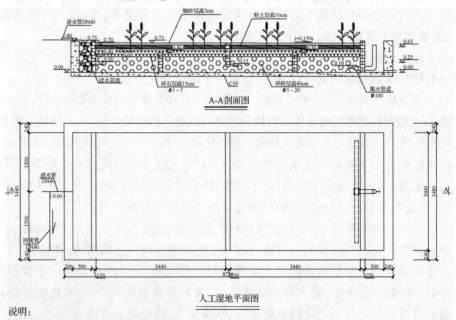

说明:

　1. 本图中标高以米计,其余尺寸以毫米计。

　2. 采用潜流式人工湿地,中间设置隔墙,形成下向-上向交替流。

　3. 人工湿地出水经渠收集后排放。

图 5-32　潜流式人工湿地污水处理工艺

5.4　污泥处理与处置

污泥的处理处置与其他固体废物的处理处置一样,都应遵循减量化、稳定化、无害化和资源化的原则,通过适当的技术措施,使污泥得到再利用或以某种不损害环境的形式重新返回到自然环境中。污泥减量化分为体积和质量的减量,前者主要是指通过浓缩、脱水、干燥使污泥含水率降低,后者包括消化和焚烧。

5.4.1　污泥的来源及其特性

污水处理过程中各处理单元一般都会产生污泥。按污泥来源可以将其分为初沉污泥、剩余活性污泥、消化污泥及化学污泥等。不同的污水处理工艺产出污泥的密度和数量如表5-9所示。城市污水厂所产生的污泥量约为处理水体积的1%左右(0.5%～1.5%),含水率99.2%左右。污泥的处理处置方法与其物化性质密切相关,表5-10所示不同来源污泥的一些物理化学性质。

表 5-9　不同来源污泥的密度和产量特征

处理操作或过程	污泥相对密度	干固体/(kg/10³ m³)	
		范围	典型值
初次沉淀	1.02	110～170	150
活性污泥(废生物固体)	1.005	70～100	80
生物滤池(废生物固体)	1.025	60～100	70
延时曝气(废生物固体)	1.015	80～120	100
曝气塘(废生物固体)	1.01	80～120	100
过滤	1.005	12～24	20
除藻	1.005	12～14	20
低浓度氧化钙(350～500 mg/L)	1.04	240～400	300
高浓度氧化钙(800～1 600 mg/L)	1.05	600～1 300	800
悬浮生长反硝化	1.005	12～30	18

表 5-10　不同来源污泥的物理化学性质

项目名称	未处理的初次污泥	消化的初次污泥	未处理的活性污泥
	典型值	典型值	范围
总固体(TS)/%	6	4	0.8～1.2
挥发性固体,占 TS 的%	65	40	59～88
蛋白质,占 TS 的%	25	18	32～41

项目名称	未处理的初次污泥	消化的初次污泥	未处理的活性污泥
	典型值	典型值	范围
氮（以 N 计），占 TS 的%	2.5	3.0	2.4～5.0
磷（以 P_2O_5 计），占 TS 的%	1.6	2.5	2.8～11
钾（以 K_2O 计），占 TS 的%	0.4	1.0	0.5～0.7
纤维素，占 TS 的%	10	10	—
铁（不以硫化铁计）	2.5	4.0	—
pH	6.0	7.0	6.5～8.0
碱度（以 $CaCO_3$ 计）/(mg/L)	600	3 000	580～1 100
有机酸（以 HA_c 计）/(mg/L)	500	200	1 100～1 700
含热量/(kJ/kg　TSS)	25 000	12 000	19 000～23 000

污泥体积、相对密度与含水率之间有一定的关系，在一定浓缩范围下，浓缩前后污泥的密度变化不大。此时，对于含水率为 P_0、体积为 V_0 的污泥，经浓缩后含水率为 P，体积变为 V，则有：

$$\frac{V}{V_0} = \frac{100 - P_0}{100 - P}$$

据此公式可以计算含水率的降低对污泥体积减量的影响。

【例 5 - 7】　污泥的含水率从 99% 降至 98%，求污泥体积的变化。

解：$V/V_0 = \dfrac{100 - P_0}{100 - P} = 1/2$

【例 5 - 8】　某污水处理厂每天产生 378 m^3 浓度为 2% 的污泥，停留时间以 20 d 计，消化池容积需要 7560 m^3，如果污泥浓度提高到 3%，消化池的体积需要多大？

解：$V = 252$ m^3/d，消化池体积需要 5 040 m^3。

5.4.2　污泥中的水分存在形式

如图 5 - 33 所示，污泥中的水分主要有间隙水、毛细水和内部水三种存在形式。间隙水是存在于污泥颗粒间隙中的水，约占污泥水分的 70% 左右，这部分水一般借助外力可与泥粒分离。毛细水是存在于污泥颗粒间的毛细管中，约占污泥水分的 20% 左右，分离难度较间隙水大。内部水是指黏附于污泥颗粒表面的附着水和存在于其内部，包括生物细胞内的水，约占污泥中水分的 10% 左右，只有在干化条件下才能分离，但也不完全。

污泥的外部形态与其含水率密切相关。如图5 - 34所示，当污泥的含水率在 85% 以上时，污泥呈流动状态的泥浆状；当污泥含水率在 70%～80% 时，残留水分主要是毛细水和内部水，间隙水基本脱除，污泥呈塑性状态；当污泥含水率低于 60% 时，残留的水分绝大多数都是内部水了，污泥呈干而脆的固体。

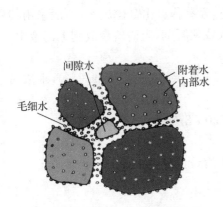
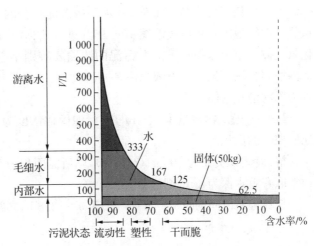

图 5‑33　污泥中水分的存在形式　　　　　图 5‑34　污泥含水率与其形态的关系

5.4.3　污泥的处理与处置技术

污泥的处理工艺主要包括浓缩、稳定、调理、脱水、干化,最终进行处置利用。污泥处理处置的基本流程如图 5‑35 所示。

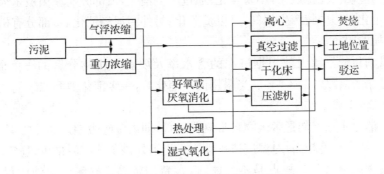

图 5‑35　污泥处理处置的基本流程

1. 污泥的浓缩

由于污泥中含水率很高,体积大,不利于后续的输送、处理与处置,特别是增加了后续消化、脱水的负荷,需要采用重力、离心等技术减少污泥体积,这个工艺过程就是污泥的浓缩。

污泥浓缩主要有重力浓缩、气浮浓缩和离心浓缩三种工艺形式。国内目前以重力浓缩为主,但随着污水生物处理技术的发展,污泥性状的变化,特别是富含磷素的污泥产生,气浮浓缩和离心浓缩将会有较大的发展。

重力浓缩工艺主要是设计好污泥浓缩池。连续流污泥浓缩池一般采用竖流式或辐流式。浓缩池的面积应该按污泥沉淀曲线试验数据得出的污泥固体负荷来进行计算。当没有试验数据时,可以根据污泥种类、污泥中有机物含量采用经验数据。对于初沉污泥,其含水率一般为 95%～97%,污泥固体负荷采用 80～120 kg/(m² · d),浓缩后的污泥含水率可以达到 90%～92%;针对活性污泥,其含水率一般为 99.2%～99.6%,污泥固体负荷采用 20～30 kg/(m² · d),污泥浓缩后含水率可以达到 97.5%左右。浓缩池的有效水深一般采用

4 m,当为竖流式污泥浓缩池时,其水深按沉淀部分的上升流速一般不大于 0.1 mm/s 进行核算。浓缩池的容积应按浓缩 10~16 h 进行核算,不宜过长,否则将发生厌氧分解,产生硫化氢气体。重力浓缩对于富 P 污泥的浓缩要特别小心,容易释放出高磷废水,一般采用其他的浓缩方法。采用重力浓缩法,一般要加入一些石灰或絮凝剂,阻碍磷释放到上清液中,称为磷的消化封闭。

【例 5-9】 污泥量为 550 m³/d,污泥固体浓度为 8 kg/m³(含水率为 99.2%),求浓缩池所需要的面积。

解:设固体负荷为 60 kg/(m² · d),则所需面积为 550 * 8/60＝73.33 m²。

取有效水深为 4 m,则

核算停留时间为:73.33 * 4 * 24/550＝12.8 h。(符合设计规定)

2. 污泥的稳定

污泥中含有大量有机物,会在微生物的作用下腐化分解,影响环境,采用生物、化学等措施降低其有机物含量使其暂时不分解的过程就是污泥的稳定。

污泥的稳定方法主要包括厌氧消化、好氧消化、氯氧化法、石灰稳定法及热处理等。其中厌氧消化法以其成本低、节能、产能而应用最广。

厌氧消化是使污泥实现减量化、稳定化、无害化和资源化的重要环节。污泥中的有机物厌氧消化分解,可使污泥稳定化,不易腐化;通过厌氧消化,大部分病原菌被杀灭或分解而无害化;污泥稳定化工程中将产生沼气,可以资源化;另外污泥经消化后,部分有机氮转化为氨氮,提高了污泥的肥效。

中温厌氧消化的停留天数根据进泥的含水率及要求有机物分解的程度而定,一般为25~30 d,即总投配率为 3%~4%。当采用两级消化时,一级消化池和二级消化池的停留天数比值可采用 1:1 或 3:2。

好氧污泥消化实际上就是微生物自身氧化过程,即内源呼吸期。相比之下,好氧污泥消化反应速度快、消化程度较高,对温度依赖性不强。另外该工艺产泥量少,稳定后没有臭味,上清液的污染物浓度低。其缺点是不产能,运行费用较高。好氧消化池的设计参数如表5-11所示。

表 5-11 污泥好氧消化设计经验参数

序号	名　　称	数值
1	污泥停留时间(d): 　活性污泥 　初沉污泥、初沉污泥与活性污泥混合	10~15 15~25
2	有机负荷[kgVSS/(m³ · d)]	0.38~2.0
3	空气需要量[鼓风曝气 m³/(min · m³)]: 　活性污泥 　初沉污泥、初沉污泥与活性污泥混合	0.02~0.04 ≥0.06
4	机械曝气所需功率(kW/m³ 池容)	0.03

（续表）

序号	名　　　称	数值
5	最低溶解氧(mg/L)	2
6	温度(℃)	>15
7	挥发性固体去除率(VSS)(%)	50 左右
8	VSS/SS 值(%)	60～70
9	污泥含水率(%)	<98
10	污泥需氧量(kgO$_2$/去除 kgVSS)	3～4
11	VSS 去除率(%)	30～40

3. 污泥的脱水

污泥的脱水方法主要有自然干化、机械脱水、污泥烘干及焚烧等。其中自然干化成本低,但需要有场地和气候的条件。机械脱水包括真空过滤、离心脱水和压滤脱水,这些方法一般都需要进行污泥调理,如真空过滤一般需要进行污泥淘洗。离心脱水工艺的优点是结构紧凑,附属设备少,不需要过滤介质,维护较方便。但这种脱水机噪音较大,脱水后污泥含水率较高,污泥中的砂砾容易磨损设备。

压滤脱水主要有板框压滤脱水机和带式压滤脱水机两种。板框压滤脱水的泥饼含水率低,可以达到 65% 以下,但该工艺运行效率较低,且操作麻烦、维护量大。带式压滤脱水机能耗少、管理方便且运行稳定,在脱水效能上也很高(如表 5-12),所以目前应用广泛。然而,近年来随着对污泥含水率的严格要求,一些企业又开始考虑板框压滤机。

表 5-12　各种污泥带式压滤脱水性能对比

污泥种类		进泥含固量(%)	进泥固体负荷[kg/(m·h)]	PAM 加药量(kg/t)	泥饼含固量
生污泥	初沉污泥	3～10	360～680	1～5	28～44
	活性污泥	0.5～4	45～230	1～10	20～35
	混合污泥	3～6	180～590	1～10	20～35
压氧消化污泥	初沉污泥	3～10	360～590	1～5	25～36
	活性污泥	3～4	40～135	2～10	12～22
	混合污泥	3～9	180～680	2～8	18～44
好氧污泥	混合污泥	1～3	90～230	2～8	12～20

污泥在机械脱水前,一般需要改善污泥脱水性能而进行调理或调质。调理的方法主要包括物理法和化学法,物理法有淘洗法、冷冻法及热处理法;化学调质主要指向污泥中投加化学药剂,一般为絮凝剂。

4. 污泥的最终处置

污泥的最终处置出路较多,具有灵活性,主要包括弃置法和回收利用。弃置法主要有卫生填埋和焚烧。回收利用包括土地农业利用、建材利用(如制砖、陶粒等)及化工利用(提取有用成分,水热炭化等)。

污泥干燥是用热源对污泥进行深度脱水的处理方法。污泥干燥能使污泥显著减容,产品稳定、无臭且无病原生物,干燥处理后的污泥产品用途多,可以用作肥料、土壤改良剂、替代能源等。污泥干燥或半干燥事实上是污泥减量化、无害化和资源化利用的关键一步,目前急需解决的是污泥热干燥技术和处理成本较高的问题。

第6章 电镀废水处理技术

6.1 电镀废水的特点

电镀废水水量较大、水质复杂,成分与电镀工艺密切相关,其中含铬、铜、镍、锌等重金属离子和氰化物成分的废水毒性较大,有些属于致癌、致畸、致突变的剧毒物质。

据不完全统计,目前我国电镀厂点约有 15 000 家,每年排放废水量达 40 亿 m^3,而且其中仍然有许多企业未达到国家排放标准。电镀废水 90%以上来自于镀件的清洗过程,目前电镀清洗用水的重复利用率很低,水肆意浪费现象十分普遍,电镀工业单位电镀面积的水耗也远高于国际先进水平。国内电镀加工 1 m^2 镀件的平均耗水量为 3 m^3,而国外报道仅为 0.08 m^3。如此巨大的差距既说明我国水资源利用率低下的现状,也启示我们电镀节水和废水回用有着广阔的前景。

电镀废水中含有重金属离子等无机物和电镀助剂有机化合物等有害物质,单纯的重金属去除比较容易,一般采用化学沉淀,结合混凝沉淀法就可以达到比较满意的效果,之后为达到资源回用和废水再生,后续可以采用膜分离技术,一般为超滤-反渗透组合工艺或离子交换工艺等。然而,为了增强镀液的分散能力进而达到良好镀层的效果,往往需要在镀液中添加一些络合剂,如 EDTA、磺基水杨酸等;为了使镀层光亮整平,改善镀层的结构常加入有机添加剂,如光亮剂烯丙基磺酸钠,整平剂香豆素等。这些络合剂和添加剂的加入,使电镀废水中的一部分重金属以可溶性的络合物的形式存在,从而干扰了传统化学沉淀工艺的处理,增加了电镀行业重金属污染物的处理难度。同时,各种助剂的添加,也使电镀废水中 COD 指标成为治理的重要对象,特别是经膜技术浓缩后有机物浓度上升,且废水中多数有机物为难降解物质,电镀废水中有机物的去除成为目前废水治理的另一个难点。

6.2 电镀废水中重金属处理技术

6.2.1 化学沉淀法

化学沉淀法是投加化学沉淀剂,生成难溶的化学物质,使污染物沉淀析出,通过混凝—沉降或气浮、过滤、离心等方法,进行固液分离,泥渣进行处理或回收利用。常用的化学沉淀法包括氢氧化物沉淀法、硫化物沉淀法、碳酸钙沉淀法、卤化物沉淀法(F)及还原沉淀法(Cr)。化学沉淀法是重金属废水处理最常用的方法,主要包括加碱沉淀法和硫化钠沉淀法两种。该方法具有价格便宜、操作简单的优点,但也存在污泥量大的缺点,该工艺对重金属的去除效果与其溶度积常数有关,一般硫化物沉淀法的去除效果相对较好。

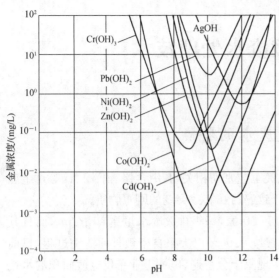

图 6-1　废水中重金属离子浓度
与 pH 的关系

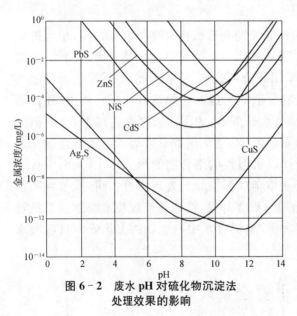

图 6-2　废水 pH 对硫化物沉淀法
处理效果的影响

加碱调节 pH 去除重金属的化学沉淀法应用较广,也是以前电镀废水处理最传统的工艺。有研究者通过大量的实验发现,并不是废水 pH 调节得越高化学沉淀效果越好,pH 调节到一定程度后会发生二次溶解,出水的重金属离子浓度会升高。一些金属离子加碱沉淀的最佳 pH 如图 6-1 所示。可以看出,不同种类的金属离子化学沉淀的最佳 pH 有差异,这一点对于含多种金属离子的电镀废水处理尤为重要,需要进行分段处理。

由于许多重金属的络合物一般比其氢氧化物更稳定,因此采用加碱法处理含有络合态重金属废水效果不佳,难以达到排放标准,可以采用硫化物沉淀法。

硫化物沉淀法是在废水中加入硫化物沉淀剂(如硫化钠),使自由金属离子转化成硫化物沉淀而除去。由于金属硫化物的溶度积较小,其废水处理效果比加碱沉淀法要好。有研究对含铜量为 29.6 mg/L 的铜氨废水的治理结果表明,通过投加 Na_2S 并控制 pH 在 9.5～11.5 之间,再辅以添加适量的聚合氯化铝(PAC)和聚丙烯酰胺(PAM),可有效去除铜,使外排废水的含铜量≤0.5 mg/L。有研究对兰州某印刷电路板厂络合铜废水的试验表明,调节 pH 在 9～10 之间,加入硫化钠可使络合铜废水的含铜量降至 0.5 mg/L 以下。上述研究也可以看出,硫化物化学沉淀法的处理效果与含铜废水的 pH 有关,事实上

该工艺在处理其他重金属废水时也要考虑废水 pH 的影响(如图 6-2 所示)。

硫化物沉淀法反应生成的沉淀物颗粒细小,易形成胶体,需要添加絮凝剂形成较大的矾花,才能使其快速沉淀下来。S^{2-} 的加入量难以准确控制,而一旦 S^{2-} 过量残留在水中,遇酸生成硫化氢气体,会产生二次污染。

6.2.2　离子交换及吸附法

1. 基本原理

离子交换法主要是利用离子交换树脂中的交换离子同电镀废水中的某些离子进行交换

而将其去除,使废水得到净化的方法。该工艺的原理在前面章节中已经描述。

吸附法是由于表面力不平衡,与溶液接触的固体表面趋于积聚溶质分子的过程。被吸附的污染物质称为吸附质,具有吸附作用的物质为吸附剂。吸附剂要具有较大的比表面积,一般具有多孔结构或为粉状物质,污水处理中常用的吸附剂有活性炭、粘土矿物、壳聚糖、硅藻土及壳聚糖等。由于吸附工艺操作简单、见效快,目前在水处理吸附材料方面研究得较多,包括新合成的高分子物质,传统材料的改性,天然生物质材料及其改性材料,如核桃壳、水热炭、壳聚糖等。虽然这些材料在吸附效果方面取得一定的进展,但在成本方面还有待改进,因此较少用于实际废水处理工程中。在重金属吸附或离子交换处理中,一般针对污染物浓度较低的废水,处理成本可以接受。

污水中投加吸附剂,一定时间后达到平衡,此时吸附剂上吸附的污染物的量为 q_e,污水中残留的污染物的浓度为 c_e,两者是一个动态平衡关系,该关系与吸附剂的性质,污染物种类有关,总结起来有如下两种类型。

Langmuir 吸附等温式:

$$q_e = \frac{abc_e}{1+bc_e}$$

式中:q_e 为平衡吸附量(mg/g);a、b 为常数;c_e 为平衡浓度,mg/L。

Freundlich 吸附等温式是一种指数形式的经验公式:

$$q_e = Kc_e^{\frac{1}{n}}$$

式中:K,n 为常数;c_e 为平衡浓度(mg/L)。

一般认为,$1/n$ 值介于 0.1～0.5 之间时易于吸附,而 $1/n>2$ 时难以吸附。

吸附剂吸附饱和后,可以进行再生。特别是对于价格较高的活性炭,一般需要再生。目前再生的方法有药剂洗脱法、生物再生法、湿式氧化法、电解氧化法和加热再生法等。

2. 应用实例

有研究采用双柱串联离子交换法处理含铜 15 mg/L、游离 EDTA 380 mg/L 的 Cu-EDTA,研究结果表明采用离子交换法处理 Cu-EDTA 络合废水是有效的,通过控制合适的工艺条件可实现 Cu-EDTA 与游离 EDTA 的分离回用,并且研究了流出液中 Cu^{2+}、EDTA 的浓度与流出液体积之间的关系,介绍了穿透曲线及洗脱曲线。

有研究应用阳离子交换树脂处理含铜 400 mg/L 的铜氨络合废水,结果表明,在 pH4～5,双柱串联运行,并用 0.5 mol/L 的硫酸再生液对离子交换树脂进行定期活化的工艺条件下,可使废水处理达标并循环使用。

离子交换法来处理络合物重金属,具有占地少、不需对废水进行分类处理、费用相对较低等优点。但此方法投资大、对树脂要求高、不便于控制管理等。由于废水中含有的阴、阳离子较多,树脂易饱和且难再生,离子交换法一般不直接用于络合废水处理,工程上一般采用离子交换作为后续保障处理措施。

吸附法也常用于电镀废水处理中。有研究利用沸石吸附法去除重金属废水中以络离子形态存在的铜。实验表明,沸石对 $Cu(NH_3)_4^{2+}$ 有良好的吸附性能,废水 pH、温度和吸附时间是影响吸附效果的主要因素。在 $Cu(NH_3)_4^{2+}$ 浓度低于 50 mg/L 时,吸附规律基本符合 Freundlich 模式。有研究利用活性炭处理 40 mg/L EDTA 镀铜废水,采用活性炭进行搅拌吸附 0.5 h,最佳吸附 pH 为 5～6,此时铜离子与 EDTA 的结合能力略差,铜离子去除率可以达到 98%,出水铜稳定在 1 mg/L 以下,吸附后 EDTA 可以用酸回收利用。有研究采用活性炭吸附法处理含铜络合废水,pH 从 12 降到 1 时,对 Cu(Ⅱ) 的去除率可提高 70%～80%,其中以孔径最小、比表面最大的椰壳炭的去除效果最佳:pH=2,椰壳炭投加量为 20 g/L 时的 Cu(Ⅱ) 去除率达到 93%。进一步的实验表明,活性炭是以络合铜的形式吸附 Cu(Ⅱ)。

铬是电镀废水中常见的污染物,水中的铬一般以三价和六价两种状态存在,其中六价铬的危害较大,其毒性是三价铬的数百倍,对人体的肺、肾、肝等均有很大的危害。目前六价铬的处理工艺主要包括有还原-化学沉淀法、离子交换法、吸附法及膜处理法等。

吸附法具有操作简单、反应速度快及效果容易控制等优点,特别适合于 Cr(Ⅵ) 水污染事件的应急处理。目前,研究的对含 Cr(Ⅵ) 废水吸附剂种类较多,主要包括活性炭、矿物材料、生物质材料、废弃物回用材料等。

活性炭是应用最广的吸附剂,对 Cr(Ⅵ) 吸附效果较好,在平衡浓度为 50 mg/L 条件下,其吸附量为 7.6 mg/g,对活性炭改性后吸附量增加到 13.9 mg/g。某些生物质材料,如壳聚糖、微生物和丹宁等,对 Cr(Ⅵ) 吸附效果很好。在 pH=3,初始 Cr(VI) 浓度为 30 mg/L 条件下,壳聚糖吸附量可达 22.09 mg/g,当初始浓度为 100 mg/L 时,吸附量可达 102 mg/g。然而,不论是活性炭还是壳聚糖,目前价格都较高。

矿物材料及一些废弃物虽然价格低,但吸附能力差。目前用于研究去除 Cr(Ⅵ) 的矿物材料包括有粘土矿物、硅藻土、铁铝氧化物、沸石及红壤等,废弃物包括有稻壳、锯末等,在平衡浓度 10～30 mg/L 条件下,吸附量一般都在 5 mg/g 以下。实际应用前景并不理想。

综合壳聚糖与矿物材料的优缺点,一些研究者开发了 Cr(Ⅵ) 复合吸附材料,包括有磁性壳聚糖、壳聚糖/木质素、壳聚糖/珍珠岩、壳聚糖/膨润土、壳聚糖/粉煤灰和壳聚糖/硅藻土等。研究结果表明,相对于廉价材料,复合材料的 Cr(Ⅵ) 吸附量有了较大的提高。

壳聚糖在复合吸附剂中的含量影响复合吸附剂的成本和吸附性能。如图 6-3 所示,硅藻土、壳聚糖及不同含量的壳聚糖复合吸附剂的吸附性能。

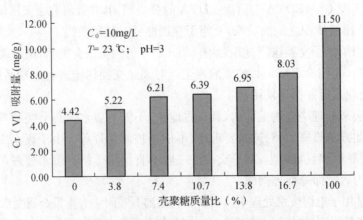

图 6-3　硅藻土负载壳聚糖质量比对吸附性能的影响

可以看出,随着复合吸附剂中壳聚糖含量的增加,其 Cr(Ⅵ)的吸附能力也有所提高,当壳聚糖含量达到 16.7% 时(壳聚糖：硅藻土＝1：5),吸附量为 8.03 mg/g,约为纯壳聚糖吸附量的 70%,实现了降低成本的目的。硅藻土负载壳聚糖属于 Freundlich 吸附等温曲线,吸附等温式为 $q_e = 2.617\,2c_e^{0.5943}$。

6.2.3　螯合捕获处理法

螯合沉淀法主要是采用高分子重金属捕集剂,能与废水中 Hg^{2+},Cd^{2+},Cu^{2+},Pb^{2+},Mn^{2+},Zn^{2+},Cr^{3+} 等重金属离子强力螯合,迅速反应生成不溶水的螯合盐,再加入少量有机或无机絮凝剂,形成絮状沉淀,从而达到捕集去除重金属的目的。

有研究采用环境友好型的有机硫药剂 TMT 处理含铜氨络合离子废水。结果表明,TMT 能与铜离子强力螯合并沉淀,较快地将铜从稳定的氨络合物中解离并沉淀下来,沉淀物在静置 24 小时后也没出现再溶解现象;当溶液 pH 位于 7~10 之间时,TMT 对铜的去除效果均较好。该处理方法简单,不增加设备费用,具有显著的社会效益和环境效益,非常适合推广应用。

有研究者开发了一种有机高分子重金属螯合剂 WYS,该螯合剂可直接在含重金属废水中投加,无需调节 pH,常温下可与铜、镍等离子发生反应,生成稳定的絮状沉淀,使处理后的废水中的重金属含量达到国家一级排放标准。

有研究制备二乙基二硫代氨基甲酸钠(DDTC)重金属捕集剂,以 EDTA 络合铜及铜氨络合物为处理对象,研究表明,DDTC 投加量取决于废水中络合铜的浓度,DDTC 与铜的物质的量之比在 0.8~1.2 之间时,铜离子去除率超过 99.6%。混凝剂聚合硫酸铁(PFS)和聚丙烯酰胺(PAM)对铜的去除效果不大,但是对后续絮凝沉淀方面效果很显著。

有专家开发出一种新型超分子重金属螯合剂,能够使络合重金属在短时间内迅速沉淀出来。该螯合剂 pH 适用范围广,对多种金属均能有效沉淀,在沉淀剂投量为 1：1.1 时,出水达到国家排放标准,目前已进入产业化应用阶段。

螯合沉淀处理方法简单,操作简便,设备要求不高,生成的沉淀物稳定性较好,但是相对于其他处理方法所用螯合剂本身的价格较高,废水处理成本高,不适用于大规模的电镀工业络合铜废水处理。

6.2.4　氧化破络法

1. 污水氧化法基本原理

化学氧化污水处理法是采用氧化剂对污水中的污染物进行氧化,使其分解转化的工艺,也是灭活微生物的重要方法。对于同一污染物,氧化效果与氧化剂的氧化电位密切相关,对于难降解有机污染物,需要强氧化剂才能取得良好效果。常用的氧化剂及其氧化能力如表 6-1。

表 6‑1　一些氧化剂在酸性条件下的氧化还原电位

氧化剂	标准氧化电位(V)	氧化剂	标准氧化电位(V)
氟(F_2)	3.03	高锰酸钾($KMnO_4$)	1.69
羟自由基	2.8	二氧化氯(ClO_2)	1.50
原子氧	2.42	次氯酸($HClO$)	1.49
臭氧(O_3)	2.07	氯(Cl_2)	1.36
过氧化氢(H_2O_2)	1.77	溴(Br_2)	1.09

常用的氧化技术包括空气氧化(湿式氧化、焚烧)、双氧水氧化、高锰酸钾氧化、氯氧化及臭氧氧化等。而有些氧化剂在一定条件下,除了直接氧化作用外,同时可以在催化条件下引发出强氧化性的自由基,自由基的氧化作用称为高级氧化作用。高级氧化技术较多,如碱催化臭氧氧化、碱性条件下双氧水与臭氧 O_3/H_2O_2 组合;光催化臭氧氧化系列,如 O_3/UV、$O_3/H_2O_2/UV$;多相催化臭氧氧化,如 O_3/固体催化剂(如活性炭、锰金属及其氧化物)。其他一些高级氧化工艺有 $UV/O_3/H_2O_2$、$UV/\ H_2O_2$、$Fe^{2+}/\ H_2O_2$(芬顿试剂法)、光芬顿试剂法等。

2. 应用实例

通过强氧化方法来破坏络合剂的结构,使金属离子呈游离态,再采用传统的化学沉淀法处理。通常采用 Fenton 试剂催化氧化法、臭氧催化氧化法、湿式氧化法、次氯酸盐氧化法等高级氧化技术。

有研究采用 H_2O_2/Fe^{2+} 构成的氧化体系产生氧化能力很强的·OH 自由基来破坏络合物的结构对含 EDTA 络合铜废水(铜浓度 110 mg/L)进行破络后,再采用常规的物理化学处理方法进行处理,达到络合重金属离子目的,实验分析了影响 H_2O_2/Fe^{2+} 氧化体系破络反应的各种因素,最佳的反应条件为:$H_2O_2/COD=2.0$,$FeSO_4$ 投加量为 10 g/L,反应的 pH=3,反应时间 1h,铜的去除率达到 90% 以上。

采用 Fenton 试剂氧化‑混凝联合工艺对难处理络合铜镍电镀废水进行了研究,结果表明,在体系初始 pH=4,温度 30℃,H_2O_2 投加量为 800 mg/L,$[Fe^{2+}]/[H_2O_2]=0.1$,反应时间 60 min,回调 pH=8 混凝沉淀后,Cu^{2+} 去除率为 99.9%,处理水可达标排放。同时依据 GC/MS 对降解最终产物的分析结果,推导出废水的基本降解机理和途径:金属离子周围的配位键在·OH 的作用下被打断,络合态的 Cu^{2+}、Ni^{2+} 被释放出来,回调 pH 沉淀去除,络合剂 EDTA 被最终氧化成小分子的酸等化合物。

有工程实践表明,在 pH 为 2~3 时,采用强氧化剂次氯酸钠能有效氧化破坏 EDTA 等有机配位体的分子结构,使其失去与铜离子的络合能力,提高除铜效果,同时还能去除相当部分的 COD。

有采用催化氧化的方法处理含重金属络合物的脱墨浆水,直接向溶液中加入 H_2O_2,利用溶液中已有的 Mn,Fe,Cu 作催化剂,降解亚氨基、酰胺、氰化物和杂环等多种有机难降解化合物,结果表明,在 pH 为 8.58,H_2O_2 投量为 1 mmol/L 时,脱墨浆水的脱色率可达 57.9%。

Fenton 氧化破络-沉淀法能够破除有机络合铜的稳定性,对铜的去除效率很高。但是由于需要投加大量的亚铁离子,氧化法除铜需用氧化剂量大,药剂费用高。

6.2.5　置换处理法

置换处理法主要是利用重金属络合物在酸性条件下不稳定,成离解状态,通过加入铁粉、Ca^{2+}、Fe^{2+} 等将 Cu^{2+} 置换出来,然后加碱,将 Cu^{2+} 沉淀出来。

1. 铁粉还原置换法

在酸性及有氧条件下,零价铁会发生快速的电化学腐蚀反应,可以破坏某些络合物的结构;同时高价态的 Fe^{3+} 可与 EDTA 优先发生络合反应,最终将铜等重金属离子从络合物中解离出来并沉淀去除。另外,反应过程中随着 pH 的上升,产生的 $Fe(OH)_2$ 与 $Fe(OH)_3$ 具有较高的絮凝和吸附活性,对电镀废水中的络合物有一定的去除效果。总体看来,零价铁处理金属络合物的机理比较复杂,是多种作用的综合结果。

有研究采用铁屑内电解法处理金属络合物废水,现在酸性条件下(pH=3.0~4.0)使铁发生微电解,再将 pH 调到碱性(pH=7.5~8.5),络合废水中总铜浓度从最高时的 1 679 mg/L 下降到 0.29 mg/L 以下,COD 去除率在 20% 左右,最后络合废水处理成本仅 2.00~2.50 元/m^3 废水,具有明显的经济效益。采用铁屑置换法研究铜氨制药废水的除铜效果,结果表明,投加 3 倍理论用量的铁屑,废水的 pH 控制在 2~3,铜的去除率为 98.7%。有研究将 120 目工业铁粉以 $n(Fe)/n(Cu)=1.5$ 的投加量加入含铜络合物废水中,停留时间控制 40 min,然后向反应槽的出水加石灰乳中和至 pH 为 8.5~9.0,经沉淀过滤后,通过电化学氧化还原反应、置换还原反应、物理吸附以及絮凝共沉淀等诸多技术的协同作用,该废水的含铜质量浓度由原来的 1 291 mg/L 降至 4.9 mg/L,铜离子去除率高达 99.6%,其中铁粉粒度、铁粉投加量、反应停留时间以及中和 pH 等是该预处理方法的主要影响因素。

2. 铁盐置换法

在酸性条件下,EDTA－Cu 的稳定常数小于 EDTA－Fe^{3+} 的稳定常数(pH=4,EDTA－Cu 的稳数的对数值 $\lg K_{稳}=10.2$;EDTA－Fe^{3+} 的稳定常数的值 $\lg K_{稳}=14.7$)。因此,向 PCB 络合废水中加入 Fe^{3+} 可以将 Cu^{2+} 置换出来,然后调高废水的 pH,可使 Cu^{2+} 完全沉淀下来。在实际工程中一般加入的是硫酸亚铁,在酸性条件下,通过机械或空气的搅拌,部分 Fe^{2+} 氧化成 Fe^{3+},通过 Fe^{3+} 置换出 EDTA－Cu 中的 Cu^{2+},然后将 pH 调至 9 左右,生成 $Cu(OH)_2$、$Fe(OH)_2$、$Fe(OH)_3$,利用 $Fe(OH)_3$ 生成的矾花较大,吸附性较强,沉淀度较快,从而可加快铜的去除。

Fe^{2+} 具有还原性,在 pH=2~3 时,它能将络合铜还原成一价铜离子 Cu^+,而一价铜离子与 EDTA 形成的络合物就不再稳定,所以一价铜离子与氢氧根反应生成氢氧化亚铜,进而脱水形成氧化亚铜沉淀。

有研究利用硫酸亚铁处理络合铜废水,通过对比硫酸亚铁的投加量和不同 pH,得出 $n(Fe^{2+}):n(Cu^{2+})=15:1$,pH 为 9.5 时,铜浓度可以降低到 1 mg/L 以下。采用硫酸亚铁净化碱氨蚀刻废水,可使废水的铜浓度从 361.3 mg/L 降到 0.571 mg/L,从而达到可以直接排放的目的。

焦磷酸铜在电镀业中广泛应用于焦磷酸盐镀铜、镀铜锡合金等,是无氰电镀的主要替代产品。焦磷酸盐镀铜镀液的主要成分是焦磷酸铜和焦磷酸钾,焦磷酸铜提供铜离子,焦磷酸钾充当络合剂,生成络盐焦磷酸铜钾。该金属络合废水一度成为行业难题。有研究提出了硫酸亚铁处理焦磷酸盐镀铜废液的方法,向焦磷酸盐镀铜废水中加入硫酸亚铁,将铜还原为 Cu_2O,而铁是以二价或三价氢氧化物形式存在,利用铁的氢氧化物的凝聚作用,Cu_2O 吸附、网捕共沉淀,从而达到除铜的目的。该方法对有机物的去除较少,没有高级氧化技术彻底。

3. 钙盐置换法

有研究直接添加氢氧化钙固体作沉淀剂对 Cu(II)含量为 158 mg/L 且含有大量 EDTA 的含铜络合废水进行处理,研究结果表明:氢氧化钙固体处理络合铜反应速度较快,12 min 即可达到沉淀平衡;提高氢氧化钙的投加量有利于 Cu(II)的去除,当氢氧化钙投加量大于 4 g/L 时,出水 Cu(Ⅱ)去除率稳定在 98.8%以上。氢氧化钙作沉淀剂的不足之处是 Ca^{2+} 含量和 pH 难以同步调节,沉淀现象较为严重,为此采用氯化钙和氢氧化钠来分别调节 Ca^{2+} 含量和 pH,当 Ca^{2+} 投加量在 2.4 g/L,pH=12 的条件下,Cu(Ⅱ)去除率可达 99%。

6.3　电镀废水中有机物的处理

长期以来,电镀行业废水的处理多侧重于重金属离子的去除,即使目前正在运行和施工的电镀污水处理系统也没有针对其有机污染物的处理工艺。电镀废水中的有机物污染问题是近年来才引起电镀与环保界的重视。

6.3.1　有机物的来源和种类

电镀废水中的有机污染物主要来源于镀前处理部分,而电镀工艺本身所占比例较少。电镀添加剂是加入到电镀溶液中对镀液和镀层性质有特殊作用的一类化学品的总称。功能分类,电镀添加剂可分为络合剂、光亮剂、表面活性剂、整平剂、应力消除剂、除杂剂和润湿剂等,其中最重要的是光亮剂和表面活性剂。

光亮剂可以促进镀层细致光亮,包括有十二醇硫酸钠、十六烷基三甲基甜菜碱、丙烯磺酸钠、低级胶与环氧氯丙烷缩合物、二甲氨基丙胺与环氧氯丙烷的缩合物等。表面活性剂有非离子型或阴离子型表面活性剂,常用的有聚乙二醇、OP 乳化剂、AEO 乳化剂、聚氧乙烯蓖麻油等。

由于所镀金属不同,采用的电镀液成分也不一样。

氰化镀铜工艺是以氰化物作为络合剂,镀液为强碱性,其中主要有机物为酒石酸钾钠,用量一般为 20 g/L,该物质较易生化。由于目前氰化物一般采取 NaClO 两级破氰的方法,其中有机物基本已经被化学氧化。全光亮酸性镀铜的镀液主要成分由硫酸铜和硫酸组成,近年来通过对表面活性剂、有机多硫化物、染料等成分的筛选和组合,获得了高光亮和整平的镀层。废水中的有机物主要有含硫杂环化合物、硫脲衍生物及聚二硫化合物等。焦磷酸盐镀铜是一种以焦磷酸钾为络合剂的弱碱性镀铜工艺,镀液中柠檬酸盐为辅助络合剂,一般用量为 10~15 g/L,有机光亮剂的品种较多,文献中报道的有机羧酸、醇胺类、醛酮类和有机硫化物类。有机酸是一种铜的有效螯合剂,酒石酸钾钠和氨三乙酸等为较易生化物质。

HEDP(羟基乙叉二膦酸盐)分子式为 $C_2H_8O_7P_2$,它是一种有机膦酸类阻垢缓蚀剂,能与铁、铜、锌等多种金属离子形成稳定的络合物,能溶解金属表面的氧化物。在 250℃ 以下能起到良好的缓蚀阻垢作用,在高 pH 下仍很稳定,不易水解,一般光热条件下也不易分解。HEDP 镀铜适于钢铁件的直接镀铜。

镀镍可分为镀暗镍、镀光亮镍。暗镍又称为普通镍、无光泽镍。其电镀液中的有机成分主要为十二烷基硫酸钠,是一种阴离子表面活性剂。镀光亮镍已成为现代电镀工业的一个重要的基本镀种。镀镍光亮剂可分为三类:初级光亮剂、次级光亮剂和辅助添加剂。初级光亮剂大都是芳香族含硫化合物,如芳香族磺酰亚胺或磺酰胺、芳香族磺酸和亚磺酸,还有杂环磺酸盐等。邻磺酰苯甲酰亚胺是用得最广的镀镍初级光亮剂,俗名糖精,电镀用的糖精实际是其钠盐。我国目前使用最广泛的次级光亮剂是 1~4-丁炔二醇及其衍生物,有时也配合使用香豆素。辅助光亮剂为不饱和脂肪族化合物。

总的来说,电镀过程产生漂洗水的 COD 值一般不高,但是由于其成分比较复杂,不同的工艺采用的电镀液也不尽相同,而且还含有许多难降解物质,给后续水处理带来了一定的难度。目前许多电镀企业采用 RO 膜处理进行污水回用,RO 浓缩液中有机物浓度较漂洗水要高,处理难度增加。

6.3.2　有机污染物处理技术

由上述可知,电镀废水中的有机物可生化性较低,且有些有害物质存在,所以一般采用物化法进行处理,或者物化法预处理提高可生化性,再用生化法处理。目前采用的物化方法主要是芬顿试剂法和铁碳还原法。

1. Fenton 试剂法

虽然 Fenton 试剂被发现已有百年,但其作用机理一直不甚明了,目前公认的是 Fenton 试剂通过催化分解产生羟基自由基进攻有机物分子,并使其矿化为 CO_2、H_2O 等无机质。一般认为,Fenton 试剂参与的氧化过程为链式反应,其中·OH 的产生为链的开始,而其他的自由基和反应中间体构成了链的节点,各种自由基之间或自由基与其他物质的相互作用使自由基被消耗,反应链终止。

Fenton 试剂参与反应的主要控制步骤是自由基,尤其是·OH 的产生及其与有机物相互作用的过程。影响·OH 产生的因素较多,温度、pH 的改变都将直接影响到链的产生和传递。此外,光照不仅可以促进·OH 的产生、加强 Fe(Ⅱ)的还原,而且还可以产生一些自由基,使有机物得以进一步降解。

目前多数电镀废水处理工程中应用 Fenton 试剂法处理有机污染物,该方法操作简单、成本较低。而光催化工艺由于操作不方便、投资大及运行费用高应用不多。

2. 铁碳还原法

微电解法在国外从 20 世纪 70 年代初开始,随着 Gillham R. W. 提出零价铁在地下水处理中的应用而逐渐发展起来,并随着以可渗透式铁墙(Permeable reactive barriers,PRBs)在包括美国加州、北欧诸国等地区的大规模应用而被广泛地研究,主要用于原位修复地下水微污染。

我国从 20 世纪 80 年代开展铁炭微电解领域的研究,并将应用领域从地下水修复扩展到工业废水的处理。国内早期一般使用废铸铁屑掺加一定比例的碳质(主要为石墨、活性炭等)后作为填料,填充成过滤床,处理电镀和重金属等工业废水。随着国内对该方法的广泛研究与探索,内电解方法的适用范围与处理对象被极大地拓展,目前应用已涵盖印染、制药、石化、焦化、农药、垃圾渗滤液等废水的处理。近年来的电化学的深入研究表明越来越多有机物的氧化还原反应都可在电极上进行,从而也促进了内电解处理技术的发展,拓展了内电解在有机难降解废水处理中的应用。

微电解法的作用机理主要有:电化学作用、氢的还原作用、铁的还原作用。该工艺利用工业废料铁屑及焦炭作为原料,成本低、效果好,具有以废治废的意义,可作为难生物降解有机废水的预处理工艺,以期提高废水可生化性,降低后续处理负荷与成本。

微电解法是依据电化学腐蚀原理,通过投加铁炭微粒在溶液中,形成许多微小的原电池。这些原电池由宏观电池与微观电池组成。宏观电池是由于阳极铁屑与阴极的石墨等材料直接接触形成的,它通过絮凝、吸附、氧化还原等作用强化腐蚀和电解作用,提升废水处理效果。微观电池则是因为铁屑本身含有少量碳,容易在铁屑自身碳化铁形成原电池。

有研究采用微电解-石灰乳混凝法处理含 LAS 清洗的废水,在 pH6.2,铁炭比 1:1 的情况下,COD 去除率在 90% 以上,LAS 去除率达 97%,出水中的 LAS、COD 和 pH 三项指标均可达到排放标准。也有采用微电解外加直流电源处理阴离子表面活性剂废水,在停留时间 60 min,电压 5.20V 时的处理效果较好,COD 和 LAS 去除率都在 70% 以上。采用铁炭微电解预处理络合铜废水,在酸性条件下除去 50% 以上的 COD,将出水调至 pH 为 10,加 PAM 并曝气可除去大部分铜。

铁屑内电解法具有成本低、效果好的优点,而且还可以通过投加少量双氧水,与腐蚀出的二价铁离子形成芬顿反应,提高处理效果。然而,长期运行后,铁屑消耗较大,且容易结块板结,效果大幅度下降。

实际上,铁碳内电解方法只是微电解方法的一种,如铝-碳、铝-铜、铁-铜与锌-铜原电池方法也属于微电解的范畴。目前对于双金属或多金属微电解工艺研究较多,有些研究表明,双金属降解效果较铁碳的好,特别是可以在中性 pH 条件下发挥作用,节约了调节污水 pH 的费用。然而,与零价铁相比,其他金属在价格上没有优势,这是实际应用存在的问题。

6.4　电镀废水处理案例

6.4.1　提标改造项目

1. 项目概述

某电镀企业生产过程中产生 300 m³/d 的电镀含铬废水,早期采用还原-化学沉淀法进行废水处理。该工艺操作简单、投药费用也不是很大,但产生污泥量大,而且是重金属污泥,处理难度和费用都很高。另外废水处理效果也难以满足环保标准要求。因此,需要考虑污染物的浓缩回收,既解决了出水指标问题,又解决了污泥处置问题,另外还可以回收一些资源,做到无害化和资源化。

离子交换技术在水处理领域中有广泛的应用,如水质软化、除盐、工业废水处理、重金属及贵重金属回收等。本工程采用离子交换树脂处理含铬废水,对树脂上的铬酸根离子再生处理,再生的含铬液先经过除杂处理后,再经过活性炭过滤器及除油碳过滤器、精密过滤器处理,最后经离子交换树脂吸附水中的钠离子进一步脱盐,去除水中的阳离子,把铬酸盐转变为铬酸,含铬酸液再经过蒸发浓缩,达到一定浓度后回用到电镀槽再用。

2. 废水处理工艺说明

总体工艺分为预处理、深度处理及再生处理三个工艺段。

(1) 预处理工艺

预处理工艺段主要是去除水中的有机物、悬浮物、胶体和余氯等,以确保离子交换柱能正常工作。主要装置设备包括原水收集池、曝气除铁池、原水泵、石英砂过滤器、锰砂过滤器、活性炭过滤。

原水收集池:含铬废水首先从电镀生产车间通过管道汇入原水收集池,具有调节池的功能。可以利用企业原有的废水收集池,采用土建防腐处理,有效体积为 220 m^3,停留时间可以满足要求。

原水泵采用轻型多级离心泵,不锈钢防腐材质。为了保证水泵使用的可靠性,泵前安装真空引流罐和单向止回阀,配以液位浮球开关和过滤底阀,泵后安装高压保护开关和水压调节开关、转子流量计。同时将集水池高位、低位及高压开关信号送入电控柜的可编程控制器,控制原水泵的启动和停止。

曝气池:利用原有的构筑物,进行防腐处理,有效体积为 60 m^3。由收集池溢流进入曝气池进行除铁。曝气头成矩形均匀安装于水池底部,保证曝气的均匀充分。空压机内的气体通入曝气除铁池进行曝气氧化水中的铁离子。

石英砂过滤器:过滤罐体采用玻璃钢防腐材质,石英砂滤料以天然石英矿为原料,经破碎、水洗、筛分等工艺加工而成。用于拦截废水中悬浮颗粒,降低出水浊度。过滤器由玻璃钢壳体、石英砂滤料、上下布(集)水系统、压力表和 UPVC 管路及阀门组成。定期反冲洗、正冲洗去除吸附在填料上的杂质。

锰砂磁铁矿过滤器:过滤罐体采用玻璃钢防腐材质,锰砂滤料是采用天然锰矿石加工而成,外观呈褐色,对于电镀废水除铁、除锰有独特的效果。磁铁矿滤料具有机械强度高、截污性强和使用周期长等特点。适用于管式大阻力配水系统除去废水中铁离子,以防止对后段树脂的污染。由 FRP 玻璃钢壳体、锰砂、磁铁矿滤料、上下布(集)水系统、压力表和 UPVC 管路及阀门组成。

活性炭过滤器:主要用来去除废水中有机质和一些杂离子,保护后续离子交换树脂。过滤器由 FRP 玻璃钢壳体、颗粒活性炭、上下布(集)水系统、压力表和 UPVC 管路及阀门组成。

(2) 深度处理工艺

深度处理工艺系统采用离子交换技术对废水进行处理,回用于电镀生产线上。系统主要包括:中间水箱、中间水泵、精密过滤器、阳离子交换柱、阴离子交换柱、精密过滤器、回用水箱、回用水泵。工艺流程如图 6-4 所示。

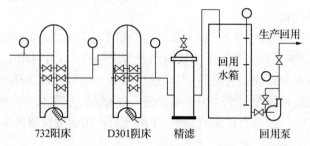

图 6-4　深度处理工艺段工艺流程

中间水箱：含铬废水经过预处理流入中间水箱，协调废水的供给量与中间泵的输入量。当废水的供应量超过中间泵的输水量时，中间水箱水满，通过水箱的液位控制使用原水泵供给停止。当废水供应量小于原水泵的输水量时，中间水箱空，中间水泵停止运行，起到保护中间泵的作用。采用 PE 材质一次成型，具有无焊接无缝、耐酸碱、耐碰撞、耐高温（60℃）、耐冷冻（-40℃）、不渗漏、不易老化、安装运输安全便捷的特点，多用于污水处理及电镀废水回用等。

中间水泵：用于对含铬原水增压，为阴阳树脂罐提供动力源；采用轻型多级离心泵，不锈钢防腐材质。为了保证水泵使用的可靠性，泵前安装水箱低液位浮球开关，泵后安装高压保护开关和水压调节开关以及单向止回阀、转子流量计。同时将中间水箱高位、中位及低位及高压开关信号送入电控柜内的可编程控制器，控制器根据液位信号控制原水泵、中间泵的的启动和停止。

精密过滤器：经过前面的石英砂、锰砂及活性炭过滤器之后，含铬废水中大颗粒悬浮物已基本被除去，而一些小颗粒悬浮物则没有被除去。该单元去除 5 μm 以上的悬浮物，以保护阴阳离子交换柱正常运行。同时，一些活性炭细沫也被截留在阴阳离子交换器之外。精密过滤器进出口设有压力指示表，当压差增大到设定值时更换滤芯。

阳离子交换柱：亦称阳床，是针对离子交换技术所设计的设备。所谓阳床，就是把阳离子交换树脂装填于交换装置中，对流体中的离子进行交换、脱除。该装置主要去除漂洗水（或电镀原液）中的阳离子，当吸附饱和后需要再生，再生药剂为盐酸或硫酸。由 FRP 玻璃钢壳体、阳离子交换树脂、上下布（集）水系统、压力表和 UPVC 管路及阀门、气动阀组成。

阴离子交换柱：亦称阴床，是针对离子交换技术所设计的设备。所谓阴床，就是把阴离子交换树脂装填于交换装置中，对流体中的离子进行交换、脱除。该装置主要去除漂洗水（或电镀原液）中的重铬酸根离子，当吸附饱和后需要再生，再生药剂为氢氧化钠。由玻璃钢壳体、阴离子交换树脂、上下布（集）水系统、压力表和 UPVC 管路及阀门、气动阀组成。后置精密过滤器，拦截从离子交换柱中可能泄露出来的树脂等物质，保证回用水纯度，以利于镀件质量的有效提高。后置回用水箱，对电镀生产纯水的供给起到缓冲作用，配回用水泵，用于对电镀纯水增压，为生产用水提供动力源。

（3）再生处理工艺

再生处理工艺主要是用于对电镀废水处理中的离子交换柱饱和的阳离子、阴离子再生，使其恢复吸附功能,再生出的物质进行资源回收。该工艺段工艺流程如图6-5所示。

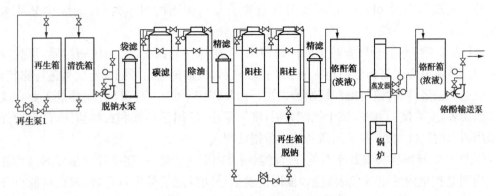

图 6-5　再生处理工艺段工艺流程

再生箱、清洗箱用来临时储藏自来水,便于提供阳(阴)交换树脂的正冲洗、反冲洗用水。当对饱和阳(阴)离子树脂再生时,可用来临时配置储藏稀酸(碱)液。

对于电镀含铬废水处理中的阳(阴)离子交换柱再生时产生的再生、冲洗及清洗废水(除含铬酸淡液外),采用间歇式自控废水处理设备,上清液达标排放,污泥经压滤机压滤后外运。对于从阴离子交换树脂再生出来的含铬酸淡液,要进行脱钠处理去除钠离子,便于蒸发浓缩。当脱钠阳树脂饱和时再生出的酸性废水直接进入间歇式自控废水处理设备进行处理,达标合格排放。

蒸发冷凝装置用于将铬酐淡液蒸发浓缩为浓液,便于电镀生产线使用。主要由效加热室、效分离室、水力喷射器、循环水泵、衬四氟耐腐泵及循环水箱组成。蒸发浓缩装置与铬酐液接触部分采用钛合金抗腐蚀材料,筒体部分采用碳钢防腐材料。经处理的铬酸浓液进行含铬浓液浓缩,达到要求的浓液储存到铬酐储存箱;再经铬酸浓液输送泵送电镀槽。

3. 仪表说明

(1) 流量表

管道式玻璃流量计采用有机玻璃制作,具有耐腐蚀、显示精确可靠的优点;安装于原水进水处显示电镀漂洗水的总进水流量,通过调节阀可调节流量的大小;安装于中间水箱和阳树脂交换罐的流量计显示进入树脂罐的废水流量,通过调节阀可控制流入交换树脂罐的流量;安装于树脂再生箱旁的流量计显示树脂再生的流量大小,便于控制再生的效果;各系统中装有流量计及监测以便调节确定装置的产水量和回收率。

(2) 压力测点

为了保护原水泵、中间泵、回用泵、再生水泵、脱钠输送泵及脱钠再生泵和防止 UPVC 塑料管道因压力高而爆裂,分别在泵后安装高压保护开关,并将开关量信号送到电控柜内的可编程控制器,依次来控制水泵的启动与停止;为了便于观察石英砂过滤器、锰砂过滤器、活性炭过滤器、阳床树脂罐、阴床树脂罐、精密过滤器、袋式过滤器的压力变化,分别在相关位置安装压力表,作为判断是否冲洗、清洗再生的依据,以监视各段运行压力的变化。

(3) 监测仪表

电镀废水回用系统的总进水管道和总产品水管道上装设监测仪表,可监测原水及产水的水质变化,察看设备运行情况。根据废水回用装置的进出水电导率值及酸碱度,可监视装置的脱盐率及 pH,同时依次来判断离子交换树脂的再生时间,失效状况及水质状况。

pH 酸碱度传感器分别安装于阳床树脂罐前、阴床树脂罐前、阴阳树脂罐后,将酸碱度信号通过传输电缆线送到电控柜内的 pH 仪表显示,根据传输信号同设定信号进行比较,发出高低点开关量,同时向可编程控制器发出。pH/ORP-6210 型 pH 控制器是工业在线分析监测仪表,安装使用方便,抗干扰能力强,维护量小,适用于环保和在线监测,仪表硬件电路采用高阻前置放大器,并采用微芯片作数据处理。

CM230 电导率探头安装于石英砂过滤器前及阴阳树脂罐后,将电导率信号通过传输电缆线送到电控柜内的电导仪表显示,根据传输信号同设定信号进行比较,发出高低点开关量,同时向可编程控制器发出。该仪表为工业在线面板式电阻率测量/控制仪表,采用独特的信号采集处理技术,具有自动温度补偿功能,运行稳定、测量精确;配套电极采用经特殊处理的筒状卫生级 316L 不锈钢管道电极,常数稳定、耐腐蚀、抗干扰、承压高,满足长期稳定运行的需要。并提供多种二次连接和控制方式供选择,是各种高纯水设备的理想配套仪表。适用于 EDI、混床制备高纯水作工业流程监控。广泛应用于制药、电子、化工、表面处理等行业对高纯水、超纯水、电镀废水的测控。

设有就地操作箱,箱上设手/自动选开关,自动状态时可自行切换。生产水回用采用自动控制供水。当产品出水电导不满足设定值时,系统报警并开关切换。

4. 工程基本配置

项目构筑物、设备及配套设施如表 6-2 所示。

表 6-2 项目基本配置表

序号	设备名称	规格	数量	单位	材料
1	原水收集池	220 m³(5#收集池)	1	个	土建(防腐)
2	曝气除铁池	60 m³(4#收集池)	1	个	土建(防腐)
	曝气头	0.5 m²/个	30	个	陶瓷
	曝气头安装管道	φ=2.5 mm		米	UPVC
	曝气除铁池液位器	TEK-1	2	支	耐腐蚀橡胶
3	原水泵 真空引流罐	CDLF16-50,电机 5.5 kW 流量 16 m³/h 扬程 58 m	1	台	SUS304
	安装管道	φ=2.5~3 mm		米	UPVC
4	石英砂过滤器	φ1 500 * 2 400	1	台	玻璃钢加强 压力 6 kg/cm²
	石英砂	D=0.7~0.8	3.16	t	石英砂
5	锰砂过滤器	φ1 500 * 2 500	1	台	玻璃钢加强 压力 6 kg/cm²
	锰砂 磁铁矿	D=0.7~0.8	3.16	t	锰砂 磁铁矿

（续表）

序号	设备名称	规格	数量	单位	材料
6	活性炭过滤器	$\varphi 1\,500*2\,400$	1	台	玻璃钢加强 压力 6 kg/cm²
	活性炭	$D=0.7\sim0.8$	1.13	t	果壳
7	中间水泵	CDLF16-50 电机 5.5 kW 流量 16 m³/h 扬程 58 m	1	台	SUS304
	中间水箱	PT-2 000 L	1	个	PE
	液位器	TEK-1	2	支	
	安装管道	$\phi=2.5\sim3$ mm		米	UPVC
8	精密过滤器	15 芯 40 寸（缠绕棉芯）	2	台	SUS304 外壳
	滤芯	5 μm 40″	30	根	PP
9	阳床	$\varphi 1\,500*2\,400$	2	台	玻璃钢加强 压力 6 kg/cm²
	阳树脂	C150	3.4	t	
	安装管道	$\phi=2.5\sim3$ mm		米	UPVC
10	阴床	$\varphi 1\,500*2\,400$	3	台	玻璃钢加强 压力 6 kg/cm²
	阴树脂	D301	4.11	t	
	安装管道	$\phi=2.5\sim3$ mm		米	UPVC
11	回用水箱	PT-10 000 L	1	个	PE
	回用水泵	CDLF16-50 电机 5.5 kW 流量 16 m³/h 扬程 58 m	1	台	SUS304
12	再生水箱	BC-2 000 L	2	套	PE
	再生水泵	CDLF8-50 电机 2.2 kW 流量 8 m³/h 扬程 45 m	2	台	SUS316
	安装管道	$\phi=2.5\sim3$ mm		米	UPVC
13	清洗水箱	BC-2 000 L（带锥型）	2	套	PE
	水洗泵	CDLF8-50 电机 2.2 kW 流量 8 m³/h 扬程 45 m	1	台	SUS316
	安装管道	$\phi=2.5\sim3$ mm		米	UPVC
14	精密过滤器		2	台	SUS304 外壳
	滤芯	3 芯 20 寸	6	根	PP
15	活性炭过滤器	D750*H1950	1	套	玻璃钢加强 压力 6 kg/cm²
	活性炭	$D=0.7\sim0.8$	0.53	T	果壳

序号	设备名称	规格	数量	单位	材料
16	除油炭过滤器	D750＊H1950	1	套	玻璃钢加强 压力 6 kg/cm²
	除油炭	$D=0.7\sim0.8$	0.53	T	油性壳
17	袋式过滤器	D300＊H1200	1	套	SUS304 外壳
18	脱钠输送泵	CDLF8－50 电机 2.2 kW 流量 8 m³/h 扬程 45 m	1	台	SUS316
	脱钠柱	D750＊H1950	2	支	玻璃钢加强压力 6 kg/cm²
	脱钠树脂	C150	600	L	
19	脱钠再生泵	CDLF4－60 电机 1.5 kW 流量 4 m³/h 扬程 48 m	1	台	SUS316
	脱钠再生水箱	BC－1 000 L	1	个	PE
20	铬酸收集箱(淡液)	PT－2 000 L	1	个	PE
21	蒸发装置	组合	1	套	碳钢防腐 (蒸发量 200 kg/h)
	冷凝装置	组合			
	热水锅炉	(20 万千卡/1 吨)	1	套	——
	热水锅炉燃烧器	——	1	套	——
23	铬酸收集箱(浓液)	PT－5 000 L	1	个	PE
24	铬酸输送泵	CHL4－30 电机 0.75 kW 流量 4 m³/h 扬程 30 m	1	台	SUS316
26	液位器	TEK－1	2	支	——
27	流量计	25T/H,16T/H	各 2	支	有机玻璃
28	pH 仪表	6421	3	支	组合
29	电导仪	CM230	2	套	组合
30	压力表	组合	11	支	组合
31	空气压缩机	——	1	套	
32	自控制柜	组合	1	套	组合
	日本三菱 PLC	FX－128	1	支	
	日本三菱人机界面	GT 10.4	1	支	
33	电器元件	组合	1 套		组合
34	管阀配件	组合	1 批		UPVC
35	设备支架	组合(壁厚 1.5 mm)	1 套		SUS304

续表

序号	设备名称	规格	数量	单位	材料
36	气动阀门	UQ611	36	支	PVC
37	板框压滤设备	组合	1	套	——
38	自来水供水系统				
39	压缩空气供系统				
40	热水循环供系统				

5. 运行技术指标及效益分析

各系统运行技术指标如表 6-3 所示,成本效益分析如表 6-4 所示。

表 6-3　系统运行指标要求

序　号	回收液名称	项目	规格值
1	含铬废水	铬酐	约 60～100 mg/L
2		收集量	300 吨/天(设计按 16 吨/小时)
3		pH	5～7
4		杂质	应以实际水况为准
5	镀铬回收液	树脂洗脱时铬酐浓度	40～50 g/L
		回收浓缩后铬酐浓度	回收浓缩后≥100 g/L
6		铁杂质	回收处理浓缩后≤2 g/L
7		铜杂质	回收处理浓缩后≤1 g/L
8		氯离子杂质	回收处理浓缩后≤0.02 g/L
9		锌杂质	回收处理浓缩后≤3 g/L
10		硝酸根	无
11		有机杂质	少量
12	漂洗水回收	pH	6～9
13		电导率	≤400 μs
14		铬(Ⅵ)(mg/L)	≤0.5
15		镍(mg/L)	≤0.5
16		色度(铂钴色度单位)	≤15
17		浑浊度(NTU-散射浊度单位)	≤1
18		臭和味	无异臭、异味
19		肉眼可见物	无

表 6‑4　成本及效益分析

序号	项　目		成 本 指 标
1	铬回收设备运行费用	处理设备装机电量	16.50 kW/h×24 h/d×300 d/年×0.7 元/度＝83 160 元/年
2		再生设备装机电量	3 465.00 元/年(以 0.7 元电价/度计)
3		再生用化工材料	酸:0.20 吨/次×1 300 元/吨×300 次/年＝78 000 元/年 碱:0.20 吨/次×1 800 元/吨×300 次/年＝108 000 元/年
4		滤芯更换共 30 根	28 元/支×30 支/次×6 次/年＝5 440 元/年
5		树脂添加量	树脂年添加 10%＝18 870 元/年
		树脂更换(两年更换一次)	树脂更换＝94 350 元/年
6		活性炭 2 130 kg	25 560.00 元/年
7		人工费	30 000.00 元/年(原二人,增加为 3 人)
8	脱钠除氯设备损耗费用	脱钠除氯设备损耗费用	2 386＋180＋150＝2 716 元/年
9	浓缩提纯装置费用	浓缩提纯装置	800 kg/d×150 元/550 kg×300 d/年＝6.54 万元/年
10	回用水收益	处理水量	12.5 T/h×24 h/d×300 d/年＝90 000 吨/年
11		废水处理成本	382 629 元÷90 000＝4.25 元/吨
12		回用水量	90 000T/年×80%＝72 000 吨/年
13		传统工艺所需水费	8.5 元/吨(包括电费 0.7 元/吨。药剂费 1 元/,人工费 1.5 元/吨,漂洗用自来水费 2.3 元/吨,制纯水费用 3 元)共计 8.5 元/吨
14		采用新工艺节约	每吨水节约费用 8.5－4.25＝4.25 元 72 000 吨/年×4.25 元/吨＝30.60 万元/年
15		人工费	20 000.00 元/年(原二人)
16		原工艺消耗电	8 kW×12 h/天×0.56 元/度×300 天＝16 128 元/年
17		污泥外卖处理	每天按产生 0.3 吨污泥,每吨污泥外卖处理需 2 500 元/吨,则年应减少:0.3×300 天×2 500 元/吨＝22.5 万元/年
18		回收铬酸	年应回收铬酸:300 m3/d×300 d/年×80 mg/l＝7.2 吨;按铬酸市价 3.0 万元/吨计,则年应回收金属铬酸价值:7.2 吨×3.0 万元/吨＝21.6 万元/年
19	铬设备年利润(不含设备折旧)		31.165 9 万元/年

6.4.2　新建废水处理项目

1. 基本概述

某公司主要从事精密电子元器件的加工制造与组装业务,公司拥有世界一流的大型数控冲压机、高速五金冲床等生产设备,所有产品均出口国外市场,是一家生产高端连接器产品的高科技企业。

目前公司新建一条电镀生产线,需要对电镀生产线产生的废水进行有效的治理及资源回收。电镀生产线总废水量 250t/d;电镀废水中含酸液、碱液、镍离子、金离子、铜离子、锡离子以及氰化物等有毒有害物质,对于不同种类的废水进行分类回用及综合治理,达到回用及排放要求。

本设计包括废水处理站范围内的电镀废水处理回用构筑物设备、电气及自控等所有内容,废水回用系统从电镀生产废水分流收集到废水收集池口起,至回收水箱出口及废水处理达标排放口止,包括回收系统的管道工程、设备及安装调试工程、电气自动化工程等。

企业废水种类较多,包括含镍废水、含氰废水、含油废水、酸碱废水及综合废水等,设计处理能力及水质要求如表 6-5 所示。

表 6-5　设计处理能力及水质要求

序　号	电镀废水处理系统	实际产生量(m³/d)	设计处理能力(m³/h)	回用率
1	含镍废水回用系统	60	3.0	95%
2	含金废水处理系统	10	0.5	
3	酸碱废水回用系统	120	6.0	85%
4	综合废水回用系统	60+(3+10+12)	4.5	75%
合计		250+(25)	12.5+(1.25)	85%
备注	① 设计回用率为85%,出水电导率≤10 μs/cm; ② 电镀废水回用系统达标排放的水质符合《电镀污染物排放标准》(GB21900-2008)污染物排放要求; ③ 生产线连续运行时间按每天20小时计算。			

2. 废水处理思路

电镀企业生产工艺程序繁复,废水来源多,成分复杂,采用的处理方式不一。清洁生产是主要有效措施,其次才是废水管末处理。电镀工厂所排出的低浓度漂洗废水及高浓度废弃槽液,浓度高低差异很大,而性质差别更大,对应的处理方式也有很大的差异。因此首先是不同性质废水分流收集及单独处理,以免相互干扰,增加处理难度。

根据对电镀生产线工艺了解和分析,废水的主要类型有:镀镍槽含镍漂洗废水、镀金槽的含氰废水、酸洗碱洗槽的酸碱废水、元器件除油的含油废水、镀锡槽含锡漂洗废水、电镀生产线废气喷淋废水,电镀车间地面冲洗废水。基于上述废水,采用四套电镀废水处理系统,保证达到出水水质要求、废水总回用率及金属资源的合理有效的回收。

对于镀镍槽含镍漂洗废水,采用离子交换吸附法和膜分离法来保证水的回用到电镀生产线,镍资源的回收出售给专业环保处理公司。

对于镀金槽含氰漂洗废水,采用离子交换吸附法,吸金后进行资源回收和用化学处理法对氰化物二级氧化破氰后,进行深度处理。

对于酸洗碱洗废水,先采用化学中和混凝来处理废水中的重金属,再用超滤及膜分离法

（二级反渗透）进行深度脱盐处理（废气吸收液、含油废水通过多功能油水分离器除油后混入酸碱集水箱内）。

对于电镀综合废水（含锡废水、破氰废水、再生废水、地面冲洗废水）先采用化学中和混凝来处理废水中的金属离子，再用超滤及膜分离法（三级反渗透）进行深度脱盐处理。

整个流程配置在线控制，产生的污泥进入污泥浓缩池经压滤机脱水后委托固废环保专业公司集中处理。

3. 废水处理工艺及说明

(1) 电镀含镍漂洗水

采用电镀含镍漂洗水回用装置来处理，利用离子交换方法，再经过二级 RO 反渗透装置脱盐处理后，将淡水回用到电镀漂洗槽内，对于一级 RO 反渗透装置浓水回到含镍收集箱再次处理，对于二级 RO 反渗透装置浓水回到一级反渗透装置再次脱盐处理；对于吸附在树脂上的镍离子采用酸再生，含镍浓液出售给专业公司；再生出的酸碱废水和 RO 反渗透装置排出的部分浓水汇入电镀废水中水回用装置中处理（综合废水池）。工艺流程如图 6-6 所示。

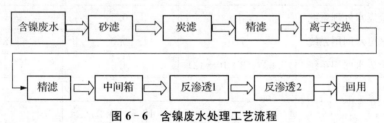

图 6-6 含镍废水处理工艺流程

① 含镍收集池

含镍集水池对含镍废水的供给起到缓冲作用，协调废水的供给量与镍提升水泵的输入量。利用原有废水收集池改造，土建防腐处理，有效体积为 84 m³。为了保护原水泵及自动控制要求，安装浮球液位器。配镍水泵，用于对含镍废水增压，为预处理系统提供动力源，采用轻型多级离心泵。为了保证水泵使用的可靠性，泵前安装真空引流罐和单向止回阀，水池低液位浮球开关，过滤底阀，泵后安装高压保护开关和水压调节开关、转子流量计。同时将集水池高位、低位及高压开关信号送入电控柜的可编程控制器，控制原水泵的启动和停止。

② 石英砂过滤器

过滤罐体采用玻璃钢防腐材质，石英砂滤料采用（CJ/T43－1999）标准，以天然石英矿为原料，经破碎，水洗、筛分等工艺加工而成；适用于过滤器和离子交换器中。用于拦截废水中悬浮颗粒，降低出水浊度。

③ 活性炭过滤器

过滤器由 FRP 玻璃钢壳体、活性炭滤料、上下布（集）水系统、压力表和 UPVC 管路及阀门组成。定期反冲洗、正冲洗去除吸附在填料上的杂质。

④ 精密过滤器

经过前面的石英砂及活性炭过滤器之后，含镍废水中大颗粒悬浮物已基本被除去，而一些小颗粒悬浮物则没有被除去。精密过滤器进出口设有压力指示表，当压差增大到设定值时更换滤芯。

⑤ 阳离子交换柱

阳离子交换柱亦称阳床(2 用 1 备),是针对离子交换技术所设计的设备。所谓阳床,就是把阳离子交换树脂装填于交换装置中,对流体中的离子进行交换、脱除。该装置主要去除漂洗水(或电镀原液)中的阳离子,饱和后需要再生,再生药剂为盐酸或硫酸;吸附电镀废水中的金属离子;由 FRP 玻璃钢壳体、阳离子交换树脂、上下布(集)水系统、压力表和 UPVC 管路及阀门组成。

⑥ 一级反渗透装置

主要是去除清水中的阴阳离子,保证电镀生产用水的水质;主要包括一级 RO 高压泵、一级反渗透膜组、中间水箱 2、膜清洗装置。

给水通过泵升至一定压力,不断送至反渗透装置的进口,产品水(即反渗透水)和浓水不断地被引走,溶解固形物被反渗透膜截留在浓水中,产品水含盐量降低。反渗透设备采用进口反渗透膜组件、压力不锈钢外壳、高压泵、流量计、电导仪、电控箱组成,能有效去除水中98% 溶解性无机盐、99% 以上的胶体、微生物和有机物,脱盐率 98%。此装置配有自动冲洗功能以保护反渗透膜,经反渗透装置处理过的淡水流到回用水箱,再经回用供水泵抽到生产处使用,也可以直接排放。对于反渗透装置处理出来的浓水直接回流到废水处理系统中的斜板沉淀器进一步沉淀,污泥经压滤机压滤后外运。

反渗透膜经长期使用,在膜表面积累胶体、金属氧化物、细菌、有机物、水垢等杂质,从而造成膜污染。必须用清洗装置对反渗透装置进行清洗。清洗水箱(0.4 m³)内配置清洗液,经清洗泵升压后,经精密过滤器、清洗泵进入反渗透膜元件,由浓水管回到清洗水箱,循环清洗 2 小时。

膜分离系统采用抗污染反渗透膜优化设计组成,为多支 8040 抗污染膜并联组合以保证产水通量。

RO 反渗透装置淡水直接送入中间水箱 2,待进入二级 RO 反渗透进一步脱盐回到电镀生产线使用;RO 浓水一部分送入镍废水收集池循环使用,另一部分送入综合废水收集池作为中水回用系统处理用。

⑦ 二级反渗透装置

主要是进一步去除水中的离子,保证电镀生产用水电导率 $\leq 10\ \mu s/cm$,主要包括二级 RO 高压泵、二级反渗透膜组、回用水箱 1、膜清洗装置。

二级 RO 反渗透装置淡水直接送入回用水箱 1 作为电镀生产线镀镍漂洗槽使用,二级 RO 浓水一部分送入镍废水收集池循环使用。

表 6-6 含镍废水处理基本配置

序 号	设备名称	型号规格	材 质	数 量
1	含镍收集池	84 m³	土建	1 座
2	镍水泵	CRI3-9 0.75 kW	SUB304	1 台
3	石英砂过滤器	φ750*2200	FRP	1 只
4	石英砂	$D=0.6\sim0.8$		0.95T

序　号	设备名称	型号规格	材　质	数　量
5	活性炭过滤器	$\phi750*2200$	FRP	1台
6	活　性　炭	$D=0.6\sim0.8$	果壳	0.3T
7	精密过滤器	5芯20寸	SUB304	2只
8	滤芯	$5\mu m\ 20''$	PP	10根
9	阳床	$\phi750*2200$	FRP	3套
10	阳树脂	D113		1 650 L
11	再生水箱	CPT-1 000 L 锥底	PE	2只
12	再生水泵	CRN3-9　0.75 kW	SUB316	2只
13	浓缩箱	CPT-1 000 L 锥底	PE	1只
14	增压泵	CRI3-9　0.75 kW	SUB304	1台
15	中间水箱1	PT-1 000 L	PE	1只
16	1RO 反渗透膜	LFC　8''		6支
17	1RO 高压泵	CRI3-33　3.0 kW	SUB304	1台
18	中间水箱2	PT-1 000 L	PE	1只
19	2RO 反渗透膜	LFC 8''		4支
20	2RO 高压泵	CRI3-29　2.2 kW	SUB304	1台
21	RO 反渗透壳	8'' 2芯装	FPR	5支
22	RO 装置配件			1套
23	清洗药箱		PE	1只
24	设备支架	L3.0*W1.2*H1.6	碳钢	1套
25	回用水箱1	PT-5 000 L	PE	1只
26	回用变频泵1	CRIE3-10　0.75 kW	SUB304	1台
27	液位器	TEK-1	组合	12只
28	流量计	LZS32 6T/H	玻璃	10只
29	pH 仪表	PC-3030	组合	2套
30	电导仪	CM-230	组合	4套
31	压力表		组合	10只
32	压差开关		组合	8只
33	自控制箱		组合	1套
34	电器元件		组合	1套
35	管阀配件		UPVC	1批

（2）电镀含金废水处理系统

电镀含金废水采用电镀含金回收装置处理，首先通过吸金树脂，金被吸附到树脂上，待饱和后，出售给专业公司处理；通过组合破氰装置将含氰废水中氰化物二级氧化，最后将处理过的废水调节 pH 废水汇入电镀废水中水回用装置中处理（综合废水池）。工艺流程如图 6-7 所示。

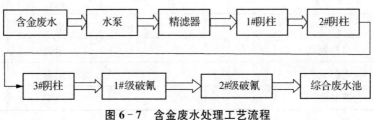

图 6-7　含金废水处理工艺流程

含氰废水首先由提升泵从含氰收集池送入阴离子交换树脂罐吸金，再进入 SQSX-pH/ORP-2.0 型组合破氰处理装置初级破氰，含氰废水在 pH/ORP 仪表精密控制下，自动投加氧化剂次氯酸钠和氢氧化钠，pH1 表控制氢氧化钠加药泵自动启动，调 pH 到 10.0～11.0 时，ORP1 表控制氧化剂次氯酸钠（NaClO）加药泵自动启动，使 ORP 达到 300MV，反应时间为 10～15 分钟，将 CN⁻ 氧化；再进行二级破氰，pH2 表控制硫酸加药泵自动启动，调 pH8.0～9.0，ORP1 表控制氧化剂（NaClO）加药泵自动启动，使 ORP 值达到 650MV，反应时间为 15 分钟；再经化学处理将 pH 回调到 6～9 的废水进入综合废水池再次循环处理回用。在运行时搅拌泵气源电磁阀自动启动/停止，含氰收集池内液位浮球自动控制含氰提升泵启动/停止。

表 6-7　含金废水处理基本配置

序　号	设备名称	型号规格	材　质	数　量
1	含金废水收集池	26 m³	土建	1 座
2	金水泵	CRN1-8　0.55 kW	SUB316	1 台
3	精密过滤器	5 芯 20 寸	SUB304	1 台
4	滤芯	5 μm 20″	PP	5 根
5	阴床	D500 * H1750	FPR	3 只
6	吸金树脂			675L
7	组合破氰处理装置	L2.0 * W0.8 * H1.0	UPVC	1 套
8	加药箱			4 只
9	磁力加药泵	MP20		4 只
10	pH 仪表	PC-3030		2 套
11	ORP 仪表	PC-3030		2 套
12	电导仪	CM-230	组合	2 套

（续表）

序　号	设备名称	型号规格	材　质	数　量
13	液位器	TEK-1	组合	8只
14	流量计	LZS25 2.5T/H	玻璃	2只
15	压力表		组合	6只
16	压差开关		组合	2只
17	自控制箱		组合	1套
18	电器元件		组合	1套
19	管路及阀门		UPVC	1批

（3）电镀酸碱废水处理系统

采用电镀酸碱废水回用装置处理。电镀酸碱废水中含有一定的油,首先通过除油过滤器去除油,再将废水通过成套废水中和装置自动调节 pH,自动加絮凝药剂沉淀,去除水中的铜离子,上清液经酸碱回调后溢流酸碱集水箱(装置内),最后通过酸碱供水泵进入到预处理、超滤及两级 RO 反渗透装置,淡水回用到电镀漂洗槽。反渗透装置浓水汇入综合废水池再处理。斜板沉淀器内的污泥定期排到污泥池,通过污泥泵压到压滤机变污泥饼后外运给专业公司处理。综合废水处理工艺如图 6-8 所示。

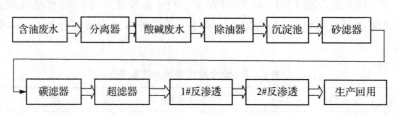

含油废水 → 分离器 → 酸碱废水 → 除油器 → 沉淀池 → 砂滤器

碳滤器 → 超滤器 → 1#反渗透 → 2#反渗透 → 生产回用

图 6-8　酸碱废水处理工艺流程

表 6-8　酸碱废水处理基本配置

序　号	设备名称	型号规格	材　质	数　量
1	酸碱收集池	90 M³	土建	1座
2	含油收集池	55 M³	土建	1座
3	含油水泵	CRN3-6　0.55 kW		1台
4	多功能油水分离器	800 * 800 * 1200		1套
5	酸碱水泵	CRN5-9　1.5 kW		1台
6	除油过滤装置	D1 000 * H2 400	FRP	2只
7	除油滤料			1.0T
9	成套化废水中和装置	L4.5 * W2.0 * H4.0	碳钢防腐	1套
8	加药箱		PE	3只

（续表）

序　号	设备名称	型号规格	材　质	数　量
9	磁力加药泵	MD30		2 只
10	计量泵	ACS901		1 只
11	废水增压泵	CRN5 - 9　1.5 kW	SUB316	1 台
12	砂滤器	$\phi 1\,000 * 2\,400$	FRP	1 只
13	石英砂	$D=0.5\sim0.9$		1.5T
14	活性炭滤器	$\phi 1\,000 * 2\,400$	FRP	1 只
15	活性炭	$D=0.6\sim0.8$		0.5T
16	袋式过滤器	6T/H　单袋	SUB304	1 只
17	超　滤	UF - 8040		4 支
18	精密过滤器	5 芯 20 寸	SUB304	1 只
19	1RO 高压泵	CRI10 - 20　7.5 kW	SUB304	1 台
20	1RO 反渗透膜	LFC　8″		8 支
21	反渗透膜壳	8″ 2 芯装		4 支
22	中间水箱 3	PT - 2 000 L	PE	1 只
23	2RO 高压泵	CRI5 - 32　5.5 kW		1 台
24	2RO 反渗透膜	LFC　8″		6 支
25	反渗透膜壳	8″ 2 芯装	FPR	3 支
26	设备支架	L2.5 * W1.2 * H1.6	碳钢	2 套
29	回用水箱 2	PT - 5 000 L	PE	1 只
27	回用变频泵 2	CRIE5 - 10　1.5 kW		1 台
28	液位器	TEK - 1	组合	16 只
29	流量计	LZS32 6T/H	玻璃	8 只
33	电导仪	CRM - 230	组合	4 套
34	pH 仪表	PC - 3030	组合	3 套
35	压力表		组合	13 只
36	压差开关		组合	6 只
37	管阀配件		UPVC	1 批
38	自控制箱		组合	1 套
39	电器元件		组合	1 套

（4）电镀综合废水（含锡废水、破氰废水、再生废水、地面冲洗废水）

采用电镀中水回用装置处理。首先将电镀含镍漂洗树脂再生废水，电镀含金漂洗废水中已破氰处理的废水，电镀酸碱漂洗废水中的一级 RO 反渗透浓水收集到综合废水池，再通过成套化废水中和沉淀装置调节 pH 之后加絮凝剂,用斜管沉淀器进行固液分离,上清水经 pH 回调后排到清水停留池待回用,停留池中的中水通过预处理(石英砂过滤器、油性碳过滤器及活性炭过滤器) 超滤及三级反渗透装置,三级 RO 淡水回用到电镀漂洗槽;一级 RO 反渗透装置浓水部分汇入电镀废水中水回用装置中(综合废水池)再次循环处理回用。一部分达标纳管直接排放。为了防止无机盐的长时间累集需定期排放一级 RO 反渗透装置浓水;定期补充一部分纯水来保证电镀废水回用系统的正常运行。二、三级 RO 反渗透装置浓水直接回清水停留池待处理;斜板沉淀器内的污泥定期排到污泥池,通过污泥泵压到压滤机变污泥饼后外运给专业公司处理。废水处理工艺流程如图 6-9 所示。

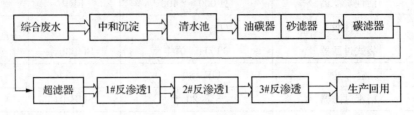

图 6-9　综合废水处理工艺流程

表 6-9　综合废水处理基本配置

序　号	设备名称	型号规格	材　质	数　量
1	综合废水池	88 m³	土建	1 座
2	废液收集池	20 m³	土建	1 座
3	废液提升泵	CRN3-6　0.55 kW	SUB316	1 台
4	综合提升泵	CRN5-9　1.5 kW	SUB316	1 台
5	成套废水中和沉淀装置	L4.5 * W2.0 * H4.0	碳钢防腐	1 套
6	加药箱体		PE	3 只
7	磁力循环泵	MD-30		2 只
8	加药计量泵	ACS901		1 台
9	污泥浓缩池	45 m³	土建	1 座
10	污泥泵	50BZ-32　3.0 kW		1 台
11	板框压滤机	XM50　50 m²		1 套
12	清水停留池	30 m³	土建	1 座
14	增压泵	CRN5-9　1.5 kW	SUB316	1 台
15	砂滤器	ϕ1 000 * 2 400	FRP	1 只
16	石英砂	D=0.5~0.9		1.5T
17	油性炭滤器	ϕ1 000 * 2 400	FRP	1 只
18	油性炭	D=0.6~0.8		0.5T
19	活性炭滤器	ϕ1 000 * 2 400	FRP	1 只

（续表）

序　号	设备名称	型号规格	材　质	数　量
20	活性炭	$D=0.6\sim0.8$		0.5T
21	袋式过滤器	6T/H　单袋	SUB304	1 只
22	超　滤	UF - 8040		3 支
23	精密过滤器	5 芯 20 寸	SUB304	1 只
24	1RO 高压泵	CRI5 - 36　7.5 kW	SUB304	1 台
25	1RO 反渗透膜	LFC　8″		6 支
26	反渗透膜壳	8″ 2 芯装		3 支
27	中间水箱 4	PT - 1 500 L	PE	1 只
28	2RO 高压泵	CRI5 - 32　5.5 kW	SUB304	1 台
29	2RO 反渗透膜	LFC　8″		4 支
30	反渗透膜壳	8″ 2 芯装	FPR	2 支
31	中间水箱 5	PT - 1 500 L	PE	1 只
32	3RO 高压泵	CRI3 - 36　3.0 kW	SUB304	1 台
33	3RO 反渗透膜	LFC　8″		2 支
34	反渗透膜壳	8″ 2 芯装	FPR	1 支
35	设备支架	L2.5 * W1.2 * H1.6	碳钢	2 套
36	回用水箱 3	PT - 5 000 L		1 只
37	回用变频泵 3	CRIE5 - 10　1.5 kW	SUB304	1 台
38	罗茨风机	NSR - 11 kW		1 套
39	电磁阀	DN50		1 批
40	液位器	TEK - 1	组合	14 只
41	流量计	LZS32 6T/H	玻璃	9 只
42	电导仪	CRM - 230	组合	8 套
43	pH 仪表	PC - 3030	组合	4 套
44	压力表		组合	12 只
45	压差开关		组合	8 只
46	自控制箱		组合	1 套
47	电控元件			1 批
48	管路及阀门			1 批

4. 运行成本效益分析

表 6‑10　250 t/d 总的废水运营成本的详细计算书

序　号	名　称	金　额	备　注
一	电镀废水回用系统总运行成本		
1	投加药剂	1.00	硫酸、片碱、次氯酸钠、絮凝（经验估算）
2	装机电费	4.01	50.9＊20＊1.0/250　电费：按 1.0 元/度计
3	树脂更换 ［镍树脂］ ［金树脂］	0.11 0.42	3 年 1 次（1 650/3）＊15/（250＊300）半年 1 次（675/3）＊70/（250＊150）
4	活性炭更换	0.38	1 年 1 次（28 00＊10）/（250＊300）
5	RO 膜更换	1.63	2 年 1 次（36＊6 800）/（250＊300＊2）
6	人工费用	0.48	3 人（12 000 元/年）
7	小　计	8.03	单位：元/吨
二	电镀废水回用处理系统收益		
1	纯水收益	3.5	回用率 85％　电导率≤10 μs/cm
2	排污费	3.0	
3	资源回收 ［镍回收］ ［金回收］	1.44 6.00	镍：按 50 mg/L 计，电费：按 1.0 元/度计 金：按 0.1 mg/L 计，电费：按 1.0 元/度计
4	小　计	12.94	单位：元/吨
电镀废水回用处理系统年效益：（12.94－8.03）＊250＊300＝368 250 元/年			

第7章 纺织印染废水处理

纺织工业是我国国民经济的支柱产业之一,行业领域广、生产能力强。其中,纤维加工总量约占世界的1/3,棉纺织、毛纺织、丝绸、化纤、服装生产能力均居世界第一位,另外还有辅料、染料和助剂等,具有较强的国际竞争力。我国的纺织品出口额已占到全球纺织品服装贸易总额的35%左右,纺织工业纤维加工量和印染加工量均占世界50%以上。

然而,我国纺织工业领域设备仍然比较落后,特别是乡镇企业,资源消耗高,污染严重,近年来利润较低。

纺织工业"三废"治理中,废水排放问题最为突出,废水污染物的排放问题,一直是环境污染治理的最为敏感的问题,纺织废水排放量及污染物排放总量一直高居全国工业行业3~4位。近年来,随着大气环境保护逐步受到政府关注,纺织工业废气污染物治理的需求也逐步提上日程,纺织行业废弃物的资源化及回收利用也逐步提上日程。"生态纺织"的发展模式逐步介入。

7.1 纺织印染废水污染排放及治理现状

我国是世界最大的纺织品生产及出口国,同时又是世界最大的纺织印染产品加工厂,纺织印染产业虽然不是高端产业,作为劳动密集型产业却又支撑着就业、穿衣等国计民生的问题。中国不能没有纺织印染,世界也不能没有中国的纺织印染。纺织印染同时又是资源、能源密集型产业,属典型高污染行业,其中废水排放是最为突出的环境问题。自20世纪50年代我国纺织印染工业兴起之时,便伴生着废水排放污染环境的严峻问题。发展至今,纺织工业已成为废水量及污染排放的重点行业:① 纺织工业废水排放量已达全国第三位,是用水及排水量最大行业之一,近年来纺织工业废水年均废水排放量约为23亿吨左右,仅位于造纸、化工行业之后;② 化学需氧量COD排放量年均31万吨左右,仅次于造纸、农副产品、化工之后;③ 由于尿素固色剂等助剂的使用,导致氨氮排放总量有逐年增加之趋势,废水排放对生态环境构成较大威胁。

相比于纺织工业废气、固废排放问题,废水治理已成为纺织工业持续发展的最为突出的矛盾。而在废水污染物排放问题上,印染废水占到纺织工业废水总量的80%左右,是纺织工业废水排放的矛盾焦点。尤其在江苏、浙江、福建、广东、山东五省集中了90%以上的印染产能(见表7-1),在这些印染产业聚集地废水的排放及污染问题显得尤为突出。

针对纺织印染废水排放量及排污量大的问题,我国在近年来先后采用了加强清洁生产源头控污、末端治理及回用和排放标准升级的倒逼机制,在纺织印染行业废水治理方面获得显著成效:

(1)单位产品水耗下降。2010~2013年三年间,印染行业单位产品水耗下降28%,由2.5吨/百米下降到1.8吨/百米。

表 7-1　中国 2012 年印染产能分布情况

产　地	全国	浙江	福建	江苏	广东	山东	五省合计
产量(亿米)	566.02	334.88	59.45	49.94	46.55	38.46	529.3
占全国比重(%)	—	59.16	10.50	8.82	8.22	6.80	93.51

(2) 水的回收利用率提高。"十一五"期间,印染行业重复用水率从 7% 提高至 15%,虽然回收利用率仍然较低,但考虑到废水处理难度较高的水质状况,技术水平已有不小的进步。在 2010~2013 年间,印染行业水的重复利用率有 15% 提高至 30%,水的回收利用率已有重大进步。

(3) 水污染物排放量下降。通过多年的努力,纺织行业的废水污染物减排取得显著进展,由图 7-1 数据可见,2010~2012 年废水排放总量从 24.57 亿吨下降至 23.7 亿吨,COD 总排放量由 30.0 万吨下降至 27.7 万吨,氨氮虽然近年总体呈现小幅上升趋势,但 2012 年已较 2011 年有小幅度下降。

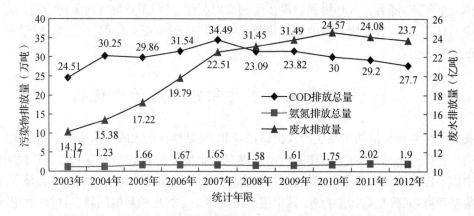

图 7-1　纺织业废水、COD 及氨氮 2003—2012 年排放总量变化规律

(4) 废水排放达标率提高。近年来,印染行业积极进行设备改造和技术创新,采用新设备、新工艺、新技术,全行业节能减排取得显著成效,废水达标率显著提高。据统计在 2006~2010 年间,印染废水排放达标率从 92.48% 提高到 97.42%。历年达标率数据见表 7-2。

表 7-2　近年印染行业废水排放达标率

年　份	2006 年	2007 年	2008 年	2009 年	2010 年
达标率(%)	92.48	90.92	94.81	96.52	97.42

虽然纺织印染行业废水治理初见成效,但由于纺织印染行业废水排污量大、治理难度高的特征,使废水治理之路依然任重而道远。纺织印染业发展至今,以牺牲环境为代价的"涸泽而渔"的发展模式已被完全否定,取而代之的是"低碳、绿色和循环经济的可持续发展"的"生态纺织"发展模式。所谓"生态纺织",也就是在纺织品、服装的技术开发、产品生产、商品流通、资源利用等过程中使用低能耗、无污染技术,使产品在生产、使用和回收等的过程中不

对环境造成污染、破坏。印染废水治理是"生态纺织"中的重要内容。在践行"生态纺织"发展模式时,当前印染废水排放量大、水质多元复杂化、印染企业低利润率的行业特征、废水排放标准不断升级、废水回用率低等客观上无法回避的诸多问题,使印染企业的发展面临前所未有的挑战。如何破解新时期纺织印染行业可持续发展与环境保护之间的矛盾,具体而言如何化解纺织印染行业循环经济与废水治理技术难题的冲突,是未来相当长的时期内所要探索的问题。

7.2　纺织印染废水排放标准发展趋势

自新中国以来,印染废水排放及其对环境的影响一直是国家关注的问题,民众谈"印染废水"而"色变",长期以来国家对印染行业废水污染物排放指标严密监控。尤其进入"十二五"期间,对印染废水排放污染指标的监控程度达到前所未有之严格,印染废水排放标准除执行国家标准之外,还设立了行业和地方排放标准。

在印染企业废水排放行业标准制定方面,自 1992 年国家环保局(现国家环保部)颁布《纺织染整工业水污染物排放标准》(GB4287 - 92)以来,于 2012 年进行了再次修订,目前纺织印染企业执行的最新标准为《纺织染整工业水污染物排放标准》(GB4287 - 2012)。对比 GB4287 - 92 与 GB4297 - 2012:① COD间接排放标准由 500 mg/L 提升至 200 mg/L,直接排放标准由 100 mg/L 提升至 80 mg/L;② 除 COD 指标严格之外,还特别规定苯胺类、六价铬不得检出,硫化物指标也有较大提升,以控制印染过程中禁用染料、助剂的使用;③ 印染废水含有大量无机氯化物,在废水生化处理过程中极有可能转变为毒性较大的有机卤代烃,因而在 GB4287 - 2012 增加了可吸附性有机卤素(AOX)指标;④ GB4287 - 2012在氨氮限值加严的基础上,还增加了总氮控制指标。纺织印染产业聚集地工业园废水集中处理厂排放标准不仅需要执行行业标准——《纺织染整工业水污染物排放标准》(GB4287 - 2012)的直接排放标准之外,还应执行《城镇污水处理厂污染物排放标准》(GB18918 - 2012)中要求更高的一级 B 甚至一级 A 标准。在太湖等水环境敏感区,需执行江苏省制定的《太湖流域地区城镇污水处理厂及重点工业行业主要水污染物排放限值》(DB32/1072 - 2007)等地方标准。在控制污染物排放指标的同时,在纺织印染行业实施污染物排放"总量控制"原则,在水环境敏感和脆弱地区,尤其坚持印染企业不增加甚至削减排污总量的严控原则。此外,对于麻纺、缫丝及毛纺工业,以往废水排放执行国家及地方污水排放标准,自 2012 年起环保部针对这三个行业废水排放量大及难治理的问题,新增了《麻纺工业水污染排放标准》(28938 - 2012)、《毛纺工业水污染排放标准》(28937 - 2012)、《缫丝工业水污染物排放标准》(28936 - 2012)三项标准,另外再加上,《纺织染整工业水污染物排放标准》(GB4287 - 2012)这四项标准构成了纺织工业废水排放标准的完整体系(如表 7 - 3)。

表7-3 纺织工业四项水污染物排放标准主要指标对比

标准	类别	COD (mg/L)	BOD_5 (mg/L)	氨氮 (mg/L)	总氮 (mg/L)	总磷 (mg/L)	可吸附性有机卤素 (mg/L)	硫化物 (mg/L)	苯胺类 (mg/L)	六价铬 (mg/L)
《纺织染整工业水污染物排放标准》(GB4287-92)	新建企业 一级	100	25	15	—	—	—	1.0	1.0	0.5
	新建企业 二级	180	40	25	—	—	—	1.0	2.0	0.5
	新建企业 三级	500	300	—	—	—	—	2.0	5.0	0.5
《纺织染整工业水污染物排放标准》(GB4287-2012)	新建企业 直接排放	80	20	10(15)①	15(25)③	0.5	12	0.5	不得检出	不得检出
	新建企业 间接排放	200	50	20(30)②	30(50)④	1.5	12	0.5	不得检出	不得检出
	水污染物特别排放限值 直接排放	60	15	8	12	0.5	8	不得检出	不得检出	不得检出
	水污染物特别排放限值 间接排放	80	20	10	15	0.5	8	不得检出	不得检出	不得检出
《缫丝工业水污染物排放标准》(28936-2012)	新建企业 直接排放	100	40	40	50	1.5	—	—	—	—
	新建企业 间接排放	200	80	15	20	0.5	—	—	—	—
	水污染物特别排放限值 直接排放	40	15	5	8	0.5	—	—	—	—
	水污染物特别排放限值 间接排放	60	25	15	20	0.5	—	—	—	—
《麻纺工业水污染物排放标准》(28938-2012)	新建企业 直接排放	100	30	10	15	0.5	10	—	—	—
	新建企业 间接排放	250	70	25	30	1.5	10	—	—	—
	水污染物特别排放限值 直接排放	60	20	5	10	0.5	8	—	—	—
	水污染物特别排放限值 间接排放	100	30	10	15	0.5	8	—	—	—
《毛纺工业水污染物排放标准》(28937-2012)	新建企业 直接排放	80	20	10	20	0.5	—	—	—	—
	新建企业 间接排放	200	50	25	40	1.5	—	—	—	—
	水污染物特别排放限值 直接排放	60	15	8	15	0.5	—	—	—	—
	水污染物特别排放限值 间接排放	80	20	10	20	0.5	—	—	—	—
《城镇污水处理厂污染物排放标准》(GB18918-2002)	一级 A	50	10	5(8)⑤	15	0.5	1.0	1.0	1.0	0.05
	一级 B	60	20	8(15)⑥	20	1.0	1.0	1.0	1.0	0.05
	二级	100	30	25(30)⑦	30	3	1.0	1.0	1.0	0.05
	三级	120	60	—	60	5	1.0	1.0	1.0	0.05

注：①、②、③、④括号内数值为绀染行业执行限值；⑤、⑥、⑦括号内数值为水温≤12℃时控制指标。

纵观纺织印染行业废水排放标准制定及修订历程,国家标准、行业标准及地方标准渐进加严已是大势所趋,且标准修订频率之高前所未有。2014 月 5 年环保部又开始启动《纺织染整工业水污染物排放标准》(GB4287－2012)标准实施评估工作。COD、氨氮等常规指标依然是目前提标关注的重点。虽然"排放提标"及"总量控制"在削减排入水环境中 COD、氨氮总量发挥了重要作用,但在当前技术经济水平下,这些常规指标已接近提升极限,且"排放提标"和"总量控制"只能削减有机污染物总量,并不能从根本上减排废水中对生态环境有负面作用的特定有毒有害有机物。印染废水中对环境呈现显著而持久的慢性生态毒性微量有机物,例如苯胺、壬基酚、全氟辛酸、全氟辛烷磺酰基化合物、多氯苯酚、有机锡化合物、氯化苯、邻苯基苯酚、邻苯二甲酸酯增塑剂、多环芳烃等多种印染助剂成分,在水环境中依然被频繁检出,潜在的环境损害问题在我国日益凸显。因此,未来印染废水污染物排放提标重点必然由常规指标转向以废水中单项有毒有害有机污染物指标为主;印染废水治理技术的发展,也必然以削减控制排入水环境中 COD、氨氮等常规污染物浓度和总量为目标,转向以去除单项有毒有害有机污染物指标为主要目标。这一高标准提标预计在不久的将来必定会列入国家节能减排日程。目前广东、福建等地印染企业已开始严格监控排放的废水中苯胺类指标。

纺织印染按纺织品原料分类,主要分为天然纤维和合成纤维纺织印染。天然纤维主要包括棉、毛、丝、麻等,其中棉纺印染占主要部分;合成纤维印染主要包括涤纶、锦纶、腈纶、氨纶、丙纶等,其中涤纶产量最大。以下主要阐述目前实际应用中的典型纺织印染工艺、排放废水水质特征及治理技术。

7.3　棉纺织印染工艺及其废水处理

7.3.1　棉纺工艺及排放废水特征

棉纺织及印染行业在天然纤维加工和印染中产量和规模最大。棉纺产品棉纤维加工、织造过程中排放废水污染物浓度低,易于治理;但棉纺织品印染过程中所使用的染化料和助剂的种类和数量最多,因而染整过程中废水排放及污染物排放总量也最大。棉印染一般工艺流程如图 7－2 所示。

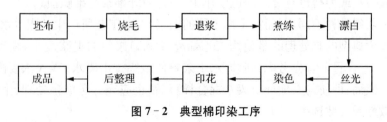

图 7－2　典型棉印染工序

1. 烧毛

烧毛是指将纱线或织物迅速通过火焰或在炽热的金属表面擦过,烧去表面茸毛的工艺过程。纤维经纺织加工会在纱线和织物表面产生很多茸毛,影响染整的工艺效果。根据产品的要求,有的纱线(如绢丝)和大部分织物要经过烧毛工序,使表面光洁平整、织纹清晰。

烧毛的火焰温度通常在 900～1 000℃,炽热金属板的表面温度也达 800℃,都高于各种纤维的分解温度或着火点。烧毛时,纱线或织物在一定的张紧状态下高速通过火焰,由于伸出表面的茸毛相对受热面积大,瞬时升温至着火点而燃烧,而纱线和织物本体因拈回和交织紧密,升温速度并不如此迅速,所以很少受到影响。该工序不产生废水。

2. 退浆

在织造时,经纱由于开口和投梭作用受到较大张力和摩擦,常发生断经现象。为减少断经,提高经纱的强度、耐磨性及光滑程度,保证织布的顺利进行,在织造前经纱一般都要上浆。虽然经纱上浆方便织造,但浆料在后续染整过程中会影响织物的润湿性,并阻碍化学品对纤维接触。除多耗用染化药剂之外,还会影响产品质量。所以在棉布练漂之前要去除织物上浆料,这一过程称为退浆。退浆方法有酶、碱、氧化剂退浆等。热水退浆法是织物浸轧热水后,在退浆池内保温堆置十多小时,使浆料溶胀而易于用水洗去。这种方法对于用水溶性的海藻酸钠、纤维素衍生物等为浆料的织物,有良好的退浆效果。对于用淀粉上浆的织物,在 25～40℃下堆置较长时间,任其自然发酵、降解,也可获得退浆效果。碱液退浆法是淀粉在氢氧化钠(烧碱)溶液作用下能发生溶胀,聚丙烯酸聚合物在碱液中较易溶解,可利用精练或丝光过程中的废氢氧化钠溶液作退浆剂,浓度通常为 10～20 g/L。织物浸轧碱液后,在 60～80℃堆置 6～12 h;棉织物还可应用碱、酸退浆,其方法是先经碱液退浆,水洗后再浸轧浓度为 4～6 g/L 的稀硫酸堆置数小时,进一步促使淀粉水解,有洗除棉纤维中无机盐类杂质的作用。酶退浆法主要用于分解织物上的淀粉浆料,退浆效率较高。淀粉酶是一种生物化学催化剂,常用的有胰淀粉酶和细菌淀粉酶。这两种酶主要组成都是 α-淀粉酶,能促使淀粉长链分子的甙键断裂,生成糊精和麦芽糖而极易从织物上洗除。淀粉酶退浆液以近中性为宜,在使用中常加入氯化钠、氯化钙等作为激活剂以提高酶的活力。织物浸轧淀粉酶液后,在 40～50℃堆置 1～2 h 可使淀粉充分水解。细菌淀粉酶较胰淀粉酶耐热,因此在织物浸轧酶液以后,也可采用汽蒸 3～5 min 的快速工艺,为连续退浆工艺创造条件。氧化剂退浆法有多种氧化剂可以适用。将织物在浓度为 3～5 g/L 的过氧化氢碱性溶液中浸轧,再经汽蒸 2～3 min,可促使淀粉、聚乙烯醇降解,同时对织物有一定的漂白效果。用亚溴酸钠退浆时,织物以 pH 为 9.5～10.5、有效溴浓度为 0.5～1.5 g/L 的亚溴酸钠溶液浸轧,在常温下堆置 20 min 左右,对羧甲基纤维素、淀粉或聚乙烯醇上浆的织物有良好的退浆效果。过硫酸铵盐或钾盐也有良好的退浆作用,但易使纤维素纤维脆损。

因织物上浆料品种不同,因而需采用不同的退浆方法,工艺所产生的废水水质也有较大差异。其中最为典型的难处理的是使用聚乙烯醇(PVA)浆料的退浆废水,废水 COD 浓度高,可生化性很差。目前首先考虑回收废水中浆料使最终排出废水 PVA 浓度降低后,再进行后续处理。然而,即使与其他环节废水混合稀释后,也应充分考虑预处理、生化及深度处理工艺的有效性及参数选择。

3. 煮练

是用化学方法去除棉布上的天然杂质,精练提纯纤维素的过程。棉布经过退浆后,虽然大部分浆料和小部分天然杂质已经去除,但仍然存在着大部分天然杂质,如蜡状物质、果胶物质、含氮物质、棉籽壳及部分油剂和少量浆料等。这些杂质的存在使棉织物布面较黄、渗透性差,不能满足染色、印花、整理等后续加工的要求。因此,退浆后要进行煮练。

煮练所用主要药剂是烧碱,常用的助练剂有表面活性剂、硅酸钠和亚硫酸氢钠等。烧碱能使蜡状物质中的脂肪酸酯皂化,脂肪酸生成钠盐,转化成乳化剂,能使不易皂化的蜡质乳化去除。另外,烧碱能使果胶物质和含氮物质水解成可溶性的物质而去除。棉籽壳在碱煮的过程中发生溶胀,变得松软,再经水洗和搓擦,棉籽壳解体而脱落。表面活性剂能降低表面张力,起润湿、净洗和乳化等作用。在表面活性剂作用下,煮练液润湿织物,并渗透到织物内部,有助于杂质的去除,提高煮练效果。亚硫酸钠能使棉籽壳中的木质素变成可溶性的木质素磺酸钠而有助于棉籽壳的去除。硅酸钠具有吸附煮练液中铁质和棉纤维中杂质分解产物的能力,可防止在棉织物上产生锈斑或杂质分解产物的再沉积,有助于提高棉织物的吸水性和白度。由于煮练液中大量使用了烧碱、表面活性剂和其他助剂,因而其残液中的 pH 高,有机污染物浓度高。废水特征如图 7 - 3 所示。

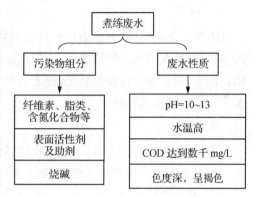

图 7 - 3　煮练废水污染物组成特征

4. 漂白

棉布经过煮练后,虽然在一定程度上去除了杂质,但仍然残留色素,外观不洁白,影响染色和印花织物的色泽鲜艳度,因此需进行漂白。漂白的目的主要是去除天然色素,赋予棉布以必要的白度,同时也可以进一步去除棉布上残留的其他杂质,提高其湿润性能。

棉布漂白时所用的漂白剂有还原型和氧化型两大类。还原性漂白剂通过还原作用破坏色素,但效果不稳定,漂白后的织物在空气中长久放置后,已被破坏的色素会重新氧化而复色,所以很少使用还原型漂白剂。常用的氧化型漂白剂主要有次氯酸钠、过氧化氢等。它们均能在一定条件下,分解而产生具有氧化作用的基团破坏织物色素中的发色基团,使其失去颜色而收到漂白作用。

由于漂白所需的化学药剂和去除的杂质较少,因而其排放的废水中污染物含量及色度均较低,一般为残留的漂白剂及一些漂白氧化的中间产物。

5. 丝光

是棉织物在一定张力状态下,浸轧浓碱的加工工序。织物经过丝光后,尺寸稳定性提高,缩水率下降;断裂强度提高,断裂延伸度下降;对染料、水分的吸附能力提高;具有良好的光泽。丝光液中烧碱的浓度非常高,一般不直接排放,多采用蒸发浓缩回收后再循环使用。

6. 染色

染色是使染料与纤维发生化学或物理化学的结合,或者用化学方法直接在纤维上合成颜料,并使纺织品具有颜色的加工过程。染色是在一定温度、时间和染色助剂的条件下进行的。各种纤维织物的染色都有其对应的染料,在整个染色过程中,染料是最基本的原料。

染色是有色的有机化合物,用于棉及棉型织物染色的染料主要有直接染料、活性染料、还原染料、不溶性偶氮染料、硫化染料等,它们的结构中大多存在着偶氮基团、蒽醌结构、苯环等复杂的基团,是难降解的有机化合物。对于棉混纺织物,根据混纺的化学纤维种类,可选用分散染料等。目前,染色过程均是在水中进行的,染色所排放的废液及漂洗水中含有一定量的染料和助剂等有机物,因而该环节废水经常呈现出不同的颜色,废水排放量大,且含有一定的盐度和碱度。

7. 印花

印花和染色一样,也是染料在纤维上发生染着的过程。但印花是局部着色,为防止染料的渗化,保证花纹的清晰精细,必须用色浆印制,即纺织品印花是将各种染料或颜料调制成印花色浆,局部施加在纺织品上,使之获得各种花纹图案的加工过程。印花废水水量较少,水中污染物的浓度较高。

8. 后整理

织物经过染色或印花后一般需要进行整理,以使产品更具有挺结、光滑及其他特性。整理过程基本不用水或用水量很少,基本无废水产生。

7.3.2　棉纺废水治理

棉纺工艺中退浆、煮练、漂白、丝光等前处理工序混合废水量约为全部废水量的 40%～45%,COD 约占总量的 60%;混合废水 COD 平均浓度为 3 000 mg/L 左右;染色、印花工序混合废水量约为全部废水量的 55%～60%,COD 约占总量的 40%;混合废水 COD 平均浓度为 800～1 000 mg/L;全部染整工艺混合废水 COD 平均浓度约为 1 000～2 000 mg/L。

某企业生产色织布(纱染色再织布)为主,采用进口染料,抗生化性强,原生化处理工程运行效率降低,需要新技术提高废水的回用率。

对于一些老企业,车间已无法进行废水分流收集,只能针对混合废水进行部分回用。回用技术可行,但经济成本要提高 30%。对于"新企业",要调查是否可以分流。对轻污染水进行深度处理回用,而对重污染废水以处理达标排放为目标。通过调研确定,企业产生废水量为 6 500 m³/d,轻污染水约占 75%,设计回用率为 53.3%,水量为 2 600 m³/d(总回用率 40%);混合废水 COD 1 200 mg/L,pH 10,淡废水 COD 150 mg/L。设计废水处理及回用工艺如图 7-4 所示。

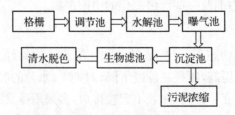

图 7-4　棉纺工业废水处理工艺流程

格栅:采用 20 目滤网替代;调节池:HRT=6 h;水解酸化池:HRT=36 h,设置了悬浮填料;曝气池:HRT=12 h,设置悬浮填料;生物滤池:HRT=3 h。实验结果:pH6～8,色度:16 倍,出水 COD 在 50 mg/L 左右;达到回用水要求。

经济分析:电费 0.64 元/t,药剂费 0.55 元/t,人工、设备折旧 0.25 元/t;总费用 1.44 元/t废水。

然而,当退浆废水中 PVA 浓度较高、水量较大时,会强烈地影响企业混合废水的水质,导致二级生化处理难以进行,需要单独分流出进行处理。

退浆废水是染整工艺中产生的高浓度废水,尤其是可生化性差的聚乙烯醇(PVA)浆料的使用,无疑大幅度增加了该种废水的处理难度。多年的研究及应用表明,PVA 经 24～48 h 的生物处理,其降解率仅有 50%～60%。因退浆废水中含有大量可回收利用的 PVA 浆料,因而采用资源回收并同步降低废水中高浓度 COD 依然是首选方法。

目前国内外退浆废水 PVA 回收及预处理技术有:

1. 膜分离技术

膜分离技术作为一种新型的流体分离单元操作技术,液体在压力推动下流经膜表面,小于膜孔的小分子溶质及水透过水膜成为净化液,PVA 等大于膜孔的物质被截留,以浓缩液形式排出得到回收。膜法是一种较好的处理方法:分离过程不发生相变化,因而耗能较少;属于单纯的物理筛分过程,效果稳定,化学品用量小,不污染环境,回收物质可以二次利用;流程和设备简单,操作和维护保养方便,既可以采用人工操作,又易实现由电脑控制的全自动运行。总体而言,膜分离技术在处理含 PVA 的退浆废水治理方面效果优良,且回收 PVA 资源可以二次利用,实现 PVA 污染物的减量化与资源化双重目标。并且,随着超滤膜国产膜组件质量的不断提高,膜法处理含 PVA 的印染退浆废水的成本得到显著降低。所以,膜处理技术将会是未来含 PVA 的印染退浆废水治理行业的主要发展方向之一。但膜分离的主要技术障碍在于膜污染与堵塞,尤其用于分离高有机物浓度的退浆废水,膜污染及清除措施更是一个不可忽视的工程运行影响因素。

2. 化学凝结法

用作浆料的 PVA 是非离子型聚合物,一般凝聚剂产生的电荷对其吸附作用较弱,对 PVA 几乎没有去除效果,退浆废水中的 PVA 呈溶解态,但因其分子较大,性质类似于亲水胶体,可通过盐析、胶凝和吸附等作用而自废水中析出。向废水中投加无机盐电解质,由于电解质离子具有很强的水合能力而结合大量的水分子,使废水中的 PVA 分子脱水而析出,这是盐析作用。国内从 20 世纪 90 年开始研究采用硫酸钠和硼砂等化学试剂回收退浆废水中的 PVA。在多种盐析剂中,Na_2SO_4 是一种较为经济有效的盐析剂。但实验表明:只通过盐析剂的盐析作用回收 PVA,盐析剂 Na_2SO_4 的用量很大;投加硼砂,PVA 通过硼原子而交联成更大的分子且封闭了部分亲水的羟基,能大大降低盐析剂 Na_2SO_4 的用量。据资料及工程经验,采用化学凝结法回收处理纺织印染退浆废水中的聚乙烯醇 PVA,以硼砂为凝结剂,硫酸钠作为盐析剂,进行生产性规模回收废水中的 PVA,PVA 回收率和 COD 去除率均达 80% 左右,PVA 含固质量分数约为 15%～20%。回收后的 PVA 可重复用于经纱上浆或缩聚后制成改性 PVA 胶水,具有良好的环境、经济和社会效益。

3. 改进化学凝结法

采用传统的化学凝结法,以硫酸钠作为盐析剂,硼砂作为絮凝剂,两者投加量比较大,投加量分别需要 15～25 g/L 和 1～5 g/L,加大了盐析回收的成本;盐析后出水所含盐类质量浓度很高,使微生物细胞脱水,生物活性下降,影响印染厂污水处理系统中生物处理单元的有机物降解效率。通过大量筛选实验,发现当加入少许碳酸钠作为助剂时,碳酸钠的水解可促进硼砂和的交联反应,减少硫酸钠和硼砂的用量,从而降低了出水盐类质量浓度。

因采用上述方法回收 PVA 浆料,已能达到相当高的回收率和 PVA 去除率,因而上述方法亦为工程中常用方法。近年来的许多研究将 PVA 退浆废水仅作为废水考虑,应用高级氧化等技术强行降解废水中 PVA,而不考虑浆料的资源回收,这一方法仅是研究,不具备应用价值。

水溶刺绣(水溶花边)是刺绣花边中的一大类,它以水溶性非织造布为底布,绣花线种类有丝光线、涤光线、棉线等,通过电脑平极刺绣机绣在底布上,再经热水处理使水溶性非织造底布溶化,留下有立体感的花边。机绣花边的花型繁多,绣制精巧美观,均匀整齐划一,形象逼真,富于艺术感和立体感。水溶绣花底布一般用维尼纶水溶纸,维尼纶水溶纸是一种合成纤维,化学成分为聚乙烯醇缩甲醛,由聚乙烯醇和甲醛在酸性催化剂存在下缩醛化而得,在 >100℃ 时可溶于水,溶解主要成分为聚乙烯醇,即 PVA。该废水的性质类似退浆废水,但 PVA 浓度更高,目前也采用上述方法处理。

7.4 麻纺工艺及其废水处理

7.4.1 麻纤维的脱胶练漂工艺及排放废水特征

用作服装的麻纤维主要是苎麻、亚麻和黄麻,其中苎麻和亚麻的品质良好。苎麻和亚麻可纯纺加工成麻织物,其织物制成成衣后,穿着挺括,吸湿和散热快,是夏季服装的良好面料。

麻纤维收割后,从麻茎上剥取麻皮,并从麻皮上刮去表皮而得到麻的韧皮,经晒干后就成为麻纺织厂的原料,称为原麻。原麻中含有大量杂质,其中以多糖胶状物质为主,这些胶状物质大都包围在纤维的表面,把纤维胶合在一起而呈坚固的片条状。纺纱前必须将韧皮中的胶质去掉,并使麻的单纤维相互分离,这一过程就成为脱胶。

麻纤维中胶质基本为无定型物质,在碱、无机酸和氧化剂的作用下可以水解。脱胶的方法一般为"化学脱胶法"或"生物酶脱胶法"。苎麻与亚麻由于纤维中含有的胶质不同,其脱胶具体方法也不相同。

苎麻化学脱胶的工艺流程如图 7-5 所示。

图 7-5 苎麻化学脱胶工艺

扎把是把质量相近的麻束扎成 0.5~1.0 kg 的小把,为煮练做准备。打纤又称敲麻,是利用机械的槌击和水的喷洗作用,将已被碱液破坏的胶质从纤维表面清除,使纤维松散、柔软。酸洗是利用 1~2 g/L 的硫酸中和纤维上的残胶等有色物质,使纤维进一步松散、洁白。

麻织物的煮练、漂洗与棉织物的相似,但工艺条件有一定的差异。尤其是苎麻织物的丝光是采用半丝光。由于苎麻的结晶度和取向度都很高,吸附染料的能力比棉低得多,通过半丝光可明显提高纤维对染料的吸附能力,从而提高染料的上染率。如果进行常规丝光,苎麻的渗透性大大提高,染料易渗透进入纤维内部,使苎麻织物表现得色量降低,并使织物强度下降,手感粗硬。麻织物脱胶所产生的废水污染严重,其中有机污染物含量较高,各工艺段排水特征如图7-6所示。麻煮练、浸酸、酸洗、煮练洗麻等废水执行《麻纺工业水污染物排放标准》(GB28938-2012)。

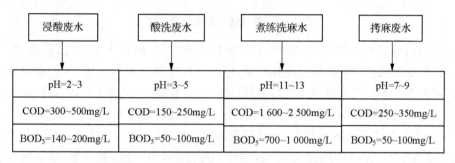

图7-6 麻纤维脱胶练漂工艺单元废水排放特征

可以看出,苎麻加工过程中煮练废水污染严重,处理难度大,其水质特征及处理难点如图7-7所示。

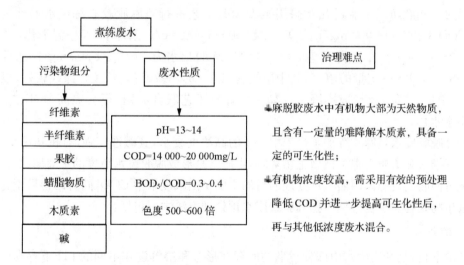

图7-7 苎麻加工煮练废水的特征及其治理难点

由于麻和棉一样均为纤维素纤维,因而麻织物工艺所及使用的染料、助剂和棉织物基本相同,排放废水特征相似。然而,由于麻纤维结晶度、取向度较高,染料难以渗透到纤维内部,着色率差,故染色产品多以浅色为主,与棉织物染色废水相比,色度稍低。

7.4.2 麻纺企业废水处理

早期采用混凝法处理,效果一般,但污泥产量很大。20世纪80年代开始,国内株洲、益阳、黄石等地麻纺织厂建成和运转了一批生物废水处理装置,提高了脱胶废水的处理水平和效果。处理工艺以好氧生物处理为主,包括生物转盘法、表面曝气法、接触氧化法和生物氧化塘处理法等。

某企业采用多级生物转盘技术,设计转盘线速度为 $18\sim20$ m/min。总体处理工艺流程如图 7-8 所示。

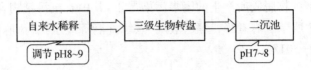

图 7-8　某麻纺厂废水处理工艺

工艺分析:该工艺对部分有机物具有一定的去除效果,但出水 COD 值仍然较高,难以达标排放,更难以回用。系统虽然能耗较低,但一次性生物转盘投资较大,传动装置经常维修,工作量较大。本工艺用自来水进行稀释,废水排放量增多,经济上也不合理,同时说明该工艺负荷低,工艺选择有问题。另外,系统没有考虑回收资源问题。

某麻纺织厂利用当地的地形条件,经过生物转盘处理后,增加了生物氧化塘作为深度处理。氧化塘占地 17 亩,平均深度 3.6 m,设计 HRT13 d,分三级:兼性塘-曝气塘-储存塘。进水的 COD 和 BOD 分别是 $400\sim500$ mg/L 和 $70\sim90$ mg/L,系统去除率分别为 $50\%\sim60\%$ 和 $40\%\sim50\%$。系统运行稳定、操作简单,处理成本低:0.03 元 /t 废水。但工艺占地面积大,出水色、COD 度较高,还需要进行后续化学法处理。

国内一些麻纺织企业近几年采用了 UASB 工艺进行苎麻脱胶煮练废水的处理。在原水 COD $8\,000\sim14\,000$ mg/L,$BOD_5=4\,000\sim5\,000$ mg/L 条件下,经中温消化,COD 出水 $4\,000\sim7\,000$ mg/L,去除率为 $50\%\sim55\%$,BOD 出水为 $1\,000\sim1\,500$ mg/L,去除率达 $70\%\sim80\%$,可产一定量的沼气,其中甲烷含量在 $65\%\sim70\%$。该工艺路线较好,废水不用稀释,节能、产能,运行成本降低。如果与好氧工艺联合应用,还会提高 BOD 去除率,改善出水水质。

苎麻脱胶废水是麻煮练加工过程中产生的高浓度废水,其碱性较强,有机物浓度较高,其中的纤维素和木质素很难被微生物降解,木质素是形成脱胶废水色度的主要原因,且其中基本无可回收的资源。因而其预处理的目的主要是削减废水中 COD,同时改善可生化性以利后续生物处理。工程应用中苎麻脱胶废水预处理方法主要包括:

1. 酸析法

所谓酸析,是利用废水中部分污染物的存在形态和溶解度在不同的 pH 下存在的显著特性,通过加入一定量的酸将废水由碱性调节成酸性,实现污染物的分离。在室温下将脱胶废水 pH 调节至 3.00 时,由于其中部分有机物析出,COD 去除率可达 $27\%\sim30\%$ 左右,色度去除率达 83.58%。实践证明对于碱性较强的脱胶废水,酸析是一种简单有效的预处理方法,酸析后废水 pH 得以降低,能够满足后续处理的 pH 要求;废水的 COD 同时得以部分降低,从而减轻后续处理负荷。

也可以采用酸洗废水来中和碱性较强、有机物浓度较高的煮练废水。也就是将酸洗废水与煮炼废水进行混合,一方面可以降低煮炼废水的 pH,另外还可以降低废水的温度和有机物的浓度。该种方法“以废治废”,较为经济。

2. 混凝沉淀法

混凝沉降法在脱胶废水中应用比较广泛。由于废水中存在的木质素是形成 COD 和色度的主要因素,混凝法能对木质素起到良好的去除效果。经铝盐等混凝处理后,苎麻脱胶废水的 COD、BOD_5、SS 及色度指标均有较大程度下降,能有效提高后续生物处理效果。

3. 铁碳还原与芬顿氧化法

针对麻脱胶废水有机物浓度高、可生化性差的问题,铁碳还原、芬顿氧化等高端技术已开始研究并应用于麻脱胶废水的处理工程实践中。铁碳还原、芬顿氧化虽可在矿化废水中难降解有机物、改善可生化性方面获得确切、良好的效果,但主要技术问题在于酸碱投量大、污泥量大、成本偏高等,因而学术界和工程界开始研究更为经济的改良型铁碳还原、芬顿氧化技术,以期降低处理成本。

7.5　丝织品加工工艺及排放废水

7.5.1　丝织品加工工艺概述

天然丝主要是指桑蚕丝,属于蛋白质纤维。丝织物具有光泽、柔软、穿着舒适等特点,是高档的纺织面料。生蚕丝由丝素和丝胶所构成,丝胶中含有脂蜡、无机物和色素等杂质,在织造时丝胶还会沾染浆料、油污等,这些杂质的存在不仅有损于丝织物柔软、光洁的优良品质,影响使用性能,还会使丝坯很难被染化料所润湿,妨碍修整加工。因此必须利用丝胶和丝素的化学结构和性质上的差异,除去丝胶合其他杂质,以获得各种性能良好的丝织物,这一加工过程称为精炼。

由于丝织物精炼的目的主要在于去除丝胶,随着丝胶的去除,附着在丝胶上的杂质也一并除去。因此,丝织物的精炼又称为脱胶。

丝织物的色素绝大部分存在于丝胶中,脱胶后,一般不再漂白,但由于丝胶不可能完全脱净,所以对白度要求高的产品,也需进行漂白。丝织物除精炼和漂白外,对某些品种如绢纺织物还要经过烧毛处理,以使织物表面洁净。

和羊毛纤维一样,天然丝织物也属于蛋白质纤维,可用染羊毛的染料对其进行染色,但由于丝织物轻薄、娇嫩,过于剧烈的染色条件会使织物表面受到擦伤和光泽下降,强力受损。

天然丝织物印染废水为有机性废水,废水为中性,可生物降解性好,废水中有机物含量相对较低,其排放的废水污染物浓度介于毛粗纺产品废水和毛精纺产品废水之间。

7.5.2　蚕茧缫丝和染整工艺及排放废水

蚕茧缫丝工艺及废水来源如图 7-9 所示。工艺各单元产生废水特征如图 7-10 所示。废水总体特征是有机物较高,可生化性较好;氨氮、有机氮均较高,在废水处理中需强化脱氮,一般可采用 A/O 工艺进行处理。

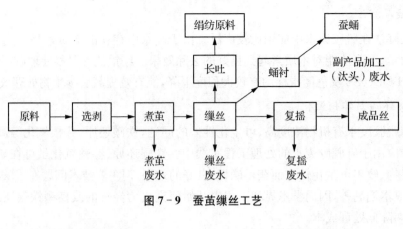

图 7-9　蚕茧缫丝工艺

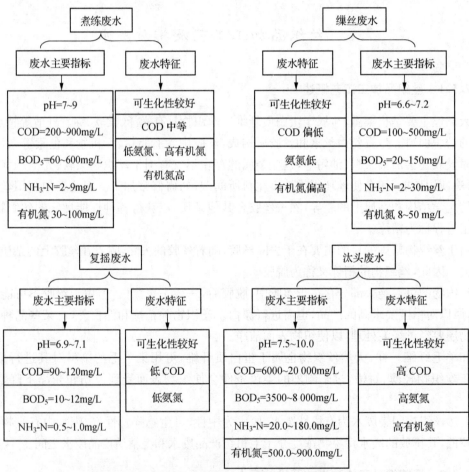

图 7-10　蚕茧缫丝过程中产生废水的特征

　　缫丝工业废水中高浓度有机废水主要是副产品加工(汰头)废水。汰头废水中含有大量可供回收利用的丝胶蛋白质,因此通过合适的预处理方法在回收丝胶蛋白的同时削减废水中有机物浓度是首选的方法。高浓度汰头废水蛋白回收预处理主要方法有:

1. 酸析法

酸析法的基本原理是在含丝胶蛋白质的废水中,加入 H_2SO_4 使 pH 为 $3.5\sim4.0$,在等电点条件下使废水中丝胶蛋白质絮凝而逐渐沉淀分离。酸析法的设备投资不大,运行成本较低,可适应大水量、半连续流程提取,但采用该方法的丝胶蛋白质提取率不高,提取率一般不超过 50%。酸析法从缫丝生产废水中提取丝胶蛋白质的主要工艺流程如图 7-11 所示。

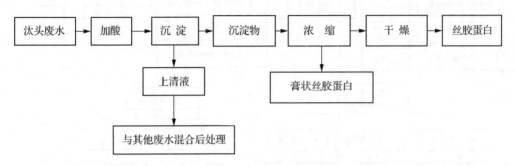

图 7-11　酸析法缫丝生产废水提取丝胶蛋白工艺流程

2. 酸析、离心及膜分离组合分离法

采用超滤膜分离法与酸析法相结合从缫丝生产废水中提取丝胶蛋白质,丝胶蛋白质的提取率可达到 75% 以上,从而大为减轻废水处理的负担。

3. 化学混凝法

在含丝胶蛋白质的缫丝废水中加入絮凝剂如铝盐、铁盐等,破坏蛋白质胶体溶液的稳定,从而使丝胶蛋白沉淀得以分离。该方法所回收的丝胶蛋白质残留有絮凝剂成分,对丝胶蛋白质的利用价值影响较大。但回收的蛋白质可做饲料、肥料等用途。

除上述主要预处理方法之外,还有缫丝过程中含蛋白质及有机物浓度较高的汰头废水经上述工艺方法预处理进行资源回收并初步降低 COD 之后,与其他有机物浓度较低的废水混合一并进入后续生化处理。缫丝工业废水中另外一个重要的特征是氨氮、有机氮偏高,问题主要集中在后续生化处理解决。

桑蚕丝染整工艺及废水来源如图 7-12 所示,其废水特征如图 7-13 所示。

丝纺织品印染废水有机物浓度较棉纺低,相对易于处理;但其中不乏难降解染料、助剂等成分,废水排放提标后,需加强预处理及深度处理环节。

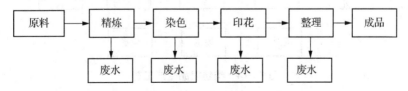

图 7-12　桑蚕丝染整工艺及废水来源

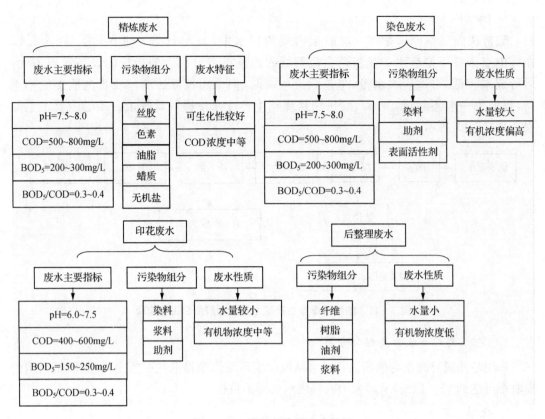

图 7‑13　桑蚕丝染整废水特征

7.5.3　绢纺织品生产染整工艺及废水排放特征

　　绢纺织品生产工艺如图 7‑14 所示。工艺单元排放废水一般有机物浓度较高,但可生化性较好;在废水处理时应强化生物处理。具体废水水质如图 7‑15 所示。

　　绢纺织品染整工艺及废水来源如图 7‑16 所示。绢纺织品染整排放废水特征如图 7‑17 所示,后整理过程中一般废水量小,污染物浓度较低,易于处理。总体看来,废水含有化学合成的染料、助剂等难降解物质,废水排放提标后,需要在以生化处理为核心,加强预处理及深度处理。

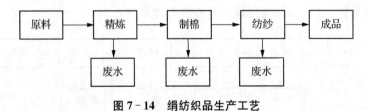

图 7‑14　绢纺织品生产工艺

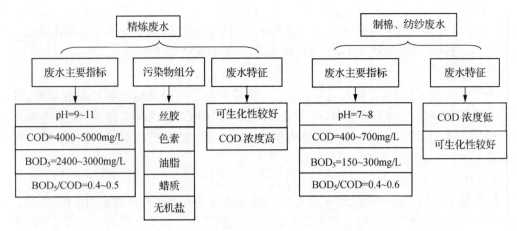

图 7 – 15　绢纺织品生产过程中产生废水特征

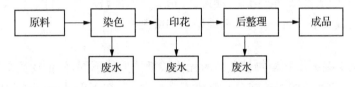

图 7 – 16　绢纺织品染整工艺及废水来源

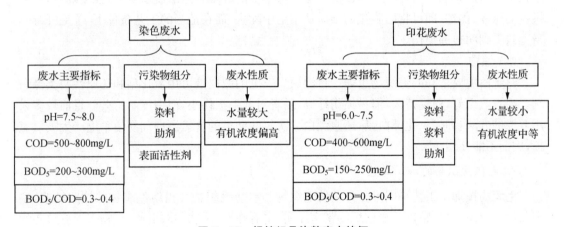

图 7 – 17　绢纺织品染整废水特征

7.6　毛和毛纺织品加工及印染废水

7.6.1　毛和毛纺产品加工及印染工艺

1. 毛和毛纺产品的初加工

原毛中含有大量杂质,杂质含量一般占原毛重量的 40%～50%,杂质成分分为天然和附加杂质两类。天然杂质主要是羊脂、羊汗;附加杂质主要为砂土、草屑等。羊脂是由羊的脂肪腺分泌出来的产物,其主要成分是由高级脂肪酸和高级脂肪醇结合而成的比较复杂的酯类,还有少量游离状态的醇类和脂肪酸,羊脂不溶于水。羊汗是由羊的汗腺中分泌出来的物质,主要是由含脂肪酸的钾、钠盐及无机酸的钾、钠盐所组成,可溶于水。因而在进行后续加工之前,需进行羊毛的初加工,主要包括选毛、洗毛和炭化等工序。

（1）选毛

为了合理使用原料,工程对进厂的原毛,根据工业用毛分级标准和产品的需要,将套毛的不同部位或散毛的不同品质,用人工分选成不同的品级,这一工序叫选毛,也称为羊毛分级。选毛的目的是合理地调配使用羊毛,在保证和提高产品质量的同时,尽可能降低成本。

（2）洗毛

除去原毛中天然杂质的过程称为洗毛,即洗毛主要是洗除羊毛纤维上的羊脂、羊汗。而纤维上的其他杂质如污垢、砂土等则因羊脂、羊汗被消除失去粘附作用而比较容易地从羊毛上脱离。因羊汗易溶于水,羊脂不溶于水,故洗毛主要是洗除羊脂。洗毛的方法主要有乳化法,即利用肥皂或合成洗涤剂的乳化、润湿、渗透、增溶、净洗等作用将羊脂从羊毛纤维洗除。乳化法又分为皂碱洗毛发、合成洗涤剂纯碱法和溶剂法等。

（3）炭化

炭化是利用羊毛纤维和植物性杂质对无机酸抵抗力的不同,使植物性杂质被破坏,达到除草的目的,植物性杂质的主要成分是纤维素,它们的存在不但造成纺纱的困难,使织物手感粗糙,而且易造成染色问题,所以要去除。杂质中的纤维素遇酸脱水炭化,强度降低,再经机械的压榨、揉搓,即可将已脆化的杂质从羊毛中除去,而在适当的工艺条件下,羊毛纤维本身不致受到明显的损伤。

（4）漂白

对于白度要求高的毛织物也需进行漂白。羊毛的漂白液可用氧化型和还原性两类漂白剂。前者效果好,白度持久,但易损伤纤维,后者对羊毛损伤小,但白度不持久。目前较多采用双漂的方法,即先氧化漂白,后还原漂白。次氯酸钠类的含氯漂白剂易使羊毛产生吸氯氯损,因而不能使用。

2. 毛粗纺织物的加工工艺

毛织物按加工工艺不同可分为精纺毛织物和粗纺毛织物。粗纺毛织物的纹路较粗,整理前织物组织稀松,整理后要求织物紧密厚实,富有弹性,手感柔顺滑糯,织物表面有整齐均匀的绒毛,光泽好,保暖性强。根据上述风格特点,粗纺毛织物的整理内容主要有缩呢、洗呢、剪毛及蒸呢等。

（1）缩呢

在一定的湿、热和机械力的作用下,使毛织物产生缩绒毡和的加工工艺过程叫做缩呢。缩呢的目的是使毛织物收缩,质地紧密厚实,强力提高,弹性、保暖性增加。缩呢还可使毛织物产生一层绒毛,从而遮盖织物组织,改进织物外观,并获得丰满、柔软的手感。

（2）洗呢

毛织物在洗涤液中洗除杂质的加工过程称为洗呢,原毛在纺纱之前已经过洗毛加工,毛纤维上的杂质已被去除,但在染整加工之前,毛织物上含有纺纱、织造过程中加入的和毛泥、抗静电剂、浆料等物质,还有沾污的油污、灰尘等,这些杂质的存在,将会对毛织物的染色和手感造成不良影响,故必须在洗呢过程中将其去除。洗呢是利用洗涤剂的润湿和渗透,再经过一定的机械挤压、揉搓作用,使织物上的污垢脱离织物并分散到洗涤液中加以去除。

（3）剪毛

无论是精纺织物还是粗纺织物都需要进行剪毛加工。粗纺织物缩呢、起毛后,表面绒毛长短不齐,剪毛后使绒毛平齐、呢面平整、外观改善。织物剪毛在剪毛机上进行。

（4）蒸呢

毛织物在张力、压力条件下用蒸气处理的加工过程称为蒸呢。蒸呢和煮呢的原理基本相同,都是使织物获得永久定型。蒸呢的目的是使织物尺寸稳定,呢面平整,光泽自然,手感柔软、富有弹性。

3. 毛精纺织物的加工工艺

精纺毛织物的结构紧密,纹路较细,整理后要求呢面光洁平整,织纹清晰,光泽自然,手感丰满且具有滑、挺、爽的风格,具有弹性,有些织物还要求呢面略具短齐的绒毛。为了达到上述要求,精纺毛织物的整理内容主要有烧毛、煮呢及电压等。

（1）烧毛

烧毛是使织物展幅并迅速地通过高温火焰,烧除织物表面上的短绒毛,以达到呢面光洁,织纹清晰的目的。烧毛主要用于加工精纺织物,特别是轻薄品种,而呢面要求有短细绒毛的中厚织物则不需要烧毛。毛织物烧毛与棉织物烧毛相似,一般采用气体烧毛机。由于羊毛离开火焰后燃烧会自行熄灭,故不需要灭火装置。

（2）煮呢

毛织物以平幅状态在一定张力和压力下于热水中处理的加工过程称为煮呢。煮呢的目的是使织物产生定型作用,从而获得良好的尺寸稳定性,避免织物在后续加工和服用过程中产生变形和折皱等现象,同时煮呢还可以使织物呢面平整,外观挺括、手感柔软且富有弹性。

（3）电压

电压整理是指含有一定水分的毛织物通过电热板受压一定时间,使织物呢面平整,身骨挺实,手感润滑和光泽悦目。大多数精纺织物都需要电压整理。

其他如剪毛、蒸呢和洗呢过程,精纺毛织物与粗纺织物类似。

4. 毛织物的染色

毛织物的染色主要选用酸性染料、酸性媒染染料和酸性含媒染料。对于毛混纺织物,根据混纺的化学纤维种类可选用阳离子染料、分散染料和直接染料等。

与棉印染产品所排出的废水相比,毛织物印染加工所排放废水中污染物的含量较低,所使用的助剂基本上是易降解的人工合成有机物,很适宜用生物化学法进行处理。

不同毛纺织产品其单位产品排放废水中污染物浓度顺序为:毛粗纺产品较高,绒线产品次之,毛精纺产品最低。

7.6.2　毛及毛纺品加工印染废水治理

原毛中含有许多杂质,国内 100 t 原毛经洗后得到洗净毛仅 30 t～80 t。可见杂质较多。

洗毛、炭化废水特征如图 7-18 所示。

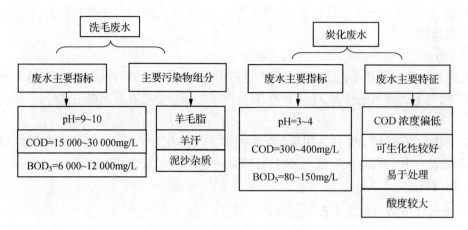

图7-18　洗毛、炭化废水特征

国内某企业采用的洗毛的工艺如图 7-19 所示。

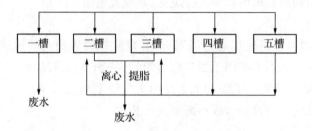

图7-19　洗毛工艺流程及废水来源

第一槽为浸渍槽,去除固体,用水要求不高,但一般采用长流水洗,水量较大。第二、三槽为加有各种化学物质(碱、表面活性剂等)的净洗槽;羊毛脂要回收利用,要循环到一定程度之后排放。第四、五槽为漂洗槽。用水一般为长流水,但废水水质较好,可回用于二、三槽。各槽废水特征如表 7-4 所示。

表7-4　洗毛各单元槽排放废水特征

槽别	pH	SS(mg/L)	COD(mg/L)	TS(mg/L)
第一槽	7.8	3 000～12 000	7 000～12 000	5 000～15 000
第二三槽	9.2	3 090	40 000～70 000	13 000
第四五槽	8.6	374	513	572
混合水	8.6	13 500	7 000～20 000	6 200～8 000

可以看出,洗毛废水有机物、SS 和色度都很高,废水呈乳化状,处理难度较大。有实验将一槽、四槽废水混合和二槽、三槽废水混合,分别进行处理。前者采用重力沉淀废水中的泥沙,采用硫酸铝混凝破乳去除有机物,COD 去除效果可达 90％以上,混凝处理出水 COD 为 1 000～4 000 mg/L,pH 由 8～9 下降到 4.5～5,废水颜色变化不大,仍为深褐色。为提高 pH,进一步去除污染物,采用氧化钙、氢氧化钠中和后,进行气浮。COD 降为 400～

600 mg/L,色度也大幅度降低。

二槽和三槽混合废水处理的主要目的是回收废水中的羊毛脂。国内外从 20 世纪 40 年代开始,就着手羊毛脂回收技术的研究,开发了机械离心等技术。以后,随着环境保护的需要和废水处理技术的进一步发展,开发了酸裂、气浮、混凝、萃取、超滤等一列系处理技术。目前羊毛脂回收相关技术如下:

1. 机械离心法

国外在 20 世纪 40 年代,已将此法应用于实际。它的基本流程是:废水预先在离心机上将较大的固体颗粒分离,然后在一专门的罐内加热到 85℃左右(如在离心机上装有加热套,则不需此设备),从而流到较小的离心机上进行油脂分离回收。该法工艺流程简单,缺点是分离效率低,一般只有 30%～40%,适宜的废水含脂浓度为 0.9%～1.1%。而当浓度低于 10 g/L 时,回收效率更低。目前,我国许多毛纺厂仍采用此法。

2. 气浮法

原理为废水中油粒附于微气泡后浮力增大,上浮速度增加,压缩空气溶入溶气罐内的废水中,然后在浮选池内释放,在极短的时间内形成大量的微气泡,这些气泡与废水中的羊毛脂絮花体相互撞击粘附,形成密集牢固的混聚颗粒,在气泡浮力的作用下迅速上浮至液面。

单独使用气浮法分离效果往往不理想,仅能去除 30%～45% 的羊毛脂和悬浮物。所以一般都要投加无机凝聚剂和高分子絮凝剂,以提高气浮效果。

3. 混凝法

向废水中投加无机凝聚剂,使水中的油脂微滴和胶状物质与悬浮固体颗粒凝聚,再投加有机高分子絮凝剂和助凝剂,使悬浮物形成絮状物,使其上浮或沉淀。常用的处理药剂有铝盐、铁盐、聚丙烯酰胺等。作为废水处理的一个单元,此法常同气浮法、电解法、萃取法等联用。值得注意的是,由于洗毛过程中非离子洗涤剂的使用,使传统的混凝回收技术遇到一些困难,人们在寻找更有效的药剂和工艺,试图破坏这种非离子洗涤剂造成的胶体保护作用,降低处理成本。

4. 酸裂法

酸裂是混凝法的一种。其处理的基本原理是通过加硫酸使废水乳状体破坏,在一定的温度下形成絮状物沉淀。这种方法回收率可达 50% 左右,缺点是硫酸耗量较大。采用此法回收羊毛脂,硫酸耗量为废水量的 0.5 倍左右,并且在处理非离子洗涤剂废水时,投药量可能更大。

5. 电解法

该法系利用不溶性电极电解乳化状废水,在破乳的同时,水被电解而产生氢气和氧气,气泡附着羊毛脂絮状体上浮。也可使用溶解性电极(例如 Al 电极)电解废水,使羊毛脂凝聚在析出的金属氢氧化物上,使之上浮或下沉。此法可达 52%～55% 的回收率。该法由于在电解过程中有氢气产生,在空气混合到一定比例时,遇火花会爆炸,所以装置较复杂,维修麻烦,耗电量大。另外在处理含非离子表面活性剂废水时,效果较差。

6. 萃取法

萃取处理法,是利用分配定律的原理,用有机溶剂作萃取剂萃取废水中的羊毛脂,达到回收目的,萃取法常和其他方法一起使用。

　　7. 超滤法

　　20 世纪 70 年代起,随着膜分离技术的发展,超滤技术开始用于洗毛废水的处理,其分离机理主要是应用膜的筛分效应。用超滤法处理洗毛废水,羊毛脂截取率可达 95% 以上。它常同萃取、离心等回收工艺一起使用。通过分析确定,增加洗涤水的循环次数,提高废水中羊毛脂的含量。加热至一定温度(98℃)后,采用离心分离的方法,将不同密度的油、水、泥分离开;可进行多级离心,提高回收率。

　　毛纺织品染整工艺主要是毛织物的染色,包括毛粗纺染色、精仿染色及毛绒线等染色工艺。各工艺废水主要污染物均为染料、助剂和表面活性剂,废水指标特征如图 7 - 20 所示。

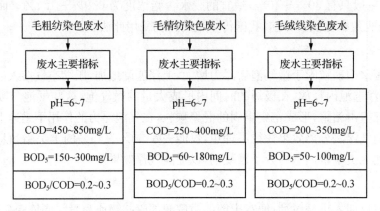

图 7 - 20　毛纺织品染整废水特征

　　总体看来,毛染整废水中有机物浓度相对较低,低于棉纺染整。部分化学合成染料、助剂属难降解物质,导致废水可生化性一般;废水排放提标后应加强预处理和深度处理。

7.7　合成纤维印染废水排放特征

　　化学纤维具有特殊的性能,可以弥补天然纤维的不足,因此在 20 世纪 50 年代后得到了迅速的发展。我国化学纤维在 60～70 年代引入大型石油化纤装置,得到迅速的发展。1998 年产量已跃居世界第一。我国化纤生产以江苏、浙江、广东、山东和辽宁地区为主,2000 年五省产量合计 463.9 万吨,占全国总产量的 66.3%。

　　化纤生产过程主要包括单体生产、聚合、纺丝和后加工整理等,其中单体生产环境污染最重。我国化学纤维中粘胶纤维和涤纶所占比例很高,化纤中粘胶纤维产生的污染最严重,具体污染状况与生产工艺关系密切。《给排水标准规范实施手册》和 GB8978 - 1996 对部分行业的用水排水量进行了规定。

7.7.1　粘胶纤维废水处理

　　浆粕是粘胶纤维的生产原料,在制备过程中产生的浆粕废水主要包括蒸煮黑液和漂洗废水。粘胶纤维生产过程中产生酸性废水和碱性废水。

浆粕黑液属于强碱性、高有机浓度废水,其 COD 为 30～100 g/L,pH 在 13～14 左右,处理难度很大。有企业采用湿式氧化技术处理,成本很高;也有将浓缩后的黑液用于水泥减水剂和冶金粘合剂。

浆粕黑液与漂洗水混合后,COD 1 500～2 000 mg/L,BOD₅ 400～500 左右,可以采用生化工艺进行二级处理。有企业将浆粕黑液与纤维酸性废水混合处理,中和酸化至 pH 2～3,COD 可去除 50%;回调节 pH 到 9.5～10,去除锌离子;再调 pH 到 7 左右,进行厌氧/好氧生物处理。总体工艺较复杂,处理成本较高,目前仍是环境工程领域的难题。

7.7.2　维纶生产废水处理

聚乙烯醇制备全套工艺是醋酸乙烯的合成与精馏、醋酸乙烯的聚合、聚合醋酸乙烯的醇解以及醋酸和甲醇的回收。

大部分维纶厂以聚乙烯醇(PVA)为原料。产生的废水包括 PVA 洗涤废水、纺丝及后处理废水、软化水、离子交换再生液和冷却水。在合成、聚合、醇解过程中产生的废水主要是高浓度有机废水,处理难度大,常同其他有机废水合并焚化处理,处理成本高,是环境工程领域的难题,正在寻求能够资源化的新型工艺。

维纶生产产生的酸、醛废水,一般采用物化中和-生化处理。物化预处理后,废水中 pH 在 6～7 左右,甲醛 160 mg/L,COD 500～600 mg/L,BOD 400～500 mg/L,进入二级生化池达标处理。某企业设计流量 12 000 m³/d,COD 600 mg/L,甲醛 200 mg/L,硫酸钠 2 000 mg/L,硫酸 2 000 mg/L,聚乙烯醇 40 mg/L,另外还有醋酸锌、甲醇、醋酸乙烯等污染物。采用中和- Carrusel 氧化沟-氧化塘工艺,氧化沟 HRT 为 20 h,氧化塘 HRT 为 24 h。处理效果达到《污水综合排放标准》一级排放标准要求。

7.7.3　涤纶生产废水处理

涤纶的生产废水 COD 浓度较高,一般采用 A/O 法进行处理。

涤纶的碱减量加工,也称为涤纶仿真丝,就是用热碱浸泡织物,使织物表层涤纶降解、剥落离开组织,从而起到织物减量变柔的作用。经碱减量加工后,涤纶织物的性能发生了较大的改变,透气性增加,质量减轻,同时涤纶表面的水解使纤维表面龟裂,有十足的真丝感。其工艺流程如图 7-21 所示。

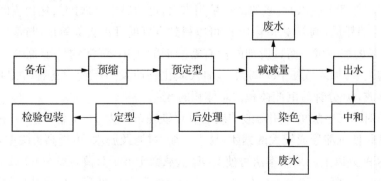

图 7-21　涤纶碱减量工艺流程及废水来源

在涤纶的印染加工中,碱减量废水产生量大,水中污染物浓度高,且较难生物降解,是难处理的印染废水之一。废水的主要成分是对苯二甲酸(TA)和乙二醇(EG),因对苯二甲酸在 pH>12 的碱性废水中,以有机盐对苯二甲酸钠(DT)溶解在废水中。另外还有染色和印花的染料及助剂等。碱减量印染废水的组成如表 7-5 所示。

表 7-5　碱减量印染废水特征

废水类别	比例(%)	pH	COD(mg/L)	处理难度
染色废水	88~95	8~10	500~800	相对容易
碱减量废水	5~10	10~13	10 000~80 000	难
退浆废水	1~3		4 000~8 000	较难

涤纶是我国产量最大的合成纤维,涤纶纺织印染原料生产过程产生的废水从严格意义上讲属化工废水。同时,涤纶仿真丝染整中涉及到产生高浓度废水的碱减量环节,在染色环节中有含助剂、染料染色废水的排出,其废水排放在合成纤维染整中具有典型性。废水有机物浓度较高,需酸析回收对苯二甲酸资源并降低 COD 后与其他废水混合处理后排放。

目前碱减量废水预处理资源回收并降低 COD 的主要方法有:

1. 酸析法

在强碱性碱减量废水中,应用加硫酸或盐酸方法,使对苯二甲酸析出,同时废水的 COD 可大幅度下降。一般废水的 pH 调节至 2~4 时,对苯二甲酸从废水中析出,去除率达到 70%~99%,COD 的去除率达到 70%~90%。AT 去除率的最佳 pH 和废水的水质有关,废水中对苯二甲酸钠含量高,去除率也高。酸析可去除水中绝大部分的对苯二甲酸,COD 的去除率也可以达到很高,酸析技术简单,对苯二甲酸的回收率高,操作方便,常作为碱减量废水的预处理。

2. 混凝沉淀法

酸析前向废水中投加混凝剂的方法,能够形成沉淀性能、脱水性能良好的絮体,而且絮体还有捕捉、吸附其他有机物的能力,一般絮凝剂在调节 pH 前加入。絮凝沉淀法碱减量废水的 COD 去除率可达到 90%,对苯二甲酸的去除率可达到 99%。剩余废水中和后,可排入污水厂进一步处理。

酸析处理碱性 TA 废水时,酸的消耗量相当大,可用碱土金属的氯化物或硝酸盐进行沉淀,以减少酸的消耗量,调节废水至中性,可以得到良好的 TA 去除效果,与常规的酸析法相比,可减少 35% 的加酸量。而且所加的盐有絮凝剂的作用,沉淀物易于脱水。例如如含对苯二甲酸钠的废水,加入酸使 pH 调为 7,加入氯化钙使发生沉淀。这种沉淀物易于脱水,上清液适于排放,60 分钟后沉淀体积占总体积的 8%。

废水中的对苯二甲酸也可用硫酸铁或三氯化铁在 pH 为 2~4 或 4~5.5 时进行处理,加入聚丙烯酰胺使沉淀形成较大的絮团,易于沉淀、过滤及脱水,可提高去除率,对苯二甲酸的回收率可达 90% 以上。采用本法可使 COD 值从数千 mg/L 降至 500 mg/L,对苯二甲酸由 2 000~3 000 mg 降至 50 mg/L 左右。出水经 pH 调节后可符合生化处理的进水要求。

上述两种方法是工程中常用的两种碱减量废水预处理及资源回收方法。如不考虑对苯二甲酸资源回收,则将碱减量废水完全当成一种高浓度废水来考虑,则常采用的处理方法有物化絮凝、生化处理的方法,但一般而言,这种不回收资源的方法是一种不经济的方法,工程应用中不建议采用。另外,上述对苯二甲酸资源回收技术经工程实践验证,已能获得良好效果,目前所用的工艺方法均是上述方法或是其改良,除此之外目前尚无更好的、更为经济可行的资源回收及削减COD的方法。

7.8　纺织印染废水排放提标

7.8.1　技术难点剖析

无论当前COD、氨氮等常规排放指标的"提标",还是重点考虑以苯胺类物质、硫化物、六价铬单项有毒有害有机污染物为重点的"提标",最终解决问题的落脚点都是经济可行的污染物削减控制技术。纺织印染行业的废水污染物削减主要措施为:以清洁生产为主的源头控污和以废水处理为主的末端治理。

1. 清洁生产源头控污的技术难点

在纺织工业中,印染行业是排污量最大、工艺最为复杂的生产环节。在印染行业推行清洁生产技术是废水污染物减排的重要内容。在印染工艺清洁生产方面,我国印染企业在无污染或少污染印染工艺技术的研发及推广应用不足,难以实现真正有效的源头控污,目前只能优化生产工艺达到一定程度的"少水"染整,难以真正实现"无水"染整。实践证明,"少水"染整只是有效降低用水量,并不能真正实现废水污染物总量大幅度减排,而带来新的问题是废水中污染物浓缩后浓度增高,反而加大了后续末端治理的难度,以某印染厂为例,废水原COD浓度为 1 000～2 000 mg/L,优化生产工艺节水之后废水中COD升至 3 000～4 000 mg/L,因而末端治理依然是我国印染企业废水污染物减排的重要途径。末端治理主要是通过有效的废水处理工艺及设施,将废水中污染物指标削减至排放标准之内,并满足污染物总量控制要求。

2. 纺织印染废水预处理达到间接排放标准的技术难点

单一印染企业废水末端治理废水排放去向主要为排水管网,执行《纺织染整工业水污染物排放标准》(GB4287－2012)中的间接排放标准(其中COD排放限值低于 200 mg/L)。印染企业需建造有效的预处理设施达到这一标准。工程界开始实践铁炭还原、芬顿氧化等高效预处理技术,并在有机物削减方面获得了一定成效。但在应用中发现,由于铁炭还原、芬顿氧化需将pH调节到 2～4 的较低范围,导致初期调酸、后期调碱费用高昂;铁炭还原填料不仅在较低的pH条件下消耗率和使用成本大增,而且产生大量的铁泥,污水、污泥处理费用较高;且铁炭还原主要作用是改善废水的可生化性,以利于后续生物处理,其主要功能不是降低COD。上述因素已成为铁炭还原及芬顿氧化在印染、化工废水处理领域推广应用的重要限制性因素。

此外,针对毛纺、麻纺及缫丝纺织工业中高浓度洗毛废水、麻脱胶废水及缫丝副产品加工(汰头)废水的难治理问题,环保部于2012年专门制定了《毛纺工业水污染排放标准》

(28937－2012)、《麻纺工业水污染排放标准》(28938－2012)、《缫丝工业水污染物排放标准》(28936－2012)三项行业标准,明确规定了三个行业的间接排放标准,以促使毛纺、麻纺及缫丝纺织工业重新进行技术革新,研发及应用高效低耗废水处理技术。

3. 印染废水深度处理技术难点

纺织印染行业废水排放提标后,难度最大的是纺织印染工业园废水排放提标及升级改造。一方面,我国纺织印染产业聚集地工业园废水集中排放严格执行《城镇污水处理厂污染物排放标准》(GB18918－2012)中要求更高的一级 B 甚至一级 A 标准(其中 COD 一级 B 要求低于 60 mg/L,一级 A 低于 50 mg/L);另一方面,应对新时期纺织工业园废水直接排放提标,国内专家学者和工程界人士不断探寻经济可行的印染废水深度处理技术,但迄今为止,对于印染废水深度处理(尤其对于处理规模 50 000 m³/d 以上的大型集中废水处理),国内尚无较为成熟的经验借鉴。为此,工程界近年来开始尝试将饮用水深度处理技术移植入纺织印染工业园废水的深度处理及回用领域,主要包括臭氧氧化、膜分离、活性炭吸附及其组合技术。并已在一些印染企业或集中废水处理厂开展中试或实施工程,并获得一定的效果和应用经验,但综合目前的研究应用情况,均存在一定的问题。臭氧氧化法存在臭氧发生设备投资高、运行管理难度大的问题;此外,仅靠臭氧氧化去除 COD,在臭氧投量较大的情况下也无法获得满意的效果,因而经常与活性炭联用,以期经臭氧氧化改善废水可生化性,形成生物活性炭,延长活性炭使用寿命;但臭氧、生物活性炭联用对于原水 COD 较低(低于10 mg/L)的饮用水深度处理较为适用,对于原水 COD 较高的印染废水二级生化出水(100 mg/L 以上),由于在臭氧活性炭联用技术中臭氧不能承担主要去除 COD 的任务,故COD 的去除主要由后续活性炭单元承担,活性炭进水负荷势必偏高,即使在长期运行形成生物活性炭的情况下也难以获得稳定的效果,前期多家科研院所在我国萧山临江污水处理厂、绍兴污水处理厂开展的臭氧、曝气生物滤池及生物活性炭联用技术的中试及工程应用研究已证明了这一结论,COD 的去除极限只能降至 80 mg/L 左右。臭氧及其与生物滤池、活性炭技术的组合在印染废水深度处理中的技术经济综合效果有待进一步验证。活性炭吸附是成熟有效的技术,但对于印染废水深度处理,主要问题在于吸附饱和后再生费用高昂(约为3 000～5 000 元/吨活性炭),是其在工程应用中最大的限制性因素;在工程应用中较少完全采用单一活性炭吸附技术,如前文所述采用臭氧、生物活性炭联用技术,以延长活性炭的使用周期,但实践证明用于难降解印染废水深度处理效果无法令人满意。膜分离尽管能获得良好的效果,但投资及运行费用高、浓缩液难处理是其最大应用障碍,膜污染导致膜使用寿命到期后膜更换费用巨大,尤其对于大规模集中废水处理厂难以推广应用。芬顿试剂是成熟有效的深度处理方法与技术,但芬顿试剂 pH 调节范围大,酸碱用量大,污泥产量高,在深度处理工程实践中应用价值有限。其他类似光催化等深度处理技术仅仅停留在实验室研究阶段,对工程实践指导意义不大。

综上,臭氧氧化及其组合工艺、活性炭吸附、膜分离及芬顿试剂均不是适合我国国情的印染废水深度处理及回用的最佳可行性技术。更为需要关注的是,上述技术仅考虑了 COD的去除,对于二级生化出水中残余氨氮、总氮的去除却未考虑。如要在深度处理中实现脱氮,在上述工艺终端必然要进一步继续生物或化学脱氮工艺,工艺流程复杂、投资及运行成本高。关于在印染废水深度处理提标改造领域同时脱氮除碳问题,无论在理论上还是在工程实践中均未很好解决;且从未来废水排放以单项有机物控制为重点的高层次"提标"长远考虑,更需进一步探索高效、经济、易于操作管理的印染废水深度处理工艺技术。

7.8.2　管理问题

我国印染产业聚集地主要包括江苏、浙江、福建、广东、山东五省,这五省集中了中国约 95% 左右的印染产能,其中江苏、浙江印染产能占到 70% 左右。由于历史原因,这些印染产业聚集地企业布局分散度较大,诸多印染企业废水治理模式是企业各建废水处理设施,分散布局的模式给管理带来较大困难,环保管理部门需逐一监控各印染企业的排放水质,企业总的污水治理成本也较高。实行污废水排放提标后,这种"各扫门前雪"的管理运营模式更是成为印染行业可持续发展的巨大障碍,印染企业一方面缺乏废水处理设施提标改造用地,另一方面企业依然要承担高昂的废水治理提标改造的投资及运行费用,这已不是单一技术层面所能解决的问题。在提标改造实施后,应用何种印染企业废水治理管理运行模式,不仅是企业需要面对的问题,更是政府和环保管理部门所需关注且需亟待解决的问题。

未来要合理解决纺织印染废水排放提标面对的问题及困难,需从技术和管理两方面协同入手,两方面有机结合,方能从容应对当前印染企业节能减排高标准要求和企业可持续发展、循环经济之间的矛盾和问题。

第8章　煤气焦化废水处理

8.1　废水的基本特征

煤气是清洁的气体燃料,我国是以煤为主要能源的国家,适用于气化的煤炭资源约占全部煤炭资源的80%,达5 000亿吨,因此积极发展煤气化工程对保护我国环境、充分利用煤炭资源及促进经济发展具有重要的意义。近年来随着国民经济的高速发展,焦炭产量快速增长,2008年焦炭产量32 757万吨,中国的焦炭产量是日本焦炭产量8.9倍,是美国的24倍,约占世界焦炭产量60%,中国的焦炭产量大,消费多是世界之最。然而,在煤气化和炼焦过程中也带来了一系列的环境问题,这个问题对于我国尤为严重,其对环境的污染特点是集中、复杂,几乎所有工序上都有污染物产生,其中煤转化废水危害最大。

煤炼焦制气废水是煤气冷却过程中析出的,包含煤在干燥、干馏、还原及氧化过程中热解挥发出的多种成分。焦炉煤气冷凝鼓风工艺流程如图8-1所示。

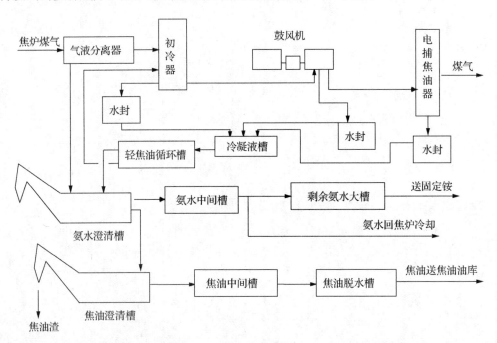

图8-1　焦炉煤气冷凝鼓风工艺

荒煤气从焦炉出来,在集气管和桥管中经氨水喷洒冷却,通过气液分离器后进入横管式初冷器。初冷器上段用循环冷却水冷却,下段用低温冷却水冷却,煤气中的部分水蒸汽、焦油和萘被冷凝下来。横管式初冷器顶部有氨水喷洒,中部有轻质焦油喷洒,将煤气中的萘洗涤下来。冷却后的煤气进入鼓风机,鼓风机通过DCS系统调节液力偶合器转速,同时调节旁通,共同保持集气管吸力稳定。经鼓风机后的煤气进入电捕焦油器,除去焦油雾后到油洗涤萘装置。气液分离器分离下来的氨水、焦油进入机械化氨水澄清槽,氨水进入循环氨水槽,用低压氨水泵将循环氨水送至桥管和集气管喷头,用于喷洒荒煤气,冷却煤气。用高压氨水泵将循环氨水送至焦炉上升管。氨水在桥管经过蝶阀回流至循环氨水槽,循环氨水槽溢流氨水经泵送至固定铵分解装置脱氨,脱氨后废水送硝化反硝化装置处理后外排。焦油由机械化氨水澄清槽中部,液面调节器流出进入机械化焦油槽二次分离后流入焦油中间槽,用焦油泵送至焦油脱水槽,经脱水后的焦油送至焦油油库,机械化焦油澄清槽底部焦油渣经链条刮扳机刮出装桶处理。横管式初冷器出来的冷凝液经水封流入冷凝液地下槽,鼓风机、电捕焦油器下来的焦油分别经水封槽流入冷凝液地下槽,再用焦油液下泵送至轻质焦油槽。轻质焦油、氨水经轻质焦油泵一部分送横管式初冷器中部洗涤煤气中的萘,多余轻质焦油送入机械化氨水澄清槽。

不同的煤气发生站,由于选用的原料煤及生产工艺的不同,所产生的废水中污染物成分有较大的差异(如表 8-1)所示。

表 8-1 不同的企业产生的煤气(焦化)废水水质特征

项目 (mg/L)	焦化废水	煤气废水			
		Hygas[1]	SFB[2]	METC[3]	鲁 奇[4]
COD	2 500~10 000	7 000~14 000	21 000~30 000	16 900~87 000	9 000~21 000
酚类	400~3 000	1 300~2 000	3 500~6500	300~2 950	5 600~7 600
$NH_3^- - N$	1 800~6 500	11 000~13 000	4 000~7 500	3 400~7 740	3 400~11 000
$NO_3^- - N$	—	0. 2~11	<2	—	—
有机氮	—	24~41	60~140	—	—
P	<1	3~29	2~20	—	—
总 CN^-	10~100	3~85	2~50	16~110	40~60
SCN^-	100~1 500	16~150	80~200	8~200	—
S^{2-}	200~600	60~560	60~300	560~750	137~268
SO_4^{2-}	—	70~370	90~230	—	—
碱度	3 800~4 300	39 000~49 000	14 000~24 000	800~25 000	19 000~24 000
pH	7.5~9.1	7.8~8.4	8.2~8.6	8.5~8.8	7.9~8.4

1. 废水来自 Hygas 煤气化中试厂的 62,64,72 和 79 工段。
2. 废水来自 Grand Forks 能源技术中心(GFETC)运行的 Slagging fixed-bed(SFB)煤气化中试厂。
3. 废水来自 Morgantown 能源技术中心(METC)煤气化中试厂的 RA-52 工段。
4. 废水产于某气化厂。

在煤气化过程中,原料煤中的一部分(70%~80%)N 用于合成分子氮、氨、氰和各种有机碱性物质。氨的形成机制目前仍有争议,但可以肯定,氨是由煤结构中的诸如氨基、取代氨基等氨型侧链的释放而形成的。氰化物则是氨和 C、CH_4、C_2H_4、C_2H_2、CO 等发生反应形成的。

煤气废水的化学成分与焦化废水相似,处理工艺可以相互借鉴。一般煤气废水的 COD 和酚含量高于焦化废水,而氰化物和硫氰化物含量则较低;另外,由于煤气化过程中氨和二氧化碳分压较高,煤气废水的碱度比焦化废水高许多,废水中的氨90%以上是游离氨,易于蒸馏回收。

　　废水中有机污染物含量较高,COD一般高达10 000 mg/L以上,主要以酚类物质为主,包括单元酚和多元酚,一般约占总有机物的60%~80%;此外废水中还含有一些多环芳烃(PAHs)及含N、O及S的杂环化合物。废水中无机化合物主要有氨,在废水中的浓度可达数千mg/L;另外,废水中还含有氰化物、硫氰化物等无机污染物,而S、P等元素含量决定于原料煤的成分。

　　煤炼焦制气废水水量大、水质复杂,其中主要污染物为酚类、NH_4^+-N和氰化物,属于目前我国水体最具代表性的污染物种类,已严重影响了水生生物的生长和人类饮用水的安全。另外,废水中还含有一定量的煤焦油,其在土壤中极难降解,即使停止排放废水,几十年也难以自然恢复,对煤气厂周围的农作物的生长和质量以及对地下水水质都会有长期的影响。

8.2　废水处理技术研究现状

　　炼焦制气废水的治理工作早在20世纪50年代末就已开始,半个多世纪以来,随着科学技术的飞速发展和废水排放要求的逐步提高,废水处理技术也在不断地改进,处理工艺主要经历了如下几个发展阶段:

　　20世纪60年代以前主要采用物理化学处理方法,其中包括活性炭吸附、磺化煤吸附、酸化破胶、真空过滤及加热蒸发等技术,这些方法在应用过程中遇到了经济、技术和环保等问题,难以长期运行。

　　目前,物理化学方法在煤气废水处理领域一般多作为生物处理的强化手段,很少单独使用。有研究采用粉末活性炭处理焦化废水时,取得较好的处理效果,其中COD去除率约为83%,NH_4^+-N去除率为72%,酚去除率为99.8%,氰化物去除率为97.1%,但30 g/L的活性炭投加量是一般企业难以承受的。

　　60年代至70年代,生物处理技术开始应用于煤气废水处理领域,并逐渐成为该类废水处理的核心工艺,而且所采用的几乎都是传统活性污泥法。

　　早期废水生物处理系统直接接纳高浓度原水,水力停留时间很长,处理效率较低,且经常发生污泥中毒等情况。之后,针对废水中酚、氨浓度高,容易对微生物产生抑制等特点,在生化处理工艺之前,又发展了废水的预处理工艺,主要包括废水的稀释、蒸氨、溶剂萃取脱酚、气浮除油、电解和絮凝等处理工艺。某企业加碱蒸氨工艺流程如图8-2所示。

　　来自焦炉的剩余氨水进入氨水大槽,原料废水在槽内进行加热保温,在60℃左右条件下经静止、沉淀除去杂质,备用。30%液碱由汽车槽车送至地下槽,经液下泵送至碱计量槽,再经计量泵送至提升泵前。出氨水大槽的废水与计量泵送的液碱在提升泵前汇合,经提升泵充分搅拌后,进入焦炭过滤器,然后与蒸氨塔底部排出的蒸氨废水间接进行热交换,再进入蒸氨塔塔板进行蒸馏。塔顶含氨的氨蒸汽经过冷却、分缩,汽相部分进入饱和器,生产硫酸铵,液相部分回流至塔内。塔底废水pH控制在7.0~9.5之间,经塔底换热器进行冷却,然后经输送泵送至生化硝化和反硝化脱氮处理。

　　工艺操作指标:废水处理量≤60 t/h,出塔氨氮≤150 mg/L,入塔氨水温度75~80℃,

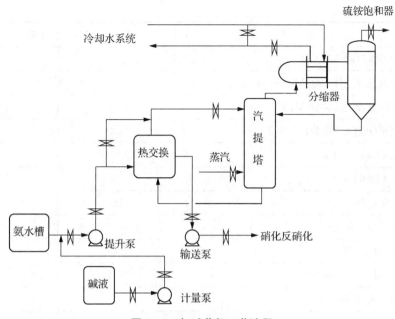

图 8-2　加碱蒸氨工艺流程

蒸氨塔顶温度 105～110℃,蒸氨塔底温度 109～115℃,氨器分凝器出口氨气温度 98～103℃,出塔废水换热后温度 80～95℃,蒸气用量 5.0～7.5 t/h,塔顶压力 0.02 MPa～0.04 MPa,塔底压力 0.04 MPa～0.07 MPa。

该系统可以将原水中 5 259 mg/L 的氨氮降到 21 mg/L,氰化物也由 26.25 mg/L 降到 8.19 mg/L,效果显著。

表 8-2 所示煤气废水活性污泥处理系统的运行特征和处理效果。可以看出,早期活性污泥处理系统对 COD、挥发酚和 SCN^- 的去除效果较好;NH_4^+-N 和有机氮的去除效果与系统水力停留时间(HRT)关系密切,水力停留时间较长时,NH_4^+-N 的去除率可达 90% 左右,有机氮去除率可达 51%,说明较长的水力停留时间不仅可以使传统活性污泥工艺具有硝化功能,而且有助于含氮的杂环化合物的降解。另外,活性污泥法也具有污泥产率低(可达 0.083 kg MLVSS/kg COD)、操作简单等优点。目前我国许多煤化工企业仍在采用活性污泥工艺,随着预处理工艺的不断改进,废水进水有机物和氨的负荷逐渐降低,后期采用的活性污泥工艺的 HRT 也有所降低。然而,采用普通活性污泥法处理煤气废水也具有一些难以克服的缺点。首先,为保证工艺运行稳定和较好的有机物去除效果,该工艺仍需较长的 HRT,属延时曝气法,能耗较高;其次,该工艺对废水中难降解有机物、CN^- 及 NH_4^+-N 的去除效果较差,难以满足日益提高的废水排放标准的要求。

表 8-2　普通活性污泥法处理煤气废水实验效果和参数

序号	项　目	实验参数与效果	
1	废水来源	Hygas	SFB
2	预处理	氨汽提	33% 稀释
3	固体停留时间 SRT(d)	15	15

序号	项　目	实验参数与效果	
4	水力停留时间 SRT(d)	2.05	9.20
5	混合液悬浮固体浓度 MLSS(mg/L)	2 000	1 870
6	挥发性悬浮固体浓度 MLVSS(mg/L)	1 820	1 500
7	耗氧率(mgO_2/mg MLVSS. d)	0.28	0.33
8	进水 COD(mg/L)	3 710	6 780
9	出水 COD(mg/L)	700	1 260
10	进水苯酚(mg/L)	625	1 510
11	出水苯酚(mg/L)	0.3	1.0
12	进水 $NH_4^+ - N$(mg/L)	148	157
13	出水 $NH_4^+ - N$(mg/L)	101	17
14	有机氮去除率(%)	30	51
15	总 CN^- 去除率(%)	0	80
16	SCN^- 去除率(%)	83	88

20 世纪 70 年代中期至 80 年代,多级活性污泥法、PAC-活性污泥法、生物-铁法等强化传统活性污泥工艺开始应用于煤气和焦化废水处理中。

两级或多级活性污泥工艺是针对普通活性污泥法停留时间过长、CN^- 和 $NH_4^+ - N$ 去除率低等缺点而应用于煤气和焦化废水处理中的。该工艺是由英国的 Abson 和 Todhunter 于 1959 年提出,处理系统中第一段主要去除有机物,第 2 段专用于硝化。由于大部分有机物的去除和污泥的产生均已在第一段完成,可以通过较小的容积达到硝化所需的泥龄。吸附-生物降解工艺属于两级活性污泥法,简称 A—B 工艺,其中 A 段属于超高负荷活性污泥系统,HRT 和 SRT 都很短,其中微生物主要是世代较短的高活性原核微生物,而 B 段属于低负荷活性污泥系统;A—B 工艺的 B 段曝气池前设置缺氧池,总体形成好氧-缺氧-好氧生化环境,可使该工艺具有脱氮功能。由于当时对煤气焦化废水的排放要求较低,A—B 工艺没有在该领域做深入研究;1973 年 Barker 和 Thompson 利用多级活性污泥工艺去除焦化废水中的 $NH_4^+ - N$,但由于受水质波动等因素的影响,实验效果不理想;Ganczarczyk(1976)采用两级活性污泥工艺处理焦化废水,小试和中试运行试验都表明该工艺可以有效地去除废水中的 $NH_4^+ - N$,对 SCN^- 和 CN^- 也有较好的去除效果,但在运行过程中,系统受水质波动、pH 和温度的影响较大,会造成处理出水悬浮固体浓度高的情况,特别是在第二段污泥产率低的硝化单元中往往污泥泥质很差;另外在实验过程中还加入了 5 mg/L 的葡萄糖作为微生物的生长因子,增加了运行成本;我国某气化厂煤气废水处理生产工艺是三级活性污泥法,长期以来系统污泥性能较差,$NH_4^+ - N$ 去除效果并不理想。

针对传统活性污泥工艺在处理有毒废水时易产生污泥膨胀、稳定性较差的缺点,又开发出 PAC-活性污泥法和生物-铁法等工艺。这些工艺均是通过向活性污泥反应器中投加固体颗粒物(粉末活性炭、粘土矿物等)或化学试剂来改善系统污泥性状,强化微生物活性,提高废水 COD 和色度的去除率。该工艺的主要缺点是 $NH_4^+ - N$ 去除效果较差。另外,粉末活性炭和铁盐会随剩余污泥或处理出水排放,难以回收再用,需要定期补充,实际运行成本较高。然而,有关研究成果为强化传统活性污泥工艺提供了新思路,成为以后强化生物处理技术研究的热点之一。

80 年代以后,由于能源问题较为突出,厌氧生物法逐渐受到重视,有关厌氧工艺处理煤气焦化废水的实验研究工作开始增多。Suidan 等(1983)和 Nakhla(1995)采用活性炭厌氧滤床法(GAC—AF)及活性炭厌氧流化床法(GAC—AFB)处理实际煤气废水,COD 去除率可达 90%,其中 50%~56% 的 COD 转化为甲烷。该小试试验表明,反应器中活性炭具有吸附和生物载体的双重作用,吸附过程与生物再生同时并存,较大地提高了活性炭的使用效率,可使每 0.67 g 的活性炭可吸附 1 g COD。经分析饱和活性炭中主要残留的是难以生物降解的邻-甲酚及一些烷基去代酚。尽管如此,该工艺运行费用也较大,实际操作较复杂,目前难以实现产业化。

Fedorak 等(1986)考查了煤气废水在不使用活性炭情况下的厌氧处理特征,对高强度(酚含量为 7600 mg/L)煤气废水进行高倍稀释(稀释体积比例 2%~4%)后,采用厌氧消化法,HRT 为 12.5~25 d。结果发现在低负荷情况下,酚几乎可以全部被去除。随着进水酚浓度的增加,间-甲酚首先在出水中出现,指示处理效果恶化,随之对-甲酚也出现了,而邻-甲酚没有被降解。

到 2000 年为止,世界共建成运行 1 330 个生产规模的厌氧处理设施,其中有 80 个是用于处理化工及石油化工废水,而仅有一个是用于处理含酚废水。该设施于 1986 年在荷兰建成,采用的是 UASB 工艺。系统有机负荷达 9~12 kg COD/m³ · d,COD 去除率为 95%。然而令人不解的是,自从 1986 年以来,再没有新建用于处理含酚废水的生产规模的厌氧处理工程,而到目前为止,未见有利用厌氧工艺生产规模的处理煤气焦化废水的报道。Veeresh 等(2005)认为,采用厌氧工艺处理含酚废水仍处于探索阶段,需要解决如下几个问题才有望用于实际生产:

(1) 开发出新型廉价的共代谢基质物质;

(2) 认真评价实际废水的生物降解特性和毒性;

(3) 开发必要的预处理工艺,提高系统的抗冲击性能;

(4) 加快微生物驯化和污泥颗粒化速度;

(5) 采用两阶段处理工艺,即苯酸盐形成阶段和产甲烷阶段。

90 年代以后,国外有关煤气和焦化废水处理的文献报道逐渐减少,而国内相关研究却逐渐增多,出现了水解酸化-好氧(A - O)、厌氧-缺氧-好氧(A_1-A_2-O)、间歇式活性污泥(SBR)、生物流化床(FBR)等二级处理工艺;同时也开展了大量深度处理研究工作。

厌氧(A)-好氧(O)、厌氧(A_1)-缺氧(A_2)-好氧(O)和序批式(SBR)工艺的优点均是通过改变微生物的生化环境而实现的,主要从两方面强化传统活性污泥工艺的处理效果:第一,由于系统中有缺氧反硝化单元,可以达到脱氮除磷的目的;第二,充分发挥厌氧或缺氧和好氧微生物对有机物各自不同的降解优势,强化总体 COD 去除效果。

A - O 和 A_1 - A_2 - O 工艺在废水有机物去除方面最显著的特点是水解池取代了传统的初沉池,提高了有机物在该工艺段的去除率,更重要的是经过水解处理,废水中的有机物不但在数量上发生了很大的变化,而且在理化性质上也发生了变化,使废水更适宜后续好氧处理。目前,该工艺已广泛应用于城市生活污水处理中,在煤气焦化等工业废水处理中也进行了较多的实验研究。

　　SBR 工艺早在 1914 年英国学者发明活性污泥法时,采用的就是这种工艺,只是由于该工艺间歇操作,控制较复杂,阻碍了其实际应用;近年来,随着自动控制技术的发展,SBR 工艺的实际应用得到了逐步的展开。SBR 反应池的工作特征是按一定顺序间歇操作运行,操作分为进水、反应、沉淀、出水和闲置五个阶段,实现多种生化环境的转变,不仅使反应池具备了脱氮除磷的功能,而且可以降解一些传统活性污泥工艺难以降解的有机物,因此近年来也广泛应用于处理难降解工业废水。在煤气和焦化废水处理研究中,除采用普通的 SBR 工艺外,还采用一些相关的改良或组合工艺,包括普通活性污泥 - SBR、膜法序批式反应器(SMSBR)、ASBR＋SBR(反硝化)＋SBR(碳氧化)＋BAF(硝化)、水解酸化 - SBR 组合工艺等,这些工艺的实际操作生化顺序与 A - O 或 A_1 - A_2 - O 相同,均以厌氧或缺氧为预处理段,后续经过好氧生物处理,从工艺的处理效果和处理机制上看,所采用的 SBR 工艺与 A - O 或 A_1 - A_2 - O 工艺也基本相同。

　　有研究认为焦化废水中难降解有机物在好氧条件下降解性能差是好氧工艺出水 COD 较高的主要原因,虽然通过延长水力停留时间和增大污泥浓度可以在一定程度上改善有机物去除效果,但由于这些难降解有机物含量较高,仅靠改变运行参数不能达到满意的效果,必须深入研究这些难降解有机物的生物降解特征。也研究表明,焦化废水中几种含 N 杂环化合物可以在缺氧条件下较迅速地得到降解;有研究选取喹啉、吲哚、吡啶和联苯 4 种难降解有机物作为目标物,研究其在不同生化环境下的降解特征。实验表明,在以葡萄糖为共基质条件下,这 4 种化合物在厌氧条件下的降解速率常数较其在好氧条件下的有明显的升高,厌氧条件下有机物降解速度的快慢顺序是:联苯、喹啉、吡啶、吲哚;当没有共基质葡萄糖时,微生物活性下降,这 4 种有机物的厌氧降解速率均有不同程度的降低,其中联苯降低幅度最大,由 92％降低为 60％。有研究证明在有葡萄糖共基质条件下,厌氧微生物对一些多环和杂环有机化合物具有降解作用,有利于后续好氧生物处理,可以提高总体 COD 去除效果。

　　近年来,大量文献报道了 A - O、A_1 - A_2 - O、SBR 工艺处理焦化和煤气废水的小试实验成果,一般处理效果均较普通活性污泥法好,COD 和 NH_4^+ - N 去除率都很高,其中许多实验结果表明该工艺可使废水达到一级排放标准。表 8 - 3 列出的是较有代表性的水解酸化 - 好氧生物处理实验结果。

表 8 - 3　煤气废水厌氧、好氧联合工艺处理效果

处理 工艺	$COD_{进水}$ (mgL^{-1})	$COD_{出水}$ (mgL^{-1})	NH_4^+ - $N_{进水}$ (mgL^{-1})	NH_4^+ - $N_{出水}$ (mgL^{-1})	$HRT_{厌氧}$ (h)	$HRT_{好氧}$ (h)
SBF - AS	900	35	105	11.0	6.0	13.0
SBF - SBF	1 200	98	150	1.0	5.4	14.8
A_1 - A_2 - O	1 496	114	252	3.1	18.3	13.3

　　可以看出,采用厌氧和好氧联合工艺处理煤气废水比普通活性污泥工艺具有明显的优势,它利用了厌氧和好氧菌群的各自不同的降解特性,强化了总体处理效果,特别是在脱氮方面具有明显的优势。然而,上述实验多为小试规模,而且系统进水 COD 浓度一般均较低,难以验证系统的抗冲击性能和在高负荷条件下的运行效果。

　　从目前煤气废水处理现状看,尽管许多企业采用了水解酸化-好氧处理工艺取代传统的活性污泥工艺,但改造后系统总体处理效果并不理想,特别是 NH_4^+ - N 处理效果更差,常出现出

水 $NH_4^+ - N$ 浓度大于进水浓度的现象。根据 1997 年国内对冶金企业的统计,生化出水含酚小于 1 mg/L 的企业占调查企业数的 88%～96.3%;氰化物含量小于 0.5 mg/L 的生化处理设施占总数的 74%～96%;COD 去除率一般在 80% 以下,大部分企业不能达标,COD 含量小于 200 mg/L 的生化处理设施占总数的 4.5%～17.2%;生化出水中 $NH_4^+ - N$ 的去除效果更差,去除率最高只有 65% 左右,一般在 18.7%～31.8%,这些数据一方面说明废水水质变化大、处理难度高;另一方面也表明目前开发的一些新工艺在实际应用中仍存在难题。

煤气废水中芳香类化合物为主要有机污染物,表 8-4 列出部分芳香类化合物在厌氧条件下水解、酸化反应的摩尔吉布斯自由能变化 ΔG_m。

表 8-4 一些芳香类化合物厌氧降解的吉布斯自由能变化

名称	分子式	反应式	$\Delta G_m / kJmol^{-1}$
甲苯	$C_6H_5CH_3$	$C_6H_5CH_3 + 9H_2O \longrightarrow 3CH_3COOH + H_2CO_3 + 6H_2$	+165.7
甲酚	$CH_3C_6H_4OH$	$CH_3C_6H_4OH + 8H_2O \longrightarrow 3CH_3COOH + H_2CO_3 + 5H_2$	+75.0
苯	C_6H_6	$C_6H_6 + 6H_2O \longrightarrow 3CH_3COOH + 3H_2$	+70.0
苯甲酸	C_6H_5COOH	$C_6H_5COOH + 7H_2O \longrightarrow 3CH_3COOH + H_2CO_3 + 3H_2$	+70.4
苯酚	C_6H_5OH	$C_6H_5OH + 5H_2O \longrightarrow 3CH_3COOH + 2H_2$	+5.5
邻苯二酚	$C_6H_4(OH)_2$	$C_6H_4(OH)_2 + 4H_2O \longrightarrow 3CH_3COOH + H_2$	-78.3

由表 8-4 可以看出,除邻苯二酚外,其余芳香类化合物的厌氧降解均较困难。虽然在厌氧消化系统中,会由于 H_2 分压的降低而使上述反应的 ΔG_m 降低,有时降低为负值,反应从热力学上是可以进行的,但从动力学方面看,环境因素可能使其降解速度慢到难以观察的程度;这些芳香类化合物不降解,进入后续好氧池中势必会对硝化菌产生强烈的抑制作用,使硝化作用难以进行。另外有实验表明,在厌氧环境下苯酚先转化为苯甲酸盐,苯甲酸盐脱芳构化形成环己胺羧酸,之后开环形成庚酮,庚酮降解后才可形成乙酸。在这个转化过程中,苯酚向苯甲酸盐的转化是苯酚厌氧降解过程的速度限定步骤;其它取代酚类物质先降解为苯酚,之后按苯酚的降解过程进一步降解,因此,酚类物质在厌氧生化环境下由于降解途径的差异,降解效果较差。

目前有关多环或杂环有机化合物厌氧降解特性的研究一般是采用纯试剂人工配水或在有葡萄糖共基质条件下进行的,而实际废水是含有高浓度的酚类物质,应同时考虑酚类物质对多环或杂环化合物降解的影响及酚类物质对微生物的抑制作用。在我们的实验中,厌氧段污泥易受水质波动的影响,厌氧处理对后续好氧生物处理过程的促进作用往往不明显。

由于较长的水力停留时间,采用传统活性污泥法处理煤气和焦化废水的效率一般较低。生物流化床工艺(FBR)可以维持高活性、高浓度的微生物,提高生物反应速度。Sutton 等(1999)利用纯氧曝气 FBR 法处理焦化废水生产实验结果表明,在 HRT 为 7.1 h,进水 COD 和酚浓度分别为 4923 mg/L 和 1239 mg/L 的条件下,系统生物量(VS)可达 11 g/L,COD 和酚的去除率分别为 88% 和 99%,SCN^- 去除率可达 92%,极大地提高了处理效率。然而该工艺对 $NH_4^+ - N$ 和 CN^- 去除效果很差,系统控制难度也较大,反应器内需要严格控制水力条件,以确保载体流化但不流失;另外,由于反应器中生物量大,废水中氧传质效果较差,容易引起微生物腐败,需要复杂的预处理过程(特别是除油过程)、纯氧曝气和高回流量才能保证系统稳定运行,但这也使运行成本提高。随后,在我国也有学者采用曝气生物流化床(ABFB)工艺处理煤气废水,利用大比表面积(200 m^2/g)、含有多种活性官能团的有机合成材料为生物载体,平均生物量可达 28 g/L,COD、NH_4^+ - N 和挥发酚的去除效果均很好,去除率都大于 98%,出水这三项指标均可达国家一级排放指标。但之后并未见到相关中试实验及生产应用的报道。另外,一些研究采用生物流化床厌氧-缺氧-好氧工艺处理焦化废水,进行了小试或中试规模的试验研究,取得了较好的处理效果,出水可达标排放,但目前还没有报道有关该工艺实际应用的消息。

由于酚氨废水含有一些难生物降解物质,生物处理出水一般很难达到排放标准,特别是在进水稀释比例较小的条件下,出水的 COD、NH_4^+ - N 和色度等指标比排放标准高很多,需要进行深度处理。

8.3 废水生物技术开发

废水生物处理技术经历了百余年的发展和应用,在水污染控制中发挥了巨大的作用,取得了很大的进步。但它离尽善尽美还相差很远,还不能满足需要。还存在着诸如微生物生化环境不够理想、反应速率低、运行不够稳定及对难降解有机物处理效果较差等问题。开发新的生物处理流程、新一代的反应器和新的设备,以满足水污染控制的需要,达到全球日益严格的环境标准,符合可持续发展战略的思想。

8.3.1 废水中有机基质浓度对微生物生长速率的影响

对于某些工业废水,基质浓度过高或过低都会影响微生物的活性,研究基质浓度与微生物的生长速率之间关系对于开发废水处理工艺和确定工艺运行参数具有重要的意义。

苯酚是煤气废水中典型的有机污染物成分,可以被包括纯细菌、混合细菌、酵母菌及丝状真菌等多种微生物降解,是微生物利用的主要有机基质,许多专家对以苯酚为唯一碳源的废水的生物降解模型进行了深入的研究。Neufeld 等(1979)和 Beltrame 等(1980)认为,苯酚对微生物没有抑制性,微生物的比生长速率系数 μ 随基质浓度的增加而上升,然后逐渐地接近最大值 μ_{max},这种关系可以较好地利用 Monod 方程来描述。

然而,Sokol 和 Howell(1981)却发现在一定苯酚浓度范围内,苯酚的利用速度随其浓度的升高而增长,超过该浓度范围,苯酚的利用速度随其浓度的增加而降低。随后,Rozich(1983;1985)、Goudar(2000)等均研究表明,以苯酚为单一碳源的微生物生长属抑制性模式,应以 Haldane 或 Andrews 模式来描述。即

$$\mu = \mu_{max} \frac{S_e}{K_S + S_e + S_e^2/K_I}$$

式中:K_I 为抑制系数。

实验表明,当苯酚浓度为 100 mg/L 时,生物比增长速度达到最大,而当苯酚浓度大于1 300 mg/L时,微生物完全被抑制。在煤气废水中,一般还有甲酚、硫化物、硫氰化物及氰化物等,这些物质对苯酚的降解均有抑制作用;另外,温度对苯酚的降解影响也较大。考虑到这些因素,Kumaran 等(1997)又发展了上述模式,在 Haldane 模式数学公式中加入了其他影响因子参数。

开发新型处理工艺,一个重要方面就是要为微生物提供最佳的生化环境,在该环境中,废水中有毒有机物可以高效降解,这样即使在废水水质发生较大幅度波动时,这些有机物也不能达到抑制微生物活性的浓度限度,因此需要深入探讨废水中主要有毒有机物在不同生化环境中的降解特性。

8.3.2　废水处理生化环境的选择

1. 生化环境对有机污染物降解途径的影响

生化环境决定了微生物生态,微生物在好氧、缺氧和厌氧三种环境中可能有着迥然不同的代谢途径,影响着废水的处理效果。在工业废水处理中,生化环境尤为重要,有些降解只能够以好氧方式进行,或者相反。众所周知,许多烃类在好氧条件下是可以生物降解的,但在缺氧条件下却难以降解。萘是煤气废水中多环芳烃(PAHs)污染物中的常见化合物,图 8-3 所示萘在不同生化环境中的降解特征。可以看出,其在好氧环境下的生物转化速度较快,而在厌氧条件下,经历 40 d 后浓度仍然没有降低,难以生化。产生这种现象的原因主要是,萘在不同生

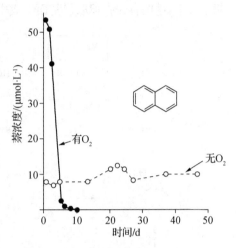

图 8-3　萘微生物降解随时间的变化

化环境中的降解途径有差异,在好氧条件下,萘是通过氧化酶而被氧化的;而在厌氧还原条件下,萘必须先发生羧酸化反应,转变为 2-萘酸,之后才能迅速降解为 CO_2。另外,诸如某些有机氯溶剂(如 CCl_4)可以在还原条件下进行生物转化,但在有氧条件下却是持久的。

煤气废水中的有机物主要是酚类物质,其中苯酚和甲酚最具代表性。在不同的生化环境下,苯酚降解途径如图 8-4 所示。

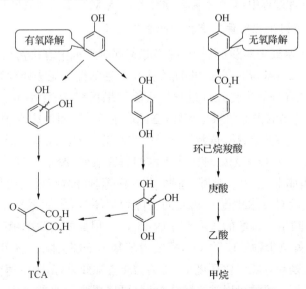

图 8-4　苯酚在有氧和无氧环境下生物降解途径

由图中可以看出,在不同生化环境下,苯酚的降解途径有较大的差别。在有氧条件下,苯酚首先被氧化为邻苯二酚或对苯二酚,之后转变为醌类,再转变为己二酸,最后进入三羧酸循环(TCA);在无氧条件下,苯酚先转变为苯甲酸,进一步降解开环为直链酸,成为甲烷的前驱物。

图8-5表示的是对甲酚的生物降解途径。可以看出,在有氧条件下,首先对甲酚中的甲基进行降解,逐步转变为酚醇、酚醛、酚酸,进一步氧化为二酚酸,开环后进入三羧酸循环;在无氧条件下,甲酚首先去掉取代基而生成中间产物苯酚,之后按苯酚的无氧降解途径降解。

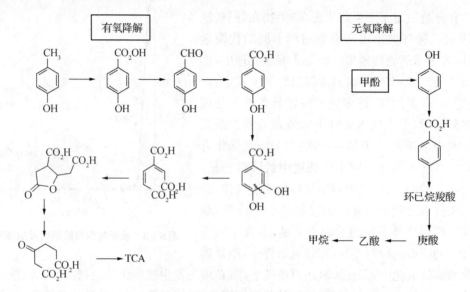

图8-5　不同生化环境下对甲酚的降解途径

由上述可以看出,在不同的生化环境下,酚类物质的微生物降解途径具有较大的差别;另外,煤气废水中的其他有机污染物一般也具有这个特点,在不同的生化环境中具有不同的降解途径。在实际废水处理过程中,有机物降解途径的差异,对废水处理效果有着深刻的影响。

2. 酚氨废水在不同生化条件下有机物的去除效果

在煤气和焦化废水处理实践过程中,许多专家都对废水中有机污染物的生物降解行为进行了细致的研究。Stmaoudis 等(1980)在采用单独活性污泥法处理煤气废水时发现,煤气废水中的酚类物质在好氧生物处理过程中去除效果很好,去除率可达99%;对以苯胺类为主的含 N 杂环化合物的去除效果也较好,去除率为90%;而对废水中中性有机化合物去除效果不好,特别是一些如蒽、芴、苊及取代萘等多环芳烃的去除率很低。

有研究利用 A_1-A_2-O 工艺处理焦化废水的研究表明,废水经过 8 小时中温厌氧生物处理后(A_1),一些诸如吡啶、甲基吡啶、喹啉、芴及芘等难降解有机物明显减少,废水的可生化性得到提高;厌氧段对废水中酚类物质的去除效果不好,去除率小于10%,即使再经过10 h的缺氧生物处理(A_2),苯酚的去除率才达16.8%,甲酚的去除率稍高,为29.3%;然而,经过后续13.3 h的好氧生物处理后(O),挥发酚却基本全部去除。该实验数据总体可以说明两方面问题,首先是在好氧生化环境下,酚类物质去除效果好,降解速度快;其次在厌氧生化环境下,一些难降解有机物可以被去除或分解,可以提高废水的可生化性,为后续好氧生物处理提供条件。

Fedorak 等(1987)研究表明,酚类物质在厌氧生化环境下的降解效率较低,特别是邻-甲酚几乎不能在厌氧环境下降解,而邻-甲酚在好氧环境下却是容易降解的。

Kettunen 等(1996)在处理含酚废水时也发现,厌氧过程对苯酚去除作用很小,但对废水中的一些结构复杂的有机物有一定的降解作用,可以促进后续好氧处理效果。

酚类物质在不同生化环境下,发生降解的浓度上限不同,好氧环境下酚的可降解上限浓度较高。Harrison 等(2001)研究表明,当总酚浓度低于 660 mg/L 时,好氧微生物生物可以降解酚类物质;而在缺氧条件下,总酚浓度降低到 195 mg/L 时,生物降解才开始发生,而且主要降解对-甲酚;在对-甲酚降解的同时也发现,废水中的硝酸盐、硫酸盐的含量在降低。说明对-甲酚是在反硝化和硫酸盐还原过程中降解的。

综上所述,好氧生物处理可有效地去除煤气废水中的挥发酚及大部分的多元酚,而在厌氧条件下,酚类的酸化速度较慢,容易受水质波动的影响造成酚浓度上升,超过抑制微生物浓度限度。因此,Nakhla 等(1995)指出好氧处理过程在毒性废水处理领域中应起主导作用。

然而,对于化学成分复杂的煤气废水,要得到较好的处理出水,也必须考虑厌氧生化作用。前已述及厌氧或缺氧生化环境下废水中多环或杂环有机化合物的降解特性,表明厌氧处理虽然对废水中酚和 COD 去除贡献不大,但可以去除或分解水中一些诸如吡啶、甲基吡啶、喹啉、茚及芘等好氧条件下难降解有机物,提高废水的可生化性,有利于出水 COD 的进一步的降低。

因此,从 COD 去除总效果出发,开发新型废水处理工艺必须要考虑多种生化环境的组合,通过上述分析,好氧生化环境应为核心单元。

3. 生化环境对酚氨废水中氨氮降解的影响

煤气和焦化废水 $NH_4^+ - N$ 含量高,处理难度大。目前生产性处理工艺的 $NH_4^+ - N$ 去除率一般仅为 $19\% \sim 32\%$,造成 $NH_4^+ - N$ 去除效果差的主要原因是废水中含有硝化菌的抑制性物质,这些抑制性物质包括游离氨和有机污染物。游离氨和亚硝酸对亚硝化菌和硝化菌的抑制特征如表 8-5 所示。

表 8-5 NH_3 和 HNO_2 对亚硝化菌和硝化菌的抑制特征

抑制物质	对亚硝化菌 100% 抑制浓度	对硝化菌 100% 抑制浓度
NH_3	150 mg N/L	1 mg N/L
HNO_2	2.8 mg N/L	2.8 mg N/L

由表 8-5 可以看出,游离氨和亚硝酸对硝化菌具有较强烈的抑制作用,由于废水的 pH 与 NH_3/NH_4^+ 和 HNO_2/NO_2^- 平衡相关,所以实际抑制情况还受 pH 的影响。然而,硝化菌受到部分抑制不一定意味着硝化程度会减弱,仅仅是该过程较慢,在这种情况下要获得与不存在抑制时同样的处理效果,处理设施必须设计得大些,这一点对于煤气废水处理工艺的开发研究很重要。Carrera 等(2003)研究表明,$NH_4^+ - N$ 浓度高达 4 800 mg/L 和 1 900 mg/L 时,采用好氧-缺氧两段污泥系统处理可以得到很好的处理效果,但系统 HRT 分别长达 9～10 d 和 3～5 d。

　　煤气废水中许多有机污染物都对 $NH_4^+ - N$ 的硝化具有强烈的抑制作用。Hockenbury 等(1977)研究得出,烷基萘胺、烷基吡啶、苯胺、苯酚和甲酚在较低浓度下对硝化细菌就具抑制作用。苯酚、甲酚和苯胺一般是煤气废水的主要有机成分,对硝化细菌的影响较大;Dyreborg 等(1995)研究表明,苯酚的 S_c 为 3.7 mg/L,邻-甲酚的 S_c 为 1.3 mg/L,S_c 为 100% 抑制硝化作用的毒物浓度;而苯胺在 7.7 mg/L 的浓度条件下就可以对氨氧化产生 75% 的抑制作用。另外,由于硝化细菌生长速率和产率比异氧菌的低很多,所以当废水中同时存在较高浓度的有机污染物和 $NH_4^+ - N$ 时,异氧菌在降解有机物过程中对溶解氧的竞争会影响硝化菌的生长。

　　因此,废水中有机污染物的降解去除,特别是对硝化细菌有抑制作用的有毒有机物的去除,应是氨氧化的前提条件,从这个意义上讲,氨氧化反应之前,需要有一个好氧处理过程去除废水中酚类物质、苯胺和大部分 COD,这一点也是新工艺生化环境选择时所必须考虑的因素。

　　4. 废水处理工艺各单元生化环境的选择

　　鉴于上述分析,针对目前煤气废水处理工艺所遇到的一些问题,有研究采用了顺序为好氧(O)-缺氧(A)-好氧(O)三级生化工艺,系统各单元的主要设计功能如下:

　　(1) 第一级好氧生化处理

　　前文所列实验数据表明,苯酚、甲酚等废水中的毒性物质,在好氧生化环境下可以有效地降解,所以即使在进水酚浓度很高的条件下,反应器中的酚浓度也不会达到抑制微生物生长的浓度限度。因此,第一级好氧生化系统可以接受更高浓度的废水,这样就会提高处理效率,且节约了稀释用水;第一级好氧单元可以去除废水大部分挥发酚及 COD,为后续处理单元去除 $NH_4^+ - N$ 和大分子有机物提供了条件;另外,第一级好氧单元加以适当的强化和控制条件,本身也可具有一定的硝化作用,可以缓解系统后续硝化负荷的压力。

　　事实上,由于在厌氧环境下,废水中的酚类物质降解速度缓慢且对微生物有抑制作用,厌氧消化系统难以直接处理含酚废水,有研究者试图采用好氧工艺对废水先进行预处理。Borja 等(1995)在利用厌氧消化工艺处理橄榄生产废水的实验中,筛选出 *Geotrichum candidum*、*Azotobacter chroococcum* 和 *Aspergillus terreus* 三种真菌对废水先进行了预处理,预处理反应时间分别为 5 d、10 d 和 3 d,主要目的是去除或降低废水中有毒有机物的浓度,为后续厌氧消化提供条件。实验表明,在预处理后的废水中,酚和 COD 的浓度明显降低,保证了后续厌氧消化作用的顺利进行。

　　(2) 后续厌(缺)氧生化处理

　　一级好氧处理对去除酚和 COD 虽然有效,但对难降解物去除效果较差。一般采用单一好氧生物处理工艺处理废水,出水 COD 只能降低到一定值,即使再延长好氧生化反应时间,COD 及总酚等有机指标也不会有明显的降低。所以可以考虑改变生化环境,以其他的降解途径去进一步去除或分解一级好氧处理残留的有机物。前已述及,大量研究表明厌氧处理一般对废水 COD 去除贡献不大,但可以提高废水的可生化性,有利于后续好氧生物处理单元进一步去除废水的 COD,达到充分发挥厌氧处理作用的目的。另外,该处理单元也可以作为系统的反硝化单元,一方面可以降低一级好氧处理出水中 NO_3^- 浓度,另一方面,当二级好氧出水中 NO_3^- 较高时,可以回流进行反硝化,确保最终出水 NO_3^- 不超标。

（3）二级好氧生化处理

二级好氧生物处理与前置缺氧处理的联合可以与传统的 A - O 工艺相对比,缺氧单元的预处理有利于二级好氧单元进一步降低废水的 COD 值,为深度处理提供条件。另外,由于大部分抑制硝化菌生长的有机物已经在一级好氧单元得以降解,二级好氧单元可以顺利地降解废水中的 NH_4^+ - N,从而成为系统 NH_4^+ - N 的主要处理单元;同时可以发挥 A - O 工艺的脱氮除磷的特殊功效。

事实上,曾有专家试图采用 O - A - O 工艺处理焦化废水,结果发现缺氧段 COD 去除效果不好、缺氧污泥性能差等情况,认为当酚类等共基质物在一级好氧段降解之后,难降解有机物在缺氧状态下降解效果也差。然而目前虽然可以认为,葡萄糖作为共基质可促进一些难降解物在厌氧条件下降解,但没有证据证明废水中的酚类物质在缺氧条件下也具有这种共基质的特点;另外,缺氧段 COD 去除效果和其中微生物性状也与反应器构型关系密切。

8.3.3　废水处理系统各单元生物反应器构型的选择

生物反应器构型是生物处理分类的一个重要依据,因为生物处理进行的程度受生物反应器构型的强烈影响。

根据微生物在反应器中的生长方式,废水生物处理反应器分为两种主要类型:悬浮生长式生物反应器和附着生长式生物反应。悬浮生长式生物反应器的生物处理主要包括有活性污泥、好氧消化、上流式厌氧污泥床、厌氧消化和氧化塘等;附着生长式生物反应器主要包括填充床、滴滤池、生物转盘接触器、流化床及厌氧滤池等。

1. 一级好氧生物反应器构型的选择

生物处理系统中一级好氧单元的主要功能是去除废水中的酚类物质和 COD。传统的活性污泥法(CAS)属于典型的悬浮生长式生物反应器,其主要优点是操作灵活、运行可靠;该工艺出水质量一般较高,去除溶解性有机物能力强,并且由于生物体的絮凝作用,出水清澈,悬浮固体含量低,在充分长的固体停留时间下,硝化也可以达到很高的程度。

在煤气及焦化废水生物处理中,活性污泥法是应用最广的工艺,可以有效去除煤气废水中的酚和 COD。因此一级好氧单元拟采用传统的活性污泥法。然而,活性污泥法对瞬时负荷的动力学响应比较滞后,特别是在处理含毒工业废水时,易受冲击产生突发性污泥流失,需要加以强化,保证系统在较高的有机负荷条件下稳定运行。

2. 缺氧生物反应器构型的选择

缺氧生物反应单元主要功能是通过改变生化环境,降解一级好氧单元处理出水中的残留有机物。由于残留有机物可生化性较差,需要较长的 SRT 才可降解。附着生长式生物反应器最明显的优势就是在固体停留时间不变的条件下,缩短了水力停留时间,不需要另设固液分离装置就可以满足难降解有机物的降解对 SRT 的要求,节约污水处理厂建造所占的土地面积;另外,附着生长式生物反应器还具有抗冲击性强等优点,可以保证系统稳定运行。

活性炭吸附和微生物降解是工业废水处理两个重要的方法。Poepel (1988)认为,许多难以被微生物降解的有机污染物却容易被活性炭吸附,而一些易降解的有机物被吸附后也可以在活性炭表面或脱附后被生物降解。因此活性炭吸附和微生物降解在废水处理过程中可以互相补充,协同作用。

生物活性炭工艺(BAC)自 20 世纪 70 年代开发以来,在水处理领域得到了广泛的应用。该工艺利用了活性炭的吸附和生物再生作用,提高了出水水质,延长了活性炭的使用周期。Zhao 等(1999)采用 BAC 工艺处理甲苯废水实验表明,系统运行 6 个月后,活性炭的吸附能力仍很强,大约是原吸附能力的 50%;之后,虽然活性炭吸附能力丧失导致废水处理效果恶化,但分析其原因,不是由于甲苯的负荷增大引起的,而是由于微生物的活性发生了变化,活性炭的生物再生作用受到抑制造成的。

Sirotkin 等(2001)通过实验研究,对 BAC 工艺得出如下结论:

(1) BAC 工艺运行初期,生物降解和活性炭吸附单独发生作用,当吸附达到平衡后,微生物活性增加,发生吸附和生物降解协同作用,活性炭得以部分生物再生。

(2) 由于活性炭的吸附作用,相对于一般的生物处理工艺,BAC 工艺对短期高负荷的适应性较强。

鉴于上述分析,废水处理系统中缺氧生物处理单元可以采用生物滤池工艺,生物载体采用颗粒活性炭。由于缺氧反应器水流平稳,没有曝气气流搅动,活性炭不易发生破碎,使用寿命可以较长;另外,活性炭主要是起生物载体的作用,实际生产中可以用对微生物没有毒性的废活性炭替代,降低废水处理成本。

3. 二级好氧生物反应器构型的选择

由于设计二级好氧单元的主要功能是去除废水中的 $NH_4^+ - N$,同时进一步去除前置缺氧出水中残留 COD。所以二级好氧生物反应器构型及生物载体的选择主要考虑如何强化硝化作用。

废水处理系统中的硝化作用一般认为是由自养菌引起的,主要包括亚硝化菌和硝化菌。亚硝化菌将 $NH_4^+ - N$ 氧化为亚硝酸盐氮,羟胺是反应的中间产物;硝化菌将亚硝酸盐氮进一步氧化为硝酸盐氮。硝化细菌生长速率很低,在最适宜的条件下,亚硝化菌的世代时间 T_d

(细菌数量增长一倍所需要的时间)为 8 h,而硝化菌的 T_d 为 10 h,其比生长速率 μ 分别为 0.086 和 0.069($\mu = 0.69/T_d$)这样,只有当处理系统 SRT 足够长时,硝化作用才能顺利进行。

在水处理领域中,沸石具有独特的功效。沸石去除废水中 $NH_4^+ - N$ 的主要机制包括离子交换和吸附。沸石属架状结构硅酸盐矿物,是由硅氧四面体共四个角顶连接而成的三度空间的骨架,骨架中当部分 Si^{4+} 被 Al^{3+} 替代时,形成铝氧四面体,这时正电荷的不足由一些可以自由交换的阳离子来补偿,因此沸石具有较强的离子交换能力,广泛用于治理重金属和 $NH_4^+ - N$ 水污染领域中。

沸石对目标离子的交换性能取决于离子本身的性质和其在固相和水相中的浓度差。目前,较认可的离子选择顺序为:

$$NH_4^+ > Pb^{2+} > Na^+ > Cd^{2+} > Cu^{2+} > Zn^{2+} > Ni^{2+} > Hg^{2+}$$

可见沸石对 NH_4^+ 具有较强的选择性。

　　沸石具有典型的"笼状"结构,其表面积大,吸附性能好;另外由于沸石是固体岩石,机械强度较高,可以随意加工成各种粒级的生物载体或滤料而应用于滤池中,这一点是吸附性能较好的粘土矿物所不具备的优点。沸石的离子交换作用比吸附作用更容易发生,所以当水中氨离子浓度较低时,沸石除氨的机制以离子交换作用为主,而当离子浓度较高时,沸石的吸附作用逐渐增强。由于沸石饱和后需要再生,所以单独采用沸石去除废水中 NH_4^+-N 的费用较生物法除氮的费用高。然而,将沸石吸附(或离子交换)作用与生物降解作用结合起来,利用吸附-生物再生机理,不仅可以提高 NH_4^+-N 的去除效果,而且降低了运行费用。

　　Lahav 等(1998)在采用沸石处理废水时,对吸附饱和的沸石进行微生物再生,再生过程中沸石中 NH_4^+-N 去除率可达 95% 以上;Park 等(2003)研究表明,沸石对 NH_4^+-N 的吸附可以促进微生物的氨氧化功能,因为沸石载体表面可以浓集 NH_4^+-N,增加了硝化菌附着量,甚至比采用活性炭为载体时的附着量还大;另外,沸石还可以吸附废水中对硝化菌有害的重金属离子,保证硝化作用顺利进行。因此,二级好氧处理单元采用沸石曝气生物滤池。

8.4　废水深度处理技术

　　废水深度处理的主要方法包括有混凝法、活性炭吸附法、化学氧化法、生物处理法及其联合工艺。

　　混凝法可以有效地降低废水中的胶体污染物,对废水 COD 和色度有一定的去除效果,但去除量有限,且对 NH_4^+-N 没有去除作用,因此只能作为一种辅助工艺与其他处理方法联合应用。

　　活性炭吸附法对去除煤气废水的 COD 和色度非常有效,然而,活性炭吸附饱和后需要再生,且再生次数有限,因此单独应用运行费用很高。

　　化学氧化法是水污染治理的主要方法之一,采用的氧化剂主要包括湿式氧化的氧气、电化学中的电子、高锰酸盐、氯气、过氧化氢及臭氧等。高级氧化技术(AOPs)近年来发展较快,高级氧化过程中产生的羟自由基(·OH)氧化还原电位较高,可以氧化分解绝大多难以生物降解有机物,而对一些结构简单的,诸如乙酸、草酸及丙酮等微生物易降解有机物氧化效果较差;臭氧在水溶液中的化学行为比较复杂,它可以直接或通过链式反应机制分解产生羟自由基氧化去除水中的杂质。相对于其他氧化剂,臭氧效能高、氧化副产物少,因此在给水处理中已得到了广泛的应用,主要用来消毒杀菌、除嗅、除藻及水中有机物。近十多年来,随着臭氧发生器制造业的发展,臭氧化水处理工艺的设备投资和运行费用得以降低,在污水处理方面的研究和应用也逐渐增多。煤气废水生物处理出水中总酚含量一般在 40～70 mg/L 范围内,为难降解的多元酚。Kamenev 等(1995)在处理油页岩冶炼废水的生物处理出水时,对比分析了 O_3、H_2O_2、UV、O_3/H_2O_2、O_3/UV、H_2O_2/UV、$O_3/H_2O_2/UV$ 等多种高级氧化方法,认为 O_3 参与的高级氧化法对总酚的去除效果最好。然而,单独利用高级氧化技术或臭氧氧化技术处理污水成本都较高,需要消耗大量的氧化剂才能使有机物完全矿化。有关煤气废水的研究表明,臭氧化可有效地去除水中的 CN^- 和色度,而矿化水中有机污染物却需要很高的臭氧投量,一般去除每克 COD 需要消耗 5 g 的臭氧,臭氧对废水中 NH_4^+-N 的去除效果较差。

　　Ince 等(2000)结合活性炭吸附和高级氧化技术(GAC/UV－H₂O₂)处理废水中的苯酚,表明在苯酚矿化效果和处理费用上,该方法均优于单独的活性炭吸附法和高级氧化法。尽管如此,该处理费用对于我国企业也难以承受。另外,活性炭不能解决煤气废水生物处理出水 $NH_4^+－N$ 偏高的问题。

　　从经济方面考虑,生物处理法最为适用,但对于一些难直接采用生物工艺处理的有毒废水及生物处理后出水,需要采用物理化学法强化废水可生物降解性能,因此高级氧化技术及臭氧氧化技术与后续生物处理技术的联用成为污水处理研究的热点。

　　Lin 等(2001)采用 O₃＋BAC 工艺处理石化废水研究表明,臭氧化在较少的投量条件下就可以改变污染物的结构,提高废水的可生化性,强化后续生物处理效果;Ledakowicz 等(1999)研究表明,臭氧氧化可以降低纺织废水中有机污染物对微生物的抑制作用,提高废水的生物降解性能。

　　近几年,随着水处理技术的发展,出现了一些煤气废水及相关的含酚废水的新型二级和深度处理方法,其中包括 Ni/炭催化氧化法、土壤催化氧化法、臭氧及高级氧化法、光－Fenton 催化氧化法、酶氧化还原法、真菌降解法、生物吸附法及有机粘土吸附法、活性炭-合成沸石物理化学处理法、超声波分解法及湿地处理法。虽然这些方法仍多处于实验室小试阶段,一般也没有考虑实际处理成本,但其研究成果为煤气废水处理提供了广阔的技术思路。

8.5　煤气废水处理案例

8.5.1　中试装置及操作参数

　　中试实验系统分为酸化预处理、生物处理和三级处理三部分,其工艺流程如图 8－6 所示,图 8－7 为现场中试装置图。

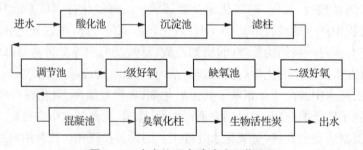

图 8－6　废水处理中试试验工艺流程

　　酸化预处理部分主要由酸化反应池、竖流沉淀池和滤柱三个单元组成,均由 5 mm 钢板制成。酸化反应池为圆柱形,直径为 400 mm,有效高度为 850 mm,有效容积为 0.10 m³,内设机械搅拌装置,下设 33♯ 废水入水口,进水流量以流量计控制;竖流沉淀池上部为圆柱形,下部为圆锥形,直径为 400 m,有效容积为 0.13 m³,底部设有排泥口;滤柱直径为 200 mm,有效高度为 2 400 mm,柱内滤层总高度为 1.1 m,采用石英砂和无烟煤双层滤料,粒径均为 3 mm 左右,两者填加高度比为 1：1,滤柱上设溢流口,下设反冲洗口。

　　生物处理部分主要由调节池、硅藻土-活性污泥反应器(O₁)、沉淀池、缺氧滤池(A)和曝气生物滤池(O_2)等单元组成,均由5 mm钢板制成。调节池有效容积为0.35 m³,用于调节生物处理系统的进水有机负荷、温度及pH;硅藻土-活性污泥反应器为长方形,长、宽、高分别为3 000 mm、1 400 mm和2 900 mm,有效容积为12.2 m³,内设曝气系统;沉淀池属竖流沉淀池,有效容积为0.69 m³,下设污泥回流及污泥排放系统;缺氧滤池和曝气生物滤池的规格相同,均为圆柱形,直径为1200 mm,有效高度为3400 mm,有效容积为3.8 m³,柱内底部设有生物载体承托网,网下为配水环形穿孔管,缺氧滤池上设溢流口,需要水封,曝气滤池内设曝气系统,气源为工厂空分分厂配送的装置空气,气压为0.3 MPa。

废水三级处理部分主要由多相混凝沉淀池、臭氧化反应塔、活性炭曝气生物滤池(BAC)组成。多相混凝沉淀池长、宽、高分别为1 260 mm、20 mm、2 000 mm,分为混凝区和沉淀区两部分,沉淀区下设排泥口;臭氧氧化塔为圆柱形,直径200 mm,有效高度为3 800 mm,下设承托网,上留排气口;活性炭曝气生物滤池的大小规格与生物处理部分的曝气生物滤池完全相同。

试验设计进水总流量为500 L/h,以不同的入水稀释比例调节系统入水有机负荷。生物处理部分的硅藻土-活性污泥反应器、沉淀池、缺氧滤池和曝气生物池的水力停留时间(HRT)分别为24.4 h、1.4 h、7.6 h和7.6 h;臭氧氧化塔的接触时间为14 min,BAC单元的水力停留时间为7.6 h。

图8-7 现场中试试验装置

硅藻土-活性污泥系统污泥采用离心泵回流,回流泥水量用出水阀门调控,在停止进水的条件下,通过定时测量沉淀池水位下降速度,确定污泥回流比约为2:1,污泥每日排放量为5%,固体停留时间为20 d;出水溶解氧要求大于3 mg/L,以废水TOC的1%质量比加入P(换算为磷酸量),硅藻土为吉林天然硅藻土,称重后直接投加到活性污泥反应器中,投加量与排放污泥中的硅藻土量相当(大约为600 g/d),保持反应器中硅藻土的质量浓度在1 000 mg/L左右。

缺氧滤池和曝气生物滤池均采用上向流方式运行。缺氧滤池设计填料为活性炭,由于没有购到,在系统运行后1个多月后,改以沸石为填料;曝气生物滤池的填料为沸石,缺氧滤池填料高度为2.7 m,曝气生物滤池的填料高度为2.2 m,柱内砾石承托层高度均为25 cm左右;所用沸石均为吉林省上河湾天然斜发沸石,为不规则粒状,粒径为2~4 mm。曝气生物滤池出水的溶解氧浓度保持在3 mg/L以上,控制曝气强度,避免生物载体流失。

中试所用的微生物菌种取自于小试生物处理系统中的活性污泥,先在1 m³的钢罐中间歇进水培养,待污泥浓度较高(MLSS>2 000 mg/L)时,用水泵打入硅藻土-活性污泥反应池中,进行连续培养,当 MLVSS 达到 2 000 mg/L 左右时,开始测试出水水质指标,污泥培养结束;曝气生物滤池以类似的方法同步挂膜,缺氧微生物由活性污泥驯化得到。

中试实验在室内进行的,原废水的水温在 50℃左右,系统水温在 20～36℃之间。系统水温主要受废水的稀释比例及气候条件影响,稀释水的水温与气候条件关系密切。经测量,废水经一级好氧处理单元后的水温略有升高,一般升高 0.5℃～2℃,后续缺氧滤池和曝气生物滤池的水温比一级好氧处理单元的低 1℃～3℃。

根据实验要求和现场实验室条件,确定如下分析项目、分析方法及分析频率(表 8-6)。

表 8-6 　中试实验期间测试项目及分析方法

分析项目	分析方法	分析频率
COD	重铬酸钾法	1 次/d
游离氨	蒸发-滴定法	1 次/d
固定氨	蒸发-滴定法	1 次/d
挥发酚	蒸发-溴化法	1 次/d
总酚	溴化法	1 次/d
pH	玻璃电极法	1 次/d
DO	碘量法	1 次/周
温度	温度计测量	1 次/d
污泥沉降比	混合液静止 30 min 后污泥的体积分数	1 次/d
MLSS	混合液悬浮固体	1 次/d
MLVSS	混合液挥发性悬浮固体	1 次/d

8.5.2　系统运行状况

系统运行期间废水与稀释水的进水比及 COD 容积负荷变化如图 8-8 所示。

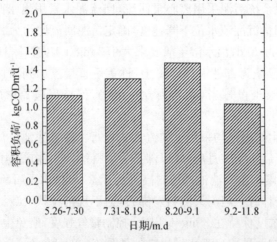

图 8-8　中试期间废水稀释比例及 COD 容积负荷变化特征

总体实验过程分为 4 个运行阶段,各阶段入水稀释比(废水∶稀释水)分别为 200∶300、250∶250、300∶200 和 200∶300,各阶段的平均容积负荷分别为 1.13 kgCOD/m³·d、1.31 kgCOD/m³·d、1.48 kgCOD/m³·d 和 1.04 kgCOD/m³·d。在考察第 4 阶段时,废水稀释比设计调为 125∶375,但在评价期间,原废水的 COD 浓度较低,因此进水稀释比例升高为 200∶300。

图 8-9 和图 8-10 所示的是第 1 运行阶段和第 2、3、4 运行阶段硅藻土-性污泥处理单元活性污泥特征。可以看出,系统运行初期污泥生长良好,污泥量增长很快,MLSS 和 MLVSS 分别达到 5220 mg/L 和 4020 mg/L,污泥沉降比(SV)一般在 18%～35%之间,表明运行状况良好;之后,污泥回流泵发生堵塞,且没有及时发现,造成大量污泥流失,生物量剧减,处理效果变差;排除故障后,系统污泥量又逐渐上升。

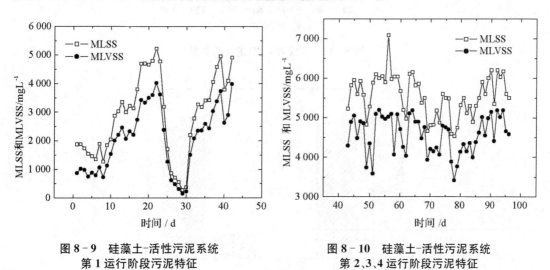

图 8-9　硅藻土-活性污泥系统
第 1 运行阶段污泥特征　　　　　图 8-10　硅藻土-活性污泥系统
第 2、3、4 运行阶段污泥特征

提高 COD 负荷后(第 2、3、4 运行阶段),系统运行仍很稳定,污泥生长及沉降性能良好,污泥沉降比和污泥浓度都有较大幅度的上升,系统污泥沉降比(SV)一般在 49%～54%左右,SVI 平均在 76 左右,只有少数情况下超过 100,但也没有发生污泥膨胀现象。三个运行阶段的平均 MLSS 分别为 5655 mg/L、6177 mg/L 和 5410 mg/L,MLVSS 分别为 4703 mg/L、5177 mg/L 和 4488 mg/L。

8.5.3　系统对 COD 的去除特征

图 8-11 所示为生物处理系统运行期间 COD 的去除特征。可以看出,在系统运行前 20 d,微生物处于增殖和适应过程,总生物量较少,出水 COD 较高,因此 COD 去除率相对较低,之后处理效果逐渐稳定。运行期间,进水 COD 变化较大,平均为 1985 mg/L,出水 COD 平均为 338 mg/L,COD 平均去除率为 83%,较小试实验结果低 4%左右。

系统各处理单元的 COD 去除特征如图 8-12 所示。可以看出,硅藻土-活性污泥单元的 COD 去除效果好,去除率可达 80%,比小试实验结果好,可能是由于废水水质的原因,生物量也比小试时的高。

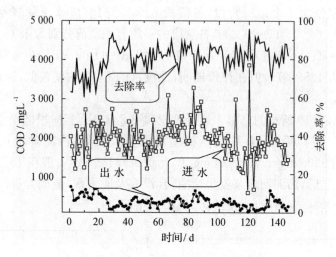

图 8‑11　系统对 COD 的去除效果

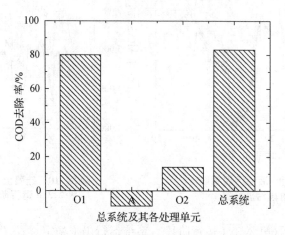

图 8‑12　系统及其各处理单元对 COD 的去除贡献

缺氧处理单元对 COD 基本没有去除作用,有时出水 COD 反而小幅度升高;曝气生物滤池的平均 COD 去除率为 14%,也低于小试实验结果。后续两个处理单元 COD 去除率降低的主要原因可能是由缺氧滤池中生物载体的差异引起的。由于沸石吸附有机物的能力远小于活性炭,用沸石替代活性炭后,载体难以发挥吸附‑生物再生的作用,一些难降解有机物不能被分解或去除,不但影响缺氧滤池本身的 COD 去除效果,同时也影响了后续曝气生物滤池的处理效果。

8.5.4　系统对酚类物质的去除特征

图 8‑13 所示的是硅藻土‑活性污泥单元对挥发酚的去除特征。

可以看出,系统进水的挥发酚浓度变化较大,一般在 50～150 mg/L 之间,有时甚至大于 250 mg/L,系统在这种条件下仍能正常运行。虽然苯酚和甲酚对微生物有较强的抑制性,但同时也较容易降解。一般挥发酚在硅藻土‑活性污泥单元就可得到很好的去除效果,去除率可达 99% 以上,出水挥发酚含量一般都低于国家一级排放标准 0.5 mg/L。

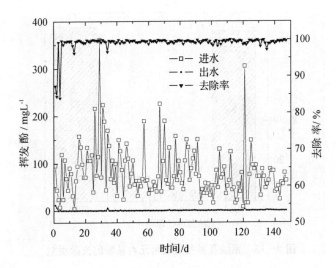

图 8-13　硅藻土-活性污泥单元对挥发酚的去除效果

多元酚结构相对较复杂，一般难生物降解，且需要较长的固体停留时间，所以在系统启动期间多元酚去除率较低；运行一段时间后，总酚去除率逐渐上升。如图 8-14，系统进水总酚平均含量为 421 mg/L，出水降为 49 mg/L，平均去除率为 87%，可见生物处理系统总酚去除效果很好。

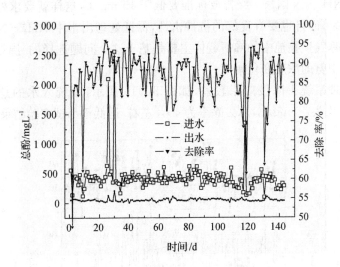

图 8-14　系统对总酚的去除效果

如图 8-15 所示，通过分析系统各处理单元总酚去除效果可以发现，硅藻土-活性污泥处理单元的去除贡献最大，可达 85%；而后续缺氧滤池和曝气生物滤池的总酚去除率仅为5% 和 12%，进一步说明硅藻土-活性污泥工艺处理单元在废水有机污染物处理方面的核心作用。

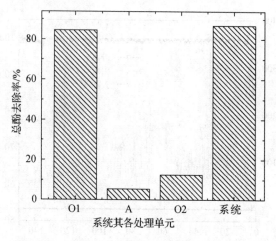

图8-15 系统及其各处理单元对总酚的去除贡献

8.5.5 系统对氨氮的去除特征

氨是煤气主要污染物之一,也是煤气废水处理的难点之一。废水氨的含量直接受蒸氨预处理效果的影响;另外,废水还含有大量的含氮有机物,在生化处理过程中会发生氨化作用,造成废水中游离氨大幅度升高。

目前,废水 NH_4^+-N 国家一级排放标准要低于 15 mg/L,这样就要求处理系统不仅要有良好的处理效果,而且也要有良好的抗冲击性,保证处理出水中 NH_4^+-N 含量平稳。实验中缺氧滤池和曝气生物池中的沸石载体主要是基于这个问题选择的,沸石可以通过离子交换来缓冲介质中氨的浓度变化幅度。

中试生物处理系统去除按效果较差,如图8-16所示,系统入水的总氨平均含量为 99 mg/L,出水平均为 50 mg/L,总去除率为 45% 左右,远低于小试实验结果。

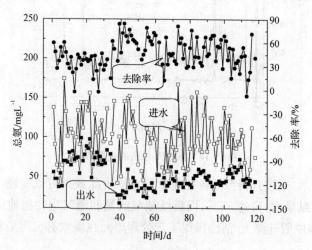

图8-16 系统总氨的去除效果

由图8-17可以看出,硅藻土-活性污泥、缺氧滤池和曝气生物池三个处理单元总氨的去除率分别为 23%、14% 和 24%。与小试实验结果相比,硅藻土-活性污泥单元的总氨的去除率降低了 22%,而曝气生物池的去除率降低幅度更大,达到了 36%,中试系统的总氨去除效果较差就是由于这两级好氧单元去除率下降造成的。

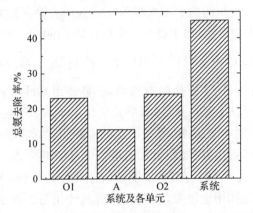

图 8 - 17　系统及其各处理单元对 $NH_4^+ - N$ 的去除贡献

由此推测,总氨去除率降低的原因主要有两方面:首先是由于曝气生物池的操作条件控制得不好,中试系统采用的是 0.3 MPa 的装置空气为气源,而气量用阀门调控,难以调到最佳状态,气量稍大,则反应器中水力搅动大,微生物易被洗刷掉,随出水流失,硝化作用难以恢复;气量较小时,供氧量不足,介质中溶解氧量偏低;另外,穿孔管小阻力布气的效果也不如小试实验用的微空布气器好。另一方面,酸化预处理工艺没有启动,一些对硝化细菌有抑制性的物质可能没有被去除,从而导致第一好氧生物单元的除氨效果较差。

上述提到的总氨为游离氨和固定铵的总和。在废水处理过程中,氨在不同的处理单元发生着较为复杂的反应过程。其中包括在硅藻土-活性污泥单元的氨化和硝化过程、在缺氧滤池中的吸附和离子交换过程和在曝气生物滤池中的吸附、离子交换及硝化过程。此外,还有异养细菌生长过程中消耗的 $NH_4^+ - N$。

图 8-18 所示为硅藻土-活性污泥处理单元中游离氨的变化特征。

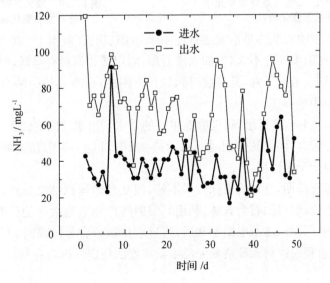

图 8 - 18　硅藻土-活性污泥处理单元中游离氨的变化特征

硅藻土-活性污泥处理单元的入水 NH_3 平均为 37 mg/L,出水值平均升为 66 mg/L,增长了大约 1.8 倍,说明废水中含氮有机污染物含量较高,其中的 N 在降解过程中会以游离氨的形式释放到介质中。废水的这个特点对 $NH_4^+ - N$ 的去除有很大的影响。另外,氨化作用也对废水的 pH 有较大的影响,由于氨在水中存在如下的电离平衡关系:

$$NH_3 \cdot H_2O \rightleftharpoons NH_4^+ + OH^- \qquad K_b(标准) = 1.74 \times 10^{-5}$$

所以,游离氨浓度增加,化学平衡向右移动,会释放出 OH^- 离子,导致废水 pH 上升。小试和中试实验结果均可以证实,一级好氧单元生化出水的 pH 较入水的普遍升高。由于系统的硝化作用和微生物生长的消耗,系统出水的实测固定氨浓度值较入水的降低。

如图 8 - 19,硅藻土-活性污泥处理单元的进水 NH_4 浓度平均为 69 mg/L,出水浓度值下降为 26 mg/L,下降幅度达 62% 左右,说明系统硝化作用较强,大量的 $NH_4^+ - N$ 转化为 $NO_3^- - N$。然而,由于氨化作用也较强,大量的有机氮转化为游离氨,导致系统总氨去除率降低。该处理单元总氨去除率仅为 23%。

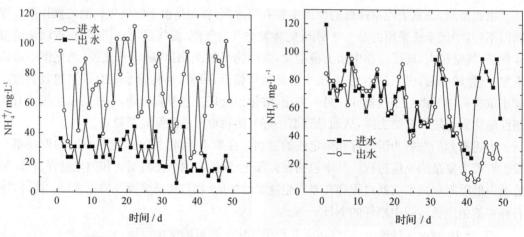

图 8 - 19　硅藻土-活性污泥处理单元中　　　　图 8 - 20　缺氧处理单元中
固定铵的变化特征　　　　　　　　　游离氨的变化特征

缺氧处理单元中沸石载体是系统运行近 40 d 后添加的。由图 8 - 20 可以看出,沸石添加前,系统中游离氨浓度变化不大,当加入沸石后,固定铵含量稍有降低,但很快饱和达到平衡;而游离氨含量则大幅度下降,且持续时间较长。因此,在本实验中沸石的吸附除氨作用要比其离子交换作用强得多。

如图 8 - 21 和图 8 - 22 所示,曝气滤池单元的进水和出水的固定铵含量几乎没有变化;而游离氨去除率却较高,而且其作用时间可以持续 20 d 以上,表明在这种条件下沸石的吸附作用远强于其离子交换作用。

虽然在系统运行前期,总氨的去除效果不好,但从总体运行结果分析,沸石的吸附除氨作用本身并不很重要,但以沸石为载体,利用其吸附等性能浓集微生物代谢基质,可能会促进生物的除氨作用。另外,沸石吸附饱和后,当进水中氨的含量较高时,氨可以发生脱附作用,这种吸附脱附过程对维持系统液相介质中氨浓度的稳定性极为有利。

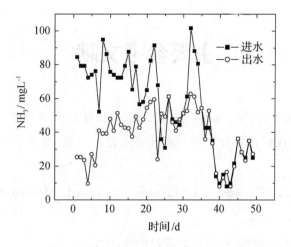

图 8－21　曝气滤池单元中游离氨的变化特征

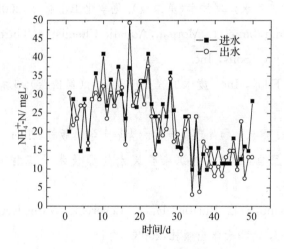

图 8－22　曝气滤池中固定铵的变化特征

主要参考文献

[1] 高廷耀,顾国维,周琪. 水污染控制工程(第三版). 高等教育出版社,2007.

[2] 北京市政工程设计研究总院. 给水排水设计手册(第 2 版). 中国建筑工业出版社,2002.

[3] Montgomery,C. Environmental Engineering, 6th ed. McGraw-Hill, Inc. New York, 2003.

[4] 许保玖. 给水处理理论. 中国建筑出版社,2000.

[5] 严煦世,范瑾初主编. 给水工程(第四版). 中国建筑工业出版社,1999.

[6] 周本省主编. 工业水处理技术(第二版). 化学化工出版社,2002.

[7] Werner Stumm,James J. Morgan,Aquatic Chemistry(Third Edition),Copyright © 1996 by John Wiley & Sons,Inc.

[8] Metcalf and Eddy, Inc. 废水工程处理及回用(第四版). 秦裕珩译. 化学工业出版社,2004.

[9] 张忠祥,钱易. 废水生物处理新技术. 清华大学出版社,2004.

[10] 陈季华,奚旦立,杨波. 纺织染整废水处理技术及工程实例. 化学工业出版社,2008.

[11] Takashi Asano,F. L. Burton, H. L. Leverenz. Water Reuse Issues, Technologies, and Applications,清华大学出版社,2008.

[12] 张自杰. 排水工程. 中国建筑工业出版社,2000.

[13] C. P. Leslie Grady, Jr, Glen T. Daigger, Henry C. Lim. 废水生物处理. 张锡辉,刘勇弟译. 化学工业出版社,2003.

[14] 汤鸿霄. 用水和废水化学基础. 中国建筑工业出版社,1979.

[15] W. 韦斯利著. 工业水污染控制. 陈忠明,李赛君译. 化学工业出版社,2003.